普通高等教育“十三五”规划教材

节能监测技术

夏家群　马文会　何屏　编著

北京
冶金工业出版社
2016

内容提要

本书系统介绍了节能监测方面的基础理论和专业技术，联系实际，突出重点，重在实用。其主要内容有测量基础知识，节能监测常用仪表，节能监测主要参数的测定方法，主要耗能设备的节能监测方法等，每章均附有思考题。

本书为能源动力类专业本科生教材，也可供节能监测专业技术人员参考。

图书在版编目(CIP)数据

节能监测技术/夏家群等编著. —北京：冶金工业出版社，2016.1

普通高等教育“十三五”规划教材

ISBN 978-7-5024-7115-6

Ⅰ.①节… Ⅱ.①夏… Ⅲ.①节能—监测—基本知识 Ⅳ.①TK01

中国版本图书馆 CIP 数据核字（2015）第 303741 号

出 版 人　谭学余

地　　址　北京市东城区嵩祝院北巷 39 号　邮编　100009　电话　(010)64027926

网　　址　www.cnmip.com.cn　电子信箱　yjcbs@cnmip.com.cn

责任编辑　赵亚敏　马文欢　宋　良　美术编辑　吕欣童　版式设计　孙跃红

责任校对　禹　蕊　责任印制　李玉山

ISBN 978-7-5024-7115-6

冶金工业出版社出版发行；各地新华书店经销；固安华明印业有限公司印刷

2016 年 1 月第 1 版，2016 年 1 月第 1 次印刷

787mm×1092mm　1/16；13.75 印张；332 千字；209 页

30.00 元

冶金工业出版社　投稿电话　(010)64027932　投稿信箱　tougao@cnmip.com.cn

冶金工业出版社营销中心　电话　(010)64044283　传真　(010)64027893

冶金书店　地址　北京市东四西大街46号(100010)　电话　(010)65289081(兼传真)

冶金工业出版社天猫旗舰店　yjgycbs.tmall.com

（本书如有印装质量问题，本社营销中心负责退换）

前　言

节能监测是政府推动能源合理利用的一项重要手段。节能监测通过设备测试、能质检验等技术手段，可对用能单位的能源利用状况进行定量分析，依据国家有关能源法规和技术标准，对用能单位的能源利用状况作出评价，对浪费能源的行为提出处理意见，加强了政府对用能单位合理利用能源的监督。

目前已有的少量节能监测方面的书籍主要罗列了国家、行业和地方颁发的相关节能监测标准（或规定）。但由于缺少各主要参数节能监测的仪表选择、安装和使用，测试截面测点的合理布置，测试数据的整理及公式的选用等较为系统的知识，给节能监测人员造成了较大的困惑。因此，本书在介绍常用单体设备节能监测方法的基础上，着重介绍节能监测所涉及的基础知识，联系工程实际，有很高的实用价值。其特点是：

（1）突出节能监测常用的测试仪表及选用方法。

（2）联系实际，概括性地介绍了节能监测常见参数的测定方法。

（3）介绍了工业生产中耗能较大设备的节能监测方法及节能途径。

本书由昆明理工大学夏家群（第3、4、5、6章）、马文会（第1章）和何屏（第2章）编著。

由于编者水平所限，书中可能有错误或不妥之处，诚请读者批评指正。

编　者

2015年9月

目　录

节能监测概论及测量的基础知识

1.1 节能监测的定义和依据

1.1.1 节能监测的定义

节能监测是指由政府授权的节能监测机构，依据国家有关节约能源的法规（或行业、地方的规定）和技术标准，对能源利用状况进行监督、检测，以及对浪费能源的行为提出处理意见等执法活动的总称。

从节能监测的定义可以看出，节能监测具有节能执法地位。节能监测在职能上分为两大部分，即监督（监察）和检测两个部分。

对国家、行业和地方颁发的各种节能法规、规章和标准的贯彻执行情况，节能监测机构要进行监督检查，这方面主要是针对各用能单位的能源管理（包括行政管理和技术管理）及（产品或工序）能耗指标而言的，涉及的技术问题较少。而对用能单位的各种用能环节和用能设备（包括能源分配输送、加工转换等）用能情况进行合理的评价，则要涉及较多的技术问题，一般必须通过对设备的现场运行情况进行实际测定，才能得出相应的结果。在当前情况下，由于我国各用能单位的设备总体水平较为落后，在现场实测过程中还需要使用节能监测机构所携带的临时性监测仪器仪表，同时，对其结果的判定也要按一定的技术标准进行。这些主要是检测职能的内容。

1.1.2 节能监测的依据及要求

节能监测作为执法活动，必须依据节能法规和相关法规的规定进行，在技术方面则主要依据国家、行业和地方有关节能和节能监测的标准与技术规程进行。

1.1.2.1 节能监测的依据

国务院从1980年以来先后颁发了大量的节能法规，特别是颁发了《节约能源管理暂行条例》，国务院各有关部门和地方政府也颁发了一系列的节能规章（包括节能监测规章），这些都是节能监测的法律依据，在节能监测中必须严格遵守执行。除了节能法律法规和规章外，节能监测还必须遵守执行相关的法律，如《标准化法》、《计量法》和《统计法》等。另外，还应熟悉与执法活动相关的《行政诉讼法》、《行政处罚法》等法律的有关规定。部分节能监测的相关标准有：

（1）《节约能源管理暂行条例》；

（2）节能监测规章；

(3)《标准化法》、《计量法》、《统计法》、《行政诉讼法》、《行政处罚法》等法律的有关规定；

(4) 节能技术标准和技术规范，如：国家标准《评价企业合理用热技术导则》(GB/T 3486—1993)、《评价企业合理用电技术导则》(GB 3485—1983)、《设备及管道保温技术通则》(GB 4272—1992)、《评价企业合理用水技术导则》(GB 6421—1987)、《三相异步电动机经济运行》(GB 12497—1995)、《工业锅炉经济运行》(GB/T 17954—2007)、《节能监测技术通则》(GB/T 15316—2009)、《工业锅炉节能监测方法》(GB/T 15317—1993)、《燃煤工业锅炉节能监测》(GB/T 15317—2009)、《火焰加热炉节能监测方法》(GB 15319—1994)、《工业热处理电炉节能监测方法》(GB/T 15318—1994)、《热处理电炉节能监测》(GB/T 15318—2010)、《风机机组及管网系统节能监测》(GB/T 15913—2009)、《热力输送系统节能监测》(GB/T 15910—2009)、《燃料热处理炉节能监测》(GB/T 24562—2009)、《煤气发生炉节能监测》(GB/T 24563—2009)、《高炉热风炉节能监测》(GB/T 24564—2009)、《泵类液体输送系统节能监测》(GB/T 16666—2012) 等。

1.1.2.2 节能监测的要求

各行业、各地区也颁发了一些标准、方法、规程及规定等技术性规范文件。节能监测必须根据其法律、法规、依据和技术依据进行，具体来说，包括以下内容：

(1) 节能监测机构和节能监测人员的活动、行为必须合法，不能跨越法律、法规所规定的范畴，更不能进行随意性活动；

(2) 所用监测手段必须合法，不能提出于法无据的要求和问题，计量器具和检测所用仪器、仪表必须经过计量检定，符合相关规定和要求，检测参数范围和项目必须和所检测设备相应的项目和参数范围相适应；

(3) 使用的统计数据必须符合《统计法》的规定，必要时应予以核实；

(4) 现场检测过程、数据处理过程和结论评判，都必须严格执行国家、行业和地方的相应技术标准；

(5) 监测程序要符合《节能监测规程》的有关规定。

节能管理、执法活动的主要依据是法律法规，这也是发生行政诉讼时人民法院进行审查的主要依据。国务院各部门和地方政府制订的规章也是节能监测的一种依据，同时也是人民法院审理行政诉讼案件的参考依据。而省级及以下人民政府各部门制订的一些规定、办法等则属于规范性文件，在人民法院审理行政诉讼案件时是不能作为法律依据的。因此，节能监测机构和监测人员在执行监测任务时，依据的法律、法规一定要正确，否则如果发生行政诉讼，败诉将在所难免。

1.1.3 节能监测的目的和意义

节能监测的目的是保证节能法律、法规和节能技术标准的贯彻执行，以法律手段调节能源开发、输送、加工转换、分配和利用等各方面的关系，最终达到以最小的能源消耗取得最大的经济效益和社会效益的目标。

节能监测的意义在于促进社会和企业的节能工作。

1.2　节能监测机构

1.2.1　节能监测机构及性质

节能监测是行政执法活动，节能监测机构是受政府委托进行行政执法活动的单位。节能监测机构的性质是很明确的，其地位和人员组成是有明确规定和具体要求的。

节能法律、法规调整的范围包括了从能源的勘探设计、开发生产到贮存运输、消费利用、保护管理和节约等全过程及各个环节。

节能监测作为节能执法活动，自然也包括一切用能环节及与节能直接、间接有关的各个方面和各种行为。也就是说，节能监测的范围是庞大的、复杂的、广义的。所以，节能监测是一种技术性很强的节能执法工作，节能监测机构则是经政府授权进行具有很强技术性的行政执法活动的机构。

1.2.2　节能监测机构的职责

1.2.2.1　全国节能监测管理中心的主要职责

全国节能监测管理中心的主要职责是：

(1) 组织编制全国节能监测计划要点，对各地区、各行业节能监测机构进行技术和业务指导；

(2) 收集、整理全国节能监测资料，组织开展节能监测技术研究、开发、交流和培训；

(3) 组织各省、自治区、直辖市和行业节能监测中心监测人员的业务考核工作；

(4) 承担省、自治区、直辖市、行业节能监测中心纠纷的技术仲裁；

(5) 负责向国家节能主管部门定期汇报全国节能监测情况并提出有关建议；

(6) 参与制定有关节能监测的法规、标准和技术规范等；

(7) 承担国家节能主管部门委托的其他有关节能监测的工作；

(8) 负责与国家技术监督局一起组织评审组，对有关节能监测机构进行计量认证，负责各级节能监测机构的职能审定。

1.2.2.2　各省级节约能源监测中心的主要职责

各省级节约能源监测中心的主要职责是：

(1) 组织开展全省（自治区、直辖市）节能监测工作，协助同级人民政府能源主管部门编制节能监测工作计划和监测人员培训计划；

(2) 对各省辖市、地区及省级行业节能监测站进行业务管理和技术指导，对其所有监测人员进行技术、业务培训和考核；

(3) 组织开展监测新标准、新方法与新技术的研究和推广，开展节能监测情报交流和技术合作，搜集、整理、储存节能监测数据和资料，参与制定节能监测方法、标准和技术规程，定期向政府节能主管部门和全国节能监测管理中心汇总、上报节能监测材料；

(4) 承担省级行业和省辖市、地区监测技术纠纷的仲裁；

(5) 受政府节能主管部门委托，可直接对供、用能单位进行监测，提出处理意见和建议，对监测不合格的单位提出处理意见报政府节能主管部门审定等；

(6) 受政府节能主管部门委托，参加建设项目的能源合理利用评价；

(7) 承担全国节能监测管理中心和省级人民政府节能主管部门委托的其他工作。

1.2.3 节能监测机构的计量认证和职能审定

根据《中华人民共和国计量法》、《节约能源管理暂行条例》、《节能监测管理暂行规定》等规定，节能监测机构作为向社会提供公证数据的单位，必须经过相应的计量认证和职能审定，才能开展节能监测工作。

节能监测机构计量认证考核的六个方面是组织机构、仪器设备、检测工作、人员、环境和工作制度。节能监测机构部分要对节能监测机构的性质、任务、隶属关系、从事节能监测工作的历史、人员及设备概况予以简要的说明，并附有节能监测机构情况简表及有关文件，要声明自己的节能监测工作的质量方针，并列出监测项目、监测技术标准、监测实施细则、目录及监测能力分析表，同时给出组织机构框图和质量保证体系图。

计量认证的程序包括申请、初查、预审和正式评审。评审组的组成和认证中的工作程序都有相应的规定，节能监测机构应向评审组及时提供其所需的各种有关文件资料。

计量认证合格后，按照节能监测机构的级别，分别由国家或省级人民政府计量行政主管部门颁发计量认证合格证书。

节能监测机构的职能审定由已具备条件的节能监测机构自行向其节能主管部门提出监测职能审定申请。按照节能监测机构的隶属关系，地方节能监测机构由所在省（直辖市、自治区）节能主管部门负责，行业节能监测机构由主管部门负责。申请职能审定的节能监测机构应由同级节能主管部门组建，有上级主管部门的批文或文件。申请职能审定的节能监测机构可以是独立的法人单位，也可以是挂靠在某一单位并具有该单位法人委托代理人资格的实体单位。

职能审定通过后，将向节能监测机构及其所属监测人员颁发由全国节能监测管理中心统一制作的节能监测证书和节能监测员证书。省级、部门行业及计划单列市节能监测中心及其监测人员，将由全国节能监测管理中心颁发证书；省辖市、地区节能监测站和行业节能监测站（二级节能监测站）及其监测人员，由省（直辖市、自治区）、部、局、总公司节能监测中心颁发证书。

在节能监测机构计量认证和职能审定实践中，二者可结合起来，组成统一的节能监测机构评审组，对节能监测机构进行计量认证和职能审定，分别报相应的技术监督部门和节能主管部门审查后颁发相应的证书。

1.3 节能监测的内容及监测标准

1.3.1 节能监测的内容

节能监测的主要内容有：

(1) 检测、评价合理使用热、电、油及主要载能工质状况；

（2）对供能质量等情况进行监督、检测；

（3）对节能产品的能耗指标进行监测、验证；

（4）对用能产品、工序的能耗进行检测、评价；

（5）对用能工艺、设备、网络的技术性能进行检测、评价；

（6）监察企业及其内部各供、用能单位的节能管理现状；

（7）参加新建、改建、扩建、节能技术改造工程（项目）和能源合理利用评价（论证）；

（8）对新建、改建、扩建、节能技术改造工程（项目）的节能效果检测、评价（竣工节能验收）；

（9）对节能特等炉能耗指标进行在线检测、评价；

（10）对节能特等工序进行审核、评价；

（11）对企业的能源计量完善程度和能源统计数据的准确性、可靠性进行监察；

（12）对企业进行综合节能监测。

1.3.2 定期监测和不定期监测

节能监测分为定期监测（计划监测）和不定期监测（临时监测）两种。定期监测按照监测计划执行，不定期监测遇到下列情况之一可随时进行：

（1）企业对主要耗能设备、主要生产工艺进行重大更新、改造或企业用能结构发生较大变化时；

（2）用能单位有违反国家、国务院行业主管部门、省级人民政府或其节能主管部门有关能源管理规定的行为时；

（3）企业能耗指标有重大变化时；

（4）供能单位的供能质量发生变化，导致用能单位能耗上升时；

（5）国家、国务院行业主管部门、省级人民政府或其节能主管部门对能源利用有新规定时；

（6）企业申报节能特等炉、节能特等工序时；

（7）主管节能监测机构的节能主管部门认为有必要时。

1.3.3 节能监测标准体系

节能监测标准是实施节能监测的执法依据，在国家能源标准体系中属于能源管理标准范畴。制定节能监测标准是完善我国节能立法、依法管理节能工作的一项重要基础工作。

节能监测的对象包括供能、用能的一切法人和自然人，节能监测的内容包括用能过程与设备的检测、合理用能评价和供能质量的监督等与节能有关的各个方面。

（1）节能监测标准体系图。节能监测标准体系图如图 1-1 所示。

（2）节能监测标准序列。同大多数标准系列一样，节能监测标准也按照适用和管理范围，划分为国家标准、行业标准和地方标准三个系列。

国家标准在全国各地区、各行业通用，行业标准在本行业通用，其他相关部门也可以采用，地方标准只在本地区适用。一般来说，地方标准是临时性的，行业标准可能是过渡性的，也可能是永久性的。

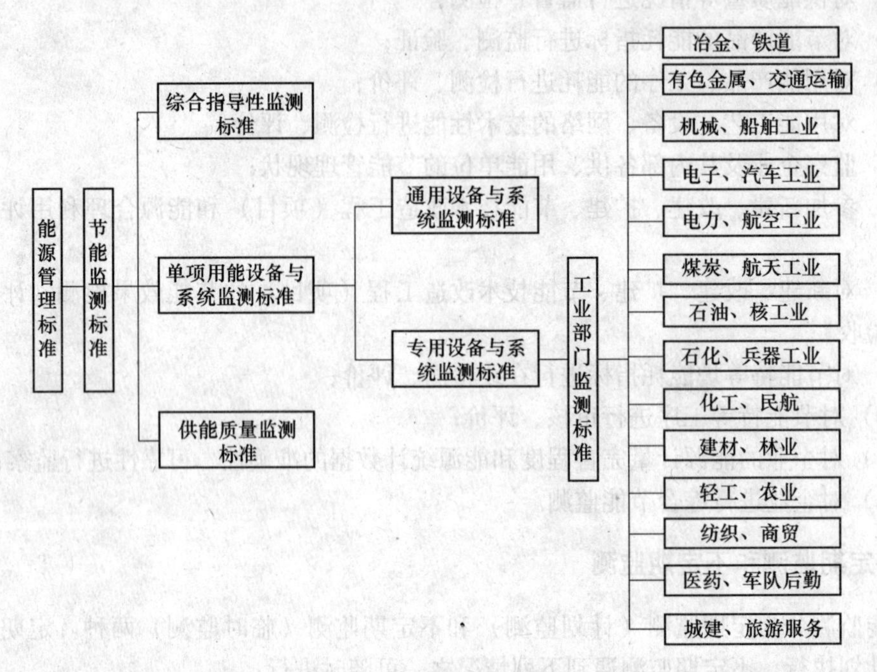

图 1-1　节能监测标准体系

1.3.4　节能监测标准的制定、管理

节能监测标准的制定工作由全国能源基础与管理标准化技术委员会统一归口，由全国节能监测管理中心协助组织实施。

制定国家、行业、地方节能监测标准，一般应依据《节能监测标准体系规划方案》立项。对于规划方案未列入而监测工作确实需要的项目，行业部门或地方也可自行立项，制定相应的行业或地方标准，同时应上报国家标准化行政主管部门备案并通报能源管理分委员会。

1.3.5　节能监测标准的特点

随着节能工作的开展，我国已建立起相当一批能源基础与管理国家标准、行业标准及与能源管理有关的产品、测试、计算方法标准，在节能工作中发挥了重要的作用。

节能监测及其标准具有以下特点：

(1) 节能监测属于节能执法行为，监测标准中必须有具体、明确的评价考核指标。在确定这些指标时，既要体现推进节能技术进步，有效地遏制能源浪费行为，又要考虑社会、企业实际的用能水平。在节能监测标准中不能把考核指标定得都能很轻松地达到，但也不能把指标定得太高。

(2) 节能监测要简便易行。节能监测与企业能量平衡测定不同。

1.3.6　节能监测标准与其他能源管理技术标准的关系

节能监测标准既然属于能源管理标准范畴，自然与原有的能源基础与管理技术标准有着千丝万缕的联系。

在制定节能监测标准，处理与原有能源管理技术标准的关系时，一般采用完全引用、部分引用和不予引用三种方法。

1.4 节能监测的程序及处罚

1.4.1 节能监测的程序

行政执法的一个特点是必须按照规定程序进行相关工作。否则，可能导致节能监测结果不合法，并有可能由此而导致节能监测机构在因节能监测引起的行政诉讼中败诉。因此，节能监测程序绝不是一件可有可无、可遵守可不遵守的小事，而是保证节能监测工作正常进行、监测结果合法有效的重要一环。

节能监测一般应按以下程序进行：

（1）签发节能监测通知书。在对用能单位进行节能监测前，应根据监测种类及时通知用能单位；

（2）节能监测机构的监测人员在实施节能监测前要向被监测单位主管能源负责人了解其执行国家等节能主管部门有关节能法规、规章、制度的情况，巡视其主要耗能设备的运行、管理情况；

（3）实施节能监测（现场工作）；

（4）现场节能监测实施完毕后，应向被监测单位主管能源负责人口头通报节能监测初步结果；

（5）节能监测工作结束后，应提出节能监测报告，向被监测单位签发。节能监测报告应按照节能监测标准规定的格式或省级节能主管部门、节能监测中心及行业节能监测中心统一制定的格式编制。报告一般应包括以下内容：被监测单位、监测日期、监测通知号、监测项目、监测数据结果及其分析、相应的整改和处罚建议；

（6）根据节能监测结果，提出相应的处理意见，报相应的节能主管部门。

1.4.2 节能监测的处罚

对于节能监测结果不合格的企业，要进行相应的处罚。根据具体情况，有不同的处罚尺度。

（1）对初次节能监测不合格的被监测单位，由节能监测机构提出并报相应的节能主管部门核准签发，向其发出《节能监测警告和限期整改通知书》，同时抄送被警告单位主管能源负责人。整改期限一般不超过一年，由节能主管部门进行督促，检查其实施情况。整改期满后，由原节能监测机构进行复测。

（2）对复测仍不合格的单位，从发出《节能监测警告和限期整改通知书》之日起，按浪费能源价值的一定倍数征收能耗超标加价费（在企业税后留利中列支不得摊入成本），并再次限期整改，整改期限一般不超过半年。

（3）对第二次复测仍不合格的单位，继续征收能耗超标加价费，并由节能监测机构提出，报经省级人民政府节能主管部门批准，可对其进行包括查封设备在内的进一步处罚。

(4) 对于人为造成能源严重浪费的单位，除对单位进行处罚外，还要对单位负责人、单位主管能源负责人、单位能源主管部门负责人和直接责任者，按照管理权限给予行政处分，并给予经济处罚，由单位从本人工资中代为扣缴，汇入节能监测机构账户。

(5) 被监测单位在对监测结果或监测处罚有异议时，可在接到节能监测报告或节能监测处罚通知书后规定期限内，向其主管部门提出预申诉，并抄送节能监测机构，由主管部门根据申诉内容进行调查、协调并做出相应处理。被监测单位仍不服时，可向省级节能主管部门提出正式申诉，并抄送其主管部门和节能监测机构。

1.4.3 节能监测对用能单位的要求

用能单位有遵守国家、行业、省有关节能法规、规章的义务，在节能监测机构对其进行节能监测时，应积极进行协助和配合，提供必要的节能监测条件。主要有：

(1) 用能单位接到节能监测通知后，应根据节能监测机构的具体要求做好准备工作，提供与监测有关的技术文件和资料，提供必要的配合人员和工作条件；

(2) 被监测单位主管能源负责人或其委托的有关人员，应如实向节能监测人员介绍本单位执行国家、行业、省有关节能法规、规章的情况；

(3) 如果因节能监测结果不合格接到《节能监测警告和限期整改通知书》，必须在一个月内提出由其主管能源负责人签署的整改实施计划，报相应的节能主管部门和节能监测机构；

(4) 对通过银行托收的能耗超标加价费不得拒付；

(5) 用能单位不得拒绝对其进行节能监测，对于无理拒绝监测或阻挠监测人员正常工作的，应按监测不合格处理，并视情节轻重，以被监测单位上一年能耗总量计算，每吨标准煤收取 1~5 元的能耗超标加价费。

1.5 测量的基本知识

1.5.1 测量的概念

测量是人类认识自然界中客观事物，并用数量概念描述客观事物，进而达到逐步掌握事物的本质和揭示自然界规律的一种手段，即对客观事物取得数量概念的一种认识过程。在这一过程中，人们借助于专门工具，通过试验和对试验数据的分析计算，求得被测量的值，获得对于客观事物定量的概念和内在规律的认识。因此可以说，测量就是为取得未知参数值而做的，包括测量的误差分析和数据处理等计算工作在内的全部工作。该工作可以通过手动的或自动的方式来进行。

从计量学的角度讲，测量就是利用实验手段，把待测量与已知的同性质的标准量进行直接或间接的比较，将已知量作为计量单位，确定两者的比值，从而得到被测量量值的过程：其目的是获得被测对象的确定量值，关键是进行比较。

1.5.2 测量与检测的联系与区别

检测主要包括检验和测量两方面的含义，检验是分辨出被测量的取值范围，以此来对被测量进行诸如是否合格等的判别。测量是指将被测未知量与同性质的标准量进行比较，确定被测量对标准量的倍数，并用数字表示这个倍数的过程。

1.5.3 测量的意义

伟大的化学家、计量学家门德列耶夫说过："科学是从测量开始的，没有测量就没有科学，至少是没有精确的科学、真正的科学"。我国"两弹一星"元勋王大珩院士也说过："仪器是认识世界的工具；科学是用斗量禾的学问，用斗去量禾就对事物有了深入的了解、精确的了解，就形成科学"。

信息产业将在21世纪成为世界发达国家的首要产业。信息产业的要素包括信息的获取、存储、处理、传输和利用，而信息的获取正是靠仪器仪表来实现的。如果获取的信息是错误的或不准确的，那么后面的存储、处理、传输都是毫无意义的。所以，仪器仪表制造业是信息产业的龙头。

人类的知识许多是依靠测量得到的。在科学技术领域内，许多新的发现、新的发明往往是以测量技术的发展为基础的，测量技术的发展推动着科学技术的前进。在生产活动中，新工艺、新设备的产生，也依赖于测量技术的发展水平。而且，可靠的测量技术对于生产过程自动化、设备的安全以及经济运行都是必不可少的先决条件。无论是在科学实验中还是在生产过程中，一旦离开了测量，必然会给工作带来巨大的盲目性。只有通过可靠的测量，正确地判断测量结果，才有可能进一步解决自然科学和工程技术上提出的相关问题。

1.5.4 测量的构成要素

一个完整的测量过程包含六个要素，它们分别是：（1）测量对象与被测量；（2）测量环境；（3）测量方法；（4）测量单位；（5）测量资源，包括测量仪器与辅助设施、测量人员等；（6）测量结果和数据处理。

例如，用玻璃液体温度计测量室温。在该测量中，测量对象是房间，被测量是温度，测量环境是常温常压，测量方法是直接测量，测量单位是℃（摄氏度），测量资源包括玻璃液体温度计和测量人员。经误差分析和数据处理后，获得测量结果并表示为 $t=(20.1\pm0.02)$℃。

1.6 测量方法

测量方法就是实现被测量与标准量比较的方法，按照获得测量参数结果所用方法的不同，通常把测量方法分为直接测量法、间接测量法和组合测量法。

1.6.1 直接测量法

凡是将被测参数与其单位量直接进行比较，或者用测量仪表对被测参数进行测量，其测量结果又可直接从仪表上获得（不需要通过方程式计算）的测量方法，称为直接测量法。例如，使用温度计测量温度。直接测量法有宣读法和比较法两种。

所谓宣读法就是直接从测量仪表上读得被测参数的数值，如用玻璃管式液体温度计测温度。这种方法使用方便，但一般准确度较差。

比较法是利用一个与被测量同类的已知标准量（由标准量具给出）与被测量比较而进行测量。因常常要使用标准量具，所以测量过程比较麻烦，但测量仪表本身的误差及其他一些误差在测量过程中能被抵消，因此测量准确度比较高。

1.6.2 间接测量法

通过直接测量与被测量有某种确定函数关系的其他各个变量，然后将所测得的数值代入该确定的函数关系进行计算，从而求得被测量数值的方法，称为间接测量法。例如，用压差式流量计测量标准节流件两侧的压差，进而求得被测对象的流量。该方法测量过程复杂费时，一般应用在以下情况：

（1）直接测量不方便；

（2）间接测量比直接测量的结果更为准确；

（3）不能进行直接测量的场合。

1.6.3 组合测量法

在测量两个或两个以上相关的未知量时，通过改变测量条件使各个未知量以不同的组合形式出现，根据直接测量或间接测量所获得的数据，通过解联立方程组以求得未知量的数值，这类测量称为组合测量法。例如，用铂电阻温度计测量介质温度时，其电阻值 R 在 0~850℃时与温度 t 的关系是

$$R_t = R_0(1 + At + Bt^2) \tag{1-1}$$

式中 R_t，R_0 ——温度分别为 t℃和 0℃时铂电阻的电阻值，Ω；

A，B ——常数。

为了确定常系数 A 和 B，首先至少需要测得铂电阻在两个不同温度下的电阻值 R_t，然后建立联立方程，通过求解，确定 A 和 B 的数值。

组合测量法在实验室和其他一些特殊场合的测量中使用较多。例如，建立测压管的方向特性、总压特性和速度特性曲线的经验关系式等。

注意间接测量法和组合测量法的区别。

间接测量法的直接测量量和被测量之间具有一个确定的函数关系，通过直接测量量即可唯一确定被测量；而组合测量法被测量和直接测量量或间接测量量之间不是单一的一个函数关系，需要求解根据测量结果所建立的方程组来获得被测量。

1.7 测量分类

在测量活动中，为满足各种被测对象的不同测量要求，依据不同的测量条件有着不同的测量方法。对测量方法可以从不同角度进行分类，除根据测量结果的获得方式或测量方法，除把测量分为直接测量、间接测量和组合测量三种外，常见的分类方法有以下几种。

1.7.1 静态测量和动态测量

根据被测对象在测量过程中所处的状态，可以把测量分为静态测量和动态测量两大类。

（1）静态测量。静态测量是指在测量过程中被测量可以认为是固定不变的，因此不需要考虑时间因素对测量的影响。人们在日常测量中所接触的绝大多数测量都是静态测量。对于静态测量，被测量和测量误差可以当做一种随机变量来处理。

（2）动态测量。动态测量是指被测量在测量期间随时间（或其他影响因素）发生变化。如弹道轨迹的测量、环境噪声的测量等。对这类被测量的测量，需要当做一种随机过程的问题来处理。

相对于静态测量，动态测量更为困难。这是因为被测量本身的变化规律复杂，测量系统的动态特性对测量的准确度有很大影响，实际上，绝对不随时间而变化的量是不存在的，通常把那些变化速度相对于测量速度十分缓慢的量的测量，近似简化为静态测量。

1.7.2 等精度测量和不等精度测量

根据测量条件是否发生变化，可以把对某测量对象进行的多次测量分为等精度测量与不等精度测量。

（1）等精度测量。等精度测量是指在测量过程中，测量仪表、测量方法、测量条件和操作人员等都保持不变的测量方法。因此，对同一被测量进行的多次测量结果，可认为具有相同的信赖程度，应按同等原则对待。

（2）不等精度测量。不等精度测量是指测量过程中测量仪表、测量方法、测量条件或操作人员等中某一因素或某几个因素发生变化，使得测量结果的信赖程度不同的测量方法。对不等精度测量的数据应按不等精度原则进行处理。

1.7.3 电量测量和非电量测量

根据被测量是否是电量这一属性，可以把测量分为电量测量和非电量测量。

（1）电量测量。电量测量是指电子学中有关量的测量，具体包括：

表征电磁能的量，如电流、电压、功率、电场强度等；

表征信号特征的量，如频率、相位、波形参数等；

表征元件和电路参数的量，如电阻、电容、电感和介电常数等；

表征网络特性的量，如带宽、增益、带内波动、带外衰减等。

（2）非电量测量。非电量测量是指非电子学中量的测量，如温度、湿度、压力、气体浓度、机械力、材料光折射率等非电学参数的测量。随着科学技术的发展与学科间的相互渗透，特别是为了自动测量的需要，有些非电量都设法通过适当的传感器转换为属于电量的电信号来进行测量。因此，对于非电量测量的领域，也需要了解一些基本电量测量的知识。

1.7.4 工程测量与精密测量

根据对测量结果的要求，可以把测量分为工程测量与精密测量。

（1）工程测量。

工程测量是指对测量误差要求不高的测量。用于这种测量的设备和仪表的灵敏度和准确度比较低，对测量环境没有严格的要求，因此，对测量结果只需给出测量值。

（2）精密测量。

精密测量是指对测量误差要求比较高的测量。用于这种测量的设备和仪表应具有一定的灵敏度和准确度，其示值误差的大小需经计量检定或校准。在相同条件下对同一个被测量进行多次测量，其测得的数据一般不会完全一致。因此，对于这种测量往往需要基于测量误差的理论和方法，合理地估计其测量结果，包括最佳估计值及其分散性大小。有的场合，还需要根据约定的规范对测量仪表在额定工作条件和工作范围内的准确度指标是否合格做出合理判定。精密测量一般是在符合一定测量条件的实验室内进行，其测量的环境和其他条件均要比工程测量严格，所以又称为实验室测量。

此外，测量根据传感器的测量原理还可分为电磁法、光学法、超声法、微波法、电化学法等。根据敏感元件是否与被测介质接触，可分为接触式测量和非接触式测量。根据测量的比较方法，可分为偏差法、零位法和微差法。根据被测参数的不同，可分为热工测量（通常指温度、压力、流量和物位）、成分测量和机械量测量。

1.8　测量误差与测量不确定度

1.8.1　测量误差

1.8.1.1　基本概念

A　误差（error）的定义

测量是一个变换、放大、比较、显示、读数等环节的综合过程。由于测量系统（仪表）不可能绝对准确，测量原理的局限、测量方法的不尽完善、环境因素和外界干扰的存在以及测量过程可能会影响被测对象的原有状态等，也使得测量结果不能准确地反映被测量的真值而存在一定的偏差，这个偏差就是测量误差。它等于测量结果减去被测量的真值，即：

$$\Delta x = x - \mu \tag{1-2}$$

式中　Δx——测量误差；

x——测量结果；

μ——真值。

误差只与测量结果有关，不论采用何种仪表，只要测量结果相同，其误差都是一样的。误差有恒定的符号，非正即负，如-1，+2。而不应该写成±2 的形式，因为它表示被测量值不能确定的范围，不是真正的误差值。

B　真值（true value）

测量结果只有在真值已知的前提下才能应用，而实际上很多情况真值都是未知的，通常用以下 3 种方法确定出真值。

（1）理论真值。通常把对一个量严格定义的理论值叫做理论真值，如三角形三个内角和为 180°，垂直度为 90°等。如果一个被测量存在理论真值，式中的 μ 应该由它来表示。由于理论真值在实际工作中难以获得，常用约定真值或相对真值来代替。

(2) 约定真值。约定真值是对于给定不确定度所赋予的（或约定采用的）特定量的值。获得约定真值的方法通常有以下几种：

1) 由计量基准、标准复现而赋予该特定量的值；

2) 采用权威组织推荐的值。例如，由常数委员会（CODATA）推荐的真空光速、阿伏伽德罗常数等；

3) 用某量的多次测量结果的算术平均值来确定该量的约定真值。

(3) 相对真值。对一般测量，如果高一级测量仪表的误差小于等于低一级测量仪表误差的1/3；对于精密测量，如果高一级测量仪表的误差小于等于低一级测量仪表误差的1/10，则可认为前者所测结果是后者的相对真值。

1.8.1.2 误差的分类

根据测量误差的性质和出现的特点不同，一般可将测量误差分为三类，即系统误差、随机误差和粗大误差。

(1) 系统误差。系统误差（systematic error）定义为：在重复性条件下，对同一被测量进行无限多次测量所得结果的平均值与被测量的真值之差。其特征是：在相同条件下，多次测量同一量值时，该误差的绝对值和符号保持不变，或者在条件改变时，误差按某一确定规律变化。前者称为恒值系统误差，后者称为变值系统误差。在变值系统误差中，又可按误差变化规律的不同分为线性系统误差、周期性系统误差和按复杂规律变化的系统误差。例如，用天平计量物体质量时砝码的质量偏差，刻线尺的温度变化引起的示值误差等都是系统误差。

在实际估计测量器具示值的系统误差时，常常用适当次数的重复测量的算术平均值减去约定真值来表示，又称其为测量器具的偏移（bias）。

由于系统误差具有一定的规律性，因此，可以根据其产生原因，采取一定的技术措施，设法消除或减小。也可以采用在相同条件下对已知约定真值的标准器具进行多次重复测量的办法，或者通过多次变化条件下的重复测量的办法，设法找出其系统误差变化的规律后，再对测量结果进行修正。修真值 C 的表达式为：

$$C = \mu - x \tag{1-3}$$

可见，修真值 C 与误差的数值相等，但符号相反。系统误差的补偿与修正一直是误差理论与数据处理所关注的热点问题。

(2) 随机误差。随机误差（random error）又称为偶然误差，其定义为：测得值与在重复性条件下对同一被测量进行无限多次测量所得结果的平均值之差。其特征是在相同测量条件下，多次测量同一量值时，绝对值和符号以不可预定的方式变化。

随机误差产生于实验条件的偶然性微小变化，如温度波动、噪声干扰、电磁场微变、电源电压的随机起伏、地面振动等。由于每个因素出现与否，以及这些因素所造成的误差大小，人们都难以预料和控制。所以，随机误差的大小和方向均随机不定，不可预见，不可修正。

虽然一次测量的随机误差没有规律，不可预见，也不能用实验的方法加以消除。但是，经过大量的重复测量可以发现，它是遵循某种统计规律的。因此，可以用概率统计的方法来处理含有随机误差的数据，对随机误差的总体大小及分布做出估计，并采取适当措施减小随机误差对测量结果的影响。

(3) 粗大误差。粗大误差（gross error）又称为疏忽误差、过失误差，是指明显超出统计规律预期值的误差。其产生原因主要是某些偶尔突发性的异常因素或疏忽，如测量方法不当或错误，测量操作疏忽和失误（如未按规程操作、读错读数或单位、记录或计算错误等），测量条件的突然较大幅度变化（如电源电压突然增高或降低、雷电干扰、机械冲击和振动等）等。由于该误差很大、明显歪曲了测量结果，故应按照一定的准则进行判别，将含有粗大误差的测量数据（称为坏值或异常值）予以剔除。

(4) 误差间的转换。系统误差和随机误差的定义是科学严谨的，不能混淆。但在测量实践中，由于误差划分的人为性和条件性，使得它们并不是一成不变的，在一定条件下可以相互转化。也就是说一个具体误差究竟属于哪一类，应根据所考察的实际问题和具体条件，经分析和实验后确定。如一块电表，它的刻度误差在制造时可能是随机的，但用此电表来校准一批其他电表时，该电表的刻度误差就会造成被校准的这一批电表的系统误差。又如，由于电表刻度不准，用它来测量某电源的电压时势必带来系统误差。但如果采用很多块电表测此电压，由于每一块电表的刻度误差有大有小，有正有负，就使得这些测量误差具有随机性。

1.8.1.3 误差的来源

为了减小测量误差，提高测量准确度，就必须了解误差来源。而误差来源是多方面的，在测量过程中，几乎所有因素都将引入测量误差。在分析和计算测量误差时，不可能、也没有必要将所有因素及其引入的误差逐一计算。因此，要着重分析引起测量误差的主要因素。

A 测量设备误差

测量设备误差主要包括标准器件误差、装置误差和附件误差等。

(1) 标准器件误差。标准器件误差是指以固定形式复现标准量值的器具，如标准电阻、标准量块、标准砝码等，它们本身体现的量值，不可避免地存在误差。任何测量均需要提供比较用的基准器件，这些误差将直接反映到测量结果中，造成测量误差。减小该误差的方法是在选用基准器件时，应尽量使其误差值相对小些。一般要求基准器件的误差占总误差的1/3~1/10。

(2) 装置误差。测量装置是指在测量过程中，实现被测的未知量与已知的单位量进行比较的仪器仪表或器具设备。它们在制造过程中由于设计、制造、装配、检定等的不完善，以及在使用过程中由于元器件的老化、机械部件磨损和疲劳等因素而使设备所产生的误差，即为装置误差。

装置误差包括：在设计测量装置时，由于采用近似原理所带来的工作原理误差，组成设备的主要零部件的制造误差与设备的装配误差，设备出厂时校准与分度所带来的误差，读数分辨力有限而造成的读数误差，数字式仪表所特有的量化误差，模拟指针式仪表出于刻度的随机性所引入的误差，元器件老化、磨损、疲劳所造成的误差，仪表响应滞后现象所引起的误差等等。减小上述误差的主要措施是：根据具体的测量任务，正确选取测量方法，合理选择测量设备，尽量满足设备的使用条件和要求。

(3) 附件误差。附件误差是指测量仪表所带附件和附属工具引进的误差。如千分尺的调整量杆等也会引入误差。减小该误差的办法是在购买设备时，要注意检查设备和附件的出厂合格证和检定证书。

B 测量方法误差

测量方法误差又称为理论误差，是指因使用的测量方法不完善，或采用近似的计算公式等原因所引起的误差。如在超声波流量计中，忽略流速的影响；在比色测温中，将被测对象近似为灰体，忽略发射率变化的影响等。

C 测量环境误差

测量环境误差是指各种环境因素与要求条件不一致而造成的误差。如对于电子测量，环境误差主要来源于环境温度、电源电压和电磁干扰等；激光测量中，空气的温度、湿度、尘埃、大气压力等会影响到空气折射率，因而影响激光波长，产生测量误差；高准确度的准确测量中，气流、振动也有一定的影响等等。

减小测量环境误差的主要方法是：改善测量条件，对各种环境因素加以控制，使测量条件尽量符合仪表要求。

D 测量人员误差

测量人员即使在同一条件下使用同一台装置进行多次测量，也会得出不同的测量结果。这是由于测量人员的工作责任心、技术熟练程度、生理感官与心理因素、测量习惯等的不同而引起的，称为人员误差。

为了减小测量人员误差，就要求测量人员要认真了解测量仪表的特性和测量原理，熟练掌握测量规程，精心进行测量操作，并正确处理测量结果。

总之，误差的来源是多方面的，在进行测量时，要仔细进行全面分析，既不能遗漏，也不能重复。对误差来源的分析研究既是测量准确度分析的依据，也是减小测量误差，提高测量准确度的必经之路。

1.8.1.4 误差的表示方法

误差的表示方法分绝对误差和相对误差两种。

（1）绝对误差（absolute error）。测量系统的测量值（即示值）x 与被测量的真值 μ 之间的代数差值，称为测量系统测量值的绝对误差 Δx，或简称测量误差，即

$$\Delta x = x - \mu \tag{1-4}$$

（2）相对误差（rative error）。相对误差有以下 3 种表示方法：

1）实际相对误差

$$\delta_{实} = \frac{\Delta x}{\mu} \times 100\% \tag{1-5}$$

这里的真值可以是理论真值、约定真值和相对真值中的任意一种。

2）标称（示值）相对误差

$$\delta_{标} = \frac{\Delta x}{x} \times 100\% \tag{1-6}$$

式中 x——被测量的标称值（或示值）。

3）引用相对误差。在评价测量系统的准确度时，有时利用实际（或标称）相对误差作为衡量标准也不很准确。例如，用任一已知准确度等级的测量仪表测量一个靠近测量范围下限的小量，计算得到的实际（或标称）相对误差，通常总比测量接近上限的大量

（如 2/3 量程处）得到的相对误差大得多。因此，有必要引入引用相对误差 γ 的概念，其表达式如下

$$\gamma = \frac{\Delta x}{x_{FS}} \times 100\% \tag{1-7}$$

式中　x_{FS}——满量程值。

对于多挡仪表，引用相对误差需要按多挡的量程计算。当测量值为测量系统测量范围的不同数值时，即使是同一检测系统，其引用误差也不一定相同。为此，可以取引用误差的最大值，既能克服上述不足，又能更好地说明测量系统的准确度。

4）最大引用误差（或满度最大引用误差）。最大引用误差 γ_{max} 是指在规定的工作条件下，当被测量平稳地增加或减少时，在测量系统全量程所有测量值引用误差绝对值的最大者，或者说所有测量值中最大绝对误差的绝对值与量程之比的百分数，即

$$\gamma_{max} = \frac{|\Delta x|_{max}}{x_{FS}} \times 100\% \tag{1-8}$$

最大引用误差是测量系统基本误差的主要形式，故也常称为测量系统的基本误差。它是测量系统的最主要质量指标，能很好地表征测量系统的测量准确度。

1.8.2　测量准确度、正确度和精密度

测量准确度（accuracy）表示测量结果与被测量真值之间的一致程度。在我国工程领域中俗称精度。测量准确度是反映测量质量好坏的重要标志之一。就误差分析而言，准确度反映了测量结果中系统误差和随机误差的综合影响程度。误差大，则准确度低；误差小，则准确度高。当只考虑系统误差的影响程度时，称为正确度（correctness）；只考虑随机误差的影响程度时，称为精密度（precision）。

准确度、正确度和精密度三者之间既有区别，又有联系。对于一个具体的测量，正确度高的未必精密，精密度高的也未必正确。但准确度高的，则正确度和精密度都高，故一切测量要力求准确，也宜分清准确度中正确度与精密度何者为主，以便采取不同的提高准确度的措施。可用射击打靶的例子来描述准确度、正确度和精密度三者之间的关系，如图 1-2 所示。

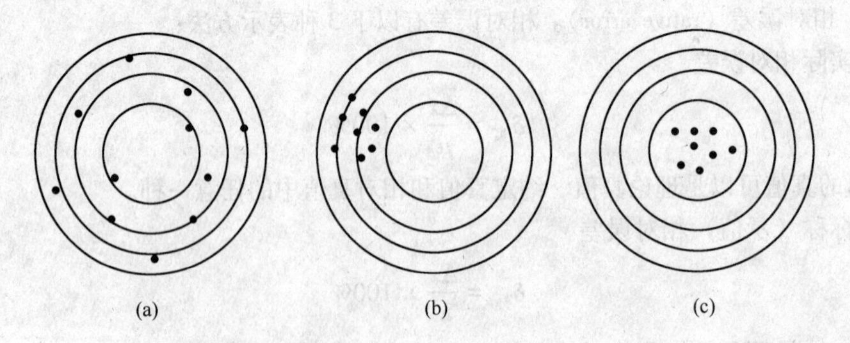

图 1-2　测量准确度、正确度和精密度示意图
（a）精密度低，正确度高；（b）精密度高，正确度低；（c）准确度高

图 1-2（a）中：弹着点全部在靶上，但分散。相当于系统误差小而随机误差大，即

精密度低，正确度高。

图1-2（b）中：弹着点集中，但偏向一方，命中率不高。相当于系统误差大而随机误差小，即精密度高，正确度低。

图1-2（c）中：弹着点集中靶心。相当于系统误差与随机误差均小，即精密度、正确度都高，从而准确度也高。

1.9 测量系统

1.9.1 测量系统的组成

完成测量中某一个或几个参数测量的所有装置称为测量系统。测量系统的构成与生产过程的自动化水平密切相关。根据测量系统工作原理、测量准确度要求、信号传递与处理、显示方式及功能等的不同，其结构会有悬殊的差别。它可能是仅有一只测量仪表的简单测量系统，也可能是一套价格昂贵、高度自动化的复杂测量系统。例如，测量水的流量，常用标准孔板获得与流量有关的压差信号，然后将压差信号输入压差流量变送器，经过转换、运算，变成电信号，再通过连接导线将电信号传送到显示仪表，显示出被测流量值。

任何一个测量系统都可由有限个具有一定基本功能的环节组成。组成测量系统的基本环节有：传感器、变换器、传输通道（或传送元件）和显示装置。

（1）传感器。传感器是测量系统与被测对象直接发生联系的器件或装置。它的作用是感受指定被测参量的变化，并按照一定规律将其转换成一个相应的便于传递的输出信号，以完成对被测对象的信息提取。例如热电偶测温，它是根据热电效应，将被测温度值转化成热电势，进而实现测温的。

传感器通常由敏感元件和转换部分组成。其中，敏感元件为传感器直接感受被测参量变化的部分，转换部分的作用通常是将敏感元件的输出，转换为便于传输和后续环节处理的电信号。通常指电压、电流或电路参数（电阻、电感、电容）等电信号。例如，半导体应变片式传感器能把被测对象受力后的微小变形感受出来，通过一定的桥路转换成相应的电压信号输出。这样，通过测量传感器输出电压，便可知道检测对象的受力情况。这里应该说明，并不是所有的传感器均可清楚、明晰地区分敏感和转换两部分，有的传感器已将这两部分合二为一，也有的仅有敏感元件（加热电阻、热电偶）而无转换部分，但人们仍习惯称其为传感器。

传感器的输出信号能否准确、快速和稳定地与被测参数进行转换，对测量系统的好坏有着决定性的作用。通常对传感器要求如下：

1）传感器的输出与输入之间应具有稳定的、线性的单值函数关系；

2）传感器的输出只对被测量的变化敏感，且灵敏度高，而对其他一切可能的输入信号（包括噪声）不敏感；

3）在测量过程中，传感器应该不干扰或尽量少干扰被测介质的状态。

实际的传感器很难同时满足上述三个要求，常用的方法是限制测量条件，通过理论与实验的反复检验，并采用补偿、修正等技术手段，才能使传感器满足测量要求。

（2）变换器。变换器是将传感器传来的微弱信号经某种方式的处理变换成测量显示所要求的信号的装置。通常包括前置放大器、滤波器、A/D 转换器和非线性校正器等。前置放大器通常安装于传感器部分，这是为避免微弱信号在传送过程中丢失信息而进行的预先放大，这也有利于测量系统的简化；A/D 转换器用于将模拟信号转换成数字信号；非线性校正器用于使输出信号正比于被测参数，有利于数字信号及控制信号的产生。

对于变换器，不仅要求它的性能稳定、准确度高，而且应使信息损失最小。

（3）显示装置。显示装置通常指显示器、指示器或记录仪等。用于实现对被测参数数值的指示、记录，有时还带有调节功能，以控制生产过程。

对于智能测量系统，常将计算机、显示和存储等功能合为一体。

（4）传送元件。如果测量系统各环节是分离的，那么就需要把信号从一个环节送到另一个环节；实现这种功能的元件称为传送元件。其作用是建立各测量环节输入、输出信号之间的联系。传送元件可以比较简单，但有时也可能相当复杂。导线、导管、光导纤维、无线电通信都可以作为传送元件的一种形式。

传送元件一般较为简单，容易被忽视。实际上，由于传送元件选择不当或安排不周，往往会造成信息能量损失、信号波形失真、引入干扰，致使测量准确度下降。例如导压管过细过长，容易使信号传递受阻，产生传输延迟，影响动态压力测量准确度。再比如导线的阻抗失配，会导致电压和电流信号的畸变。

应该指出，上述测量系统组成及各组成部分的功能描述并不是唯一的。尤其是传感器、变换器的名称与定义，目前还没有完全统一的理解。即使是同一元件，在不同场合下也可能使用不同的名称。因此，关键在于弄清它们在测量系统中的作用，而不必拘泥于名称本身。

1.9.2 测量系统的基本特性

1.9.2.1 概述

A 基本特性分类

测量系统的性能在很大程度上决定着测量结果的质量。对于测量系统的性能认识愈全面、愈深刻，愈有可能获得有价值的测量结果。测量系统的基本特性一般分为两类：静态特性和动态特性。这是因为被测参量的变化大致可分为两种情况，一种是被测参量基本不变或变化很缓慢的情况，即所谓“准静态量”。此时，可用测量系统的一系列静态参数（静态特性）来对这类“准静态量”的测量结果进行表示、分析和处理。另一种是被测参量变化很快的情况，它必然要求测量系统的响应更为迅速，此时，应用测量系统的一系列动态参数（动态特性）来对这类“动态量”的测量结果进行表示、分析和处理。

一般情况下，测量系统的静态特性与动态特性是相互关联的，测量系统的静态特性也会影响到动态条件下的测量。但为叙述方便和使问题简化，便于分析，通常把静态特性与动态特性分开讨论，把造成动态误差的非线性因素作为静态特性处理，而在列动态方程时，忽略非线性因素，简化为线性微分方程。这样可使许多非常复杂的非线性工程测量问题大大简化。虽然会因此而增加一定的误差，但是绝大多数情况下此项误差与测量结果中含有的其他误差相比都是可以忽略的。

B 研究基本特性的目的

研究和分析测量系统的基本特性，主要有以下三个方面的用途：

(1) 通过测量系统的已知基本特性，由测量结果推知被测参量的准确值，这是测量系统的最基本目的。

(2) 对多环节构成的较复杂的测量系统进行测量结果及不确定度的分析，即根据该测量系统各组成环节的已知基本特性，按照已知输入信号的流向，逐级推断和分析各环节输出信号及其不确定度。

(3) 根据测量得到的输出结果和已知输入信号，推断和分析出测量系统的基本特性与主要技术指标。这主要用于该测量系统的设计、研制、改进和优化，以及对无法获得更好性能的同类测量系统和未完全达到所需测量准确度的重要测量项目进行深入分析、研究。

通常把被测参量作为测量系统的输入（亦称为激励）信号，而把测量系统的输出信号称为响应。由此，就可以把整个测量系统看成一个信息通道来进行分析。理想的信息通道应能不失真地传输各种输入信号。

下面介绍的测量系统基本特性不仅适用于整个系统，也适用于组成测量系统的各个环节，如传感器、信号放大、信号滤波、数据采集与显示等。

1.9.2.2 测量系统的静态特性

A 测量系统基本静态特性

测量系统基本静态特性，是指被测物理量和测量系统处于稳定状态时，系统的输出量与输入量之间的函数关系。一般情况下，如果没有迟滞等缺陷存在，测量系统的输入量 x 与输出量 y 之间的关系可以用下述代数方程来描述

$$y = a_0 + a_1x + a_2x^2 + \cdots + a_nx^n \tag{1-9}$$

式中 a_0，a_1，…，a_n——常系数项，决定着测量系统输入输出关系曲线的形状和位置，是决定测量系统基本静态特性的参数。

如果上式中，除 a_0，a_1 不为零外，其余各项常数均为零，这时测量系统就是一个线性系统。对于理想测量系统，要求其静态特性曲线应该是线性的，或者在一定的测量范围之内是线性的。

测量系统的基本静态特性可以通过静态校准来求取。在对系统校准并获得一组校准数据之后，可用最小二乘法求取一条最佳拟合曲线作为测量系统基本静态特性曲线。

任何一个测量系统，都是由若干个测量设备按照一定方式组合而成的。整个系统的基本静态特性是诸测量设备静态特性的某种组合，如串联、并联和反馈。对任何形式的测量系统，只要已知各组成部分的基本静态特性，就不难求得测量系统总的静态特性。

B 测量系统的静态性能指标

描述测量系统在静态测量条件下测量品质优劣的静态性能指标有很多，常用的主要指标有准确度、正确度、精密度、量程及灵敏度等。分析时应根据各测量系统的特点和对测量的要求而有所侧重。

a 准确度及准确度等级

测量准确度是指测量结果与被测量的真值之间的一致（或接近）程度。准确度是一

个定性的概念，它并不指误差的大小，准确度不能表示为±5mg、<5mg 或 5mg 等形式，准确度只是表示是否符合某个误差等级的要求，或按某个技术规范要求是否合格，或定性地说明它是高或低。

仪表的准确度等级数为仪表的最大引用误差 γ_{max} 去掉%后的数字经过圆整后的系列值。按照国际法制计量组织（OIMI）建议书 NO. 34 的推荐，仪表的准确度等级采用以下数字：1×10^n、1.5×10^n、1.6×10^n、2×10^n、2.5×10^n、3×10^n、4×10^n、5×10^n 和 6×10^n，其中 $n=1$、0、−1、−2、−3 等。在上述数列中，禁止在一个系列中同时选用 1.5×10^n 和 1.6×10^n，3×10^n 也只有证明必要和合理时才采用。

测量仪表（或系统）的准确度等级由生产厂商根据其最大引用误差的大小并以选大不选小的原则就近套用上述准确度等级得到。测量仪表的准确度等级是在标准测量条件下所具有的，这些条件包括环境温度、湿度、电源电压、电磁兼容性条件以及安装方式等。如果不符合某些条件则会产生附加误差，如在高温环境下测量，则会对测量仪表产生影响而导致产生温度附加误差 c。

b 测量仪表的误差

（1）示值误差（error of indication）。测量仪表的示值就是测量仪表所给出的量值。测量仪表的示值误差是指测量仪表的示值与对应真值之差。由于真值不能确定，实际上用的是约定真值。

偏移（bias）是指测量仪表示值的系统误差。通常用适当次数重复测量示值误差的平均值来估计。

（2）最大允许误差（maximum permissible error）。测量仪表的最大允许误差有时也称为测量仪表的允许误差限，或简称容许误差，是指测量仪表在规定的使用条件下可能产生的最大误差范围。是衡量测量仪表质量的最重要的指标。容许误差的表示方法既可以用绝对误差形式，也可以用各种相对误差形式，或者将两者结合起来表示。

容许误差是指某一类测量仪表不应超出的误差最大范围，并不是指某一个测量仪表的实际误差。假如有几台合格的毫伏表，技术说明书给出的容许误差是±2%，则只能说明这几台毫伏表的误差不超过±2%，并不能由此判断其中每一台的误差。

一般测量仪表的容许误差有 5 种：

（1）工作误差。工作误差是在额定工作条件下仪表误差的极限值，即来自仪表外部的各种影响量和仪表内部的影响特性为任意可能的组合时，仪表误差的极限值。这种表示方法的优点是：对使用者非常方便，可以利用工作误差直接估计测量结果误差的最大范围。缺点是：工作误差是在最不利的组合条件下给出的，而实际使用中构成最不利组合的可能性很小。因此，用仪表的工作误差来估计测量结果的误差会偏大。

（2）固有误差。固有误差是当仪表的各种影响量和影响特性处于基准条件时，仪器所具有的误差。这些基准条件是比较严格的，所以这种误差能够更准确地反映仪表所固有的性能，便于在相同条件下，对同类仪表进行比较和校准。

（3）影响误差。影响误差是当一个影响量在其额定使用范围内（或一个影响特性在其有效范围内）取任意值，而其他影响量和影响特性均处于基准条件时所测得的误差，例如温度误差、频率误差等。只有当某一影响量在工作误差中起重要作用时才给出，它是一种误差的极限。

（4）基本误差。所谓测量系统的基本误差是指在规定的标准条件下（所有影响量在规定值及其允许的误差范围之内），用标准设备进行静态校准时，测量系统在全量程中所产生的最大绝对误差的绝对值。基本误差实质就是固有误差，只是基准条件宽一些。

（5）附加误差。测量仪表的附加误差是指测量仪表在非标准条件时所增加的误差，如温度附加误差、压力附加误差等。

附加误差类似于影响误差，但又不完全相同。它是指规定工作条件中的一项或几项发生变化时，仪表产生的附加误差。所谓规定工作条件的变化可以是使用条件发生变化，也可以是被测对象参数发生变化。

c　测量范围和量程

测量范围是指测量仪表的误差处在规定极限内的一组被测量的值，也就是被测量可按规定的准确度进行测量的范围。

量程是指测量范围的上限值和下限值的代数差。例如，测量范围为20~100℃时，量程为80℃；测量范围为-20~100℃时，量程为120℃。

选择测量仪表的量程时，应最好使测量值落在量程的2/3~3/4处。如果量程选择太小，被测量的值超过测量系统的量程，会使系统因过载而受损。如果量程选择得太大，则会使测量准确度下降。

d　灵敏度

灵敏度表示测量仪表对被测量变化的反应能力，其定义为：当输入量变化很小时，测量系统输出量的变化Δy与引起这种变化的相应输入量的变化Δx的比值，用S表示，即

$$S = \lim_{\Delta x \to 0} \frac{\Delta y}{\Delta x} = \frac{dy}{dx} \tag{1-10}$$

如水银温度计输入量是温度，输出量是水银柱高度，若温度每升高1℃，水银柱高度升高2mm，则它的灵敏度可表示为S=2mm/℃。

测量系统的静态灵敏度可以通过静态校准求得。理想测量系统，静态灵敏度是常量。静态灵敏度的量纲是系统输出量量纲与输入量量纲之比。系统输出量量纲一般指实际物理输出量的量纲，而不是刻度量纲。

对于线性测量系统，特性曲线是一条直线，如图1-3（a）所示，其灵敏度为

$$S = \frac{y}{x} = \tan\theta \tag{1-11}$$

式中　θ——线性静态特性直线的斜率。

对于非线性测量系统，特性曲线为一条曲线，其灵敏度由静态特性曲线上各点的斜率来确定，如图1-3（b）所示。可见，不同的输入量对应的灵敏度不同。

由于灵敏度对测量品质影响很大，所以，一般测量系统或仪表都给出这一参数。原则上说，测量系统的灵敏度应尽可能高，这意味着它能检测到被测量极微小的变化，即检测量稍有变化，测量系统就有较大的输出，并显示出来。因此，在要求高灵敏度的同时，应特别注意与被测信号无关的外界噪声的侵入。为达到既能检测微小的被测参量，又能控制噪声使之尽可能最低，要求测量系统的信噪比越大越好。一般来讲，灵敏度越高，测量范围越小，稳定性也越差。

与灵敏度类似的性能指标还有以下两种，使用时应注意区分它们之间的不同。

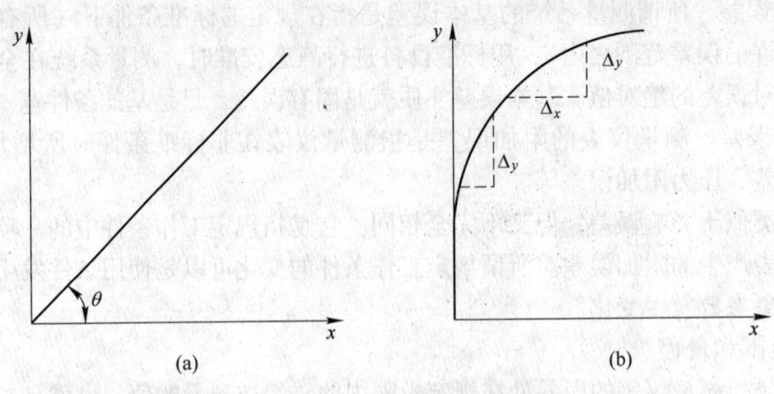

图 1-3 静态特性曲线

(a) 线性测量系统；(b) 非线性测量系统

(1) 分辨力。测量系统的分辨力是指能引起测量系统输出发生变化的输入量的最小变化量，用于表示系统能够检测出被测量最小变化量的能力。例如，线绕电位器的电刷在同一匝导线上滑动时，其输出电阻值不发生变化，因此能引起线绕电位器输出电阻值发生变化的最小位移为电位器所用的导线直径，导线直径越细，其分辨力就越高。

许多测量系统在全量程范围内各测量点的分辨力并不相同。为统一起见，常用全量程中能引起输出变化的各点最小输入量中的最大值 Δx_{max} 相对 Δx 满量程值的百分数来表示系统的分辨力 k，即

$$k = \frac{\Delta x_{max}}{y_{FS}} \tag{1-12}$$

式中 y_{FS}——测量系统的满量程值。

一般指针式仪表的分辨力规定为最小刻度分格值的一半。数字式仪表的分辨力就是当输出最小有效位变化 1 时，其示值的变化，常称为“步进量”。在数字测量系统中，分辨力比灵敏度更为常用。例如，用显示保留小数点后两位的数字仪表测量时，输出量的步进量为 0.01，那么 0.01 的输出对应的输入量的大小即为分辨力。

(2) 死区。死区又叫失灵区、钝感区等，它指测量系统在量程零点处能引起输出量发生变化的最小输入量。通常均希望减小死区。对数字仪表来说，死区应小于数字仪表最低位的二分之一。

e 迟滞误差

测量系统的输入量从量程下限增至量程上限的测量过程称为正行程；输入量从量程上限减少至量程下限的测量过程称为反行程。理想测量系统的输入-输出关系应该是单值的，但实际上对于同一输入量，其正、反行程输出量往往不相等，这种现象称为迟滞，又称滞环，如图 1-4 所示。

迟滞表明测量系统正、反行程的不一致性，是由于仪表或仪表元件吸收能量所引起的，例如机械部件的摩擦、磁性元件的磁滞损耗、弹性元件的弹性滞后等。一般需通过具体实测才能确定。

对于同一输入量正、反行程造成的输出量之间的差值称为迟滞差值，记为 ΔH。

迟滞误差 δ_H 也称回差或变差，通常用最大迟滞引用误差表示，即

$$\delta_H = \frac{\Delta H_{\max}}{y_{FS}} \times 100\% \tag{1-13}$$

式中 $\Delta H_{\max}$——最大迟滞差值。

f 线性度

理想测量系统的输入-输出关系应该是线性的，而实际测量系统往往并非如此，如图1-5所示。测量系统的线性度是衡量测量系统实际特性曲线与理想特性曲线之间符合程度的一项指标，用全量程范围内测量系统的实际特性曲线和其理想特性曲线之间的最大偏差值 $\Delta L_{\max}$与满量程输出值 y_{FS}之比来表示。线性度也称为非线性误差，记为 δ_L

$$\delta_L = \frac{|\Delta L_{\max}|}{y_{FS}} \times 100\% \tag{1-14}$$

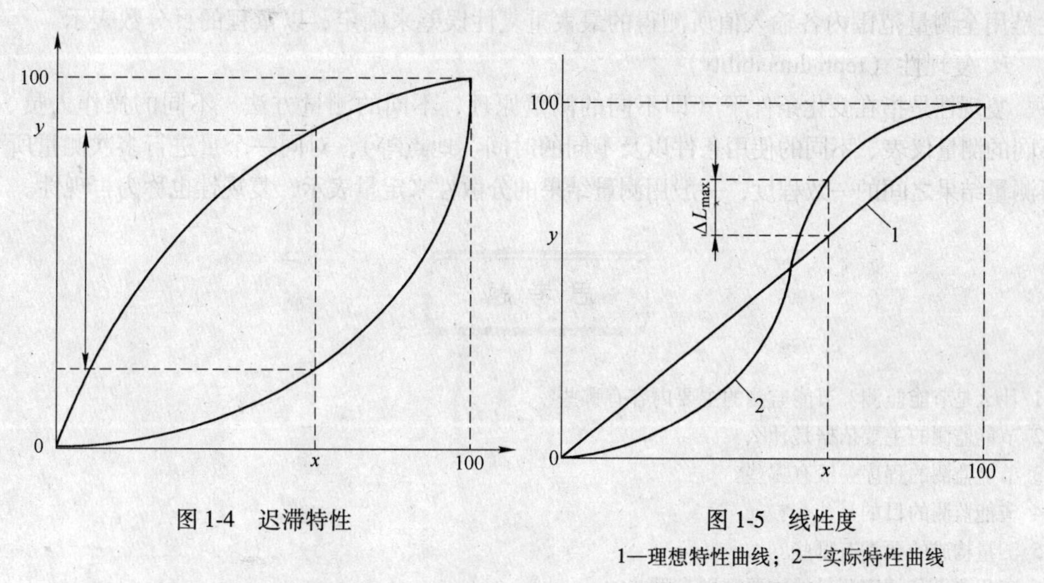

图 1-4 迟滞特性

图 1-5 线性度
1—理想特性曲线；2—实际特性曲线

测量系统的实际特性曲线可以通过静态校准来求得，而理想特性曲线的确定，尚无统一的标准，一般可以用下述几种办法确定：

（1）根据一定的要求，规定一条理论直线。例如，一条通过零点和满量程的输出线或者一条通过两个指定端点的直线。

（2）通过静态校准求得的零平均值点和满量程输出平均值点作一条直线。

（3）根据静态校准取得的数据，利用最小二乘法，求出一条最佳拟合直线。

对应于不同的理想特性曲线，同一测量系统会得到不同的线性度。严格地说，说明测量系统的线性度时，应同时指明理想特性曲线的确定方法。目前，比较常用的是上述第三种方法。以这种拟合直线作为理想特性曲线定义的线性度，称为独立线性度。

任何测量系统都有一定的线性范围，在线性范围内，输入输出成比例关系，线性范围越宽，表明测量系统的有效量程越大。测量系统在线性范围内工作，是保证测量准确度的基本条件。在某些情况下，也可以在近似线性的区间内工作。必要时，可进行非线性补偿，目前的自动测量系统通常都已具备非线性补偿功能。

g 稳定性（stability）

稳定性是指测量仪表在规定的工作条件保持恒定时，测量仪表的性能在规定时间内保持不变的能力，即测量仪表保持其计量特性随时间恒定的能力。稳定性可以用几种方式定量表示，例如，测量特性变化某个规定的量所经过的时间；或测量特性经过规定的时间所发生的变化等。

影响稳定性的因素主要是时间、环境、干扰和测量系统的器件状况。因此，选用测量系统时应考虑其抗干扰能力和稳定性，特别是在复杂环境下工作时，更应考虑各种干扰（如磁辐射、电网干扰等）的影响。

h 重复性（repeatability）

测量仪表的重复性表示在相同条件下，重复测量同一个被测量，多次测量所得测量结果之间的一致程度。相同的测量条件主要包括：相同的测量程序、相同的操作人员、相同的测量仪表、相同的使用条件以及相同的地点，这些条件也称为重复性条件。仪表的重复性是用全测量范围内各输入值所测得的最大重复性误差来确定，以量程的百分数表示。

i 复现性（reproduceibility）

复现性是指在变化条件下（即不同的测量原理、不同的测量方法、不同的操作人员、不同的测量仪表、不同的使用条件以及不同的时间、地点等），对同一个量进行多次测量所得测量结果之间的一致程度，一般用测量结果的分散性来定量表示，复现性也称为再现性。

思考题

1-1 什么是节能监测？节能监测的主要内容有哪些？

1-2 节能监测的主要依据是什么？

1-3 节能监测的程序一般有哪些？

1-4 节能监测的目的是什么？

1-5 测量构成的要素有哪些？

1-6 工程测量和精密测量的主要区别有哪些？

1-7 测量的误差包括哪些，如何对其进行正确处理？

1-8 仪表的测量准确度是如何确定的？

1-9 组成测量系统的主要环节有哪些？

1-10 测量系统的静态性能指标主要有哪些？

1-11 何谓热工测量，热工测量有何意义？热工测量的主要参数有哪些？

1-12 何谓仪表的允许误差、基本误差、变差？举例说明仪表允许误差和准确度等级之间的关系，仪表示值的校验结果怎样才算仪表合格？

1-13 何谓仪表的灵敏度和分辨力？对模拟式仪表和数字式仪表的分辨力是如何规定的？

节能监测常用测定仪表

2.1 温度测量仪表

温度是表征物体冷热程度的物理量。开尔文是热力学温度的单位，符号为K，摄氏度是摄氏温度的单位，符号为℃，其关系为

$$t = T - 273.15 \tag{2-1}$$

式中 t——摄氏温度，℃；

T——热力学温度，K。

温度是工业生产和科学技术中常遇到的一个参数，也是节能监测中经常要测定的一个参数。温度仪表根据测量方法可以分为接触式温度计和非接触式温度计两大类。其中接触式温度计常包括：玻璃液体膨胀温度计、固体膨胀温度计、压力式温度计、半导体温度计、热电阻温度计和热电偶温度计等。非接触式温度计常包括：光学温度计、光电温度计、红外温度计和全辐射温度计等。

2.1.1 普通温度测量仪表

测量温度的仪表型号用“w”表示产品所属的大类。测量温度的常用仪表有双金属温度计、压力温度计、热电偶和热电阻等。

2.1.1.1 玻璃液体温度计

如图2-1所示，玻璃液体温度计是一种常用的测温仪器，它具有结构简单、使用方便、成本低廉等优点，测温范围一般在-200~500℃之间，使用得当可以获得足够高的精度。其缺点是热惰性较大、易破碎，不能远传和自动记录，一般用于水、空气、油及低温烟气的测定。

玻璃液体温度计使用时应注意以下几点：

（1）浸入深度要足够。在现场监测中，判断温度计浸入深度是否足够的方法之一是待温度计的读数基本稳定时，上、下缓慢地抽拉温度计改变其浸入深度，若此时读数基本稳定，则可认为浸入深度已足够。

（2）不超测温范围。使用玻璃液体温度计不应超其测温范围，尤其不应超过其上限（即最大刻度值），否则会引起玻璃温度计损坏或使液柱断开分节而失效。

（3）滞后效应（热惰性误差）的防止。由于玻璃液体温度计是依靠被测介质将热量传递给测温介质并使测温介质与被测介质达到热平衡而进行温度测定的。因此，玻璃液体温度计测温应等到测温介质与被测介质处于热平衡状态时再读数。

（4）正确读取数值。测定者读数时，视线应与玻璃温度计毛细管垂直，读取液柱曲面的顶点。

(5) 按周期对玻璃液体温度计进行检定，通过检定可对其进行零点修正和分度修正。

2.1.1.2　双金属温度计

双金属温度计是利用两种线膨胀系数不同的材料制成的，其中一端固定，另一端为自由端，其结构组成如图 2-2 所示。当温度升高时，膨胀系数较大的金属片伸长较多，必然会向膨胀系数较小的金属片一面弯曲变形。温度越高，产生的弯曲越大。通常，将膨胀系数较小的一层称为被动层，而膨胀系数较大的一层称为主动层。双金属温度计的测温性能与双金属片的特性有着直接的关系。

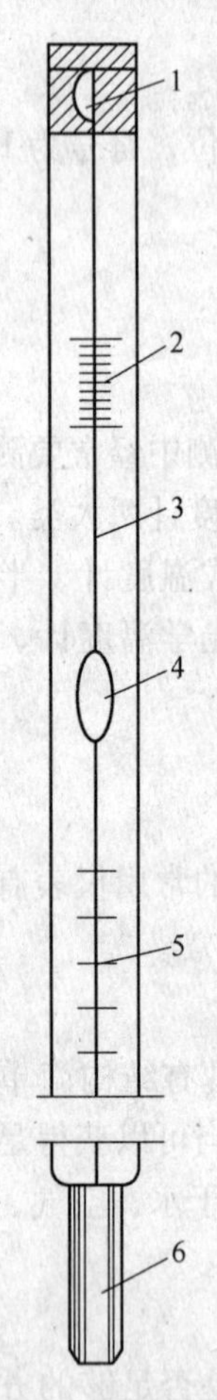

图 2-1　玻璃液体温度计

1—安全泡；2—标尺；3—毛细管；4—中间泡；5—辅助标尺；6—感温泡

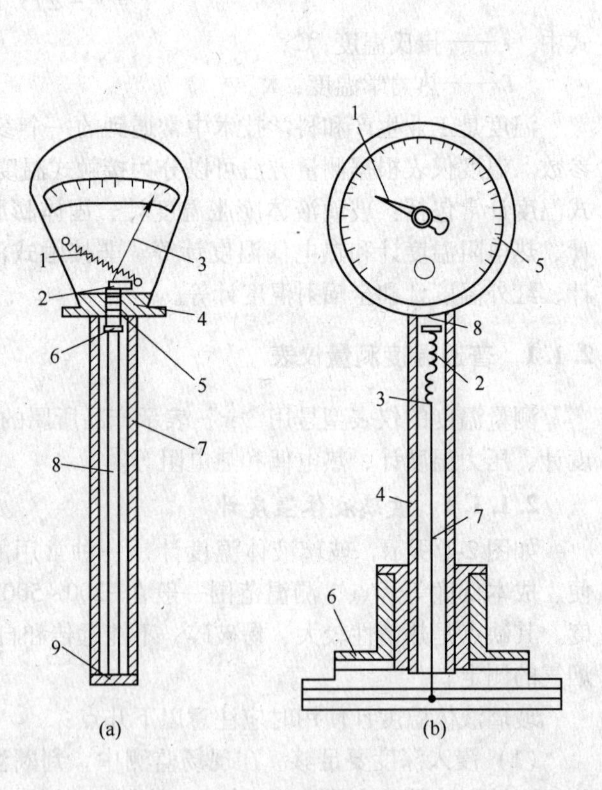

图 2-2　双金属温度计

(a) 杆式双金属温度计：1—拉簧；2—杠杆；3—指针；4—基座；5—弹簧；6—自由端；7—外套；8—芯杆；9—固定端
(b) 螺旋式双金属温度计：1—指针；2—双金属片；3—自由端；4—金属保护管；5—刻度盘；6—表壳；7—传动机构；8—固定端

为提高感温元件的灵敏度，应使主动层材料的热膨胀系数尽量高，被动层材料的热膨胀系数尽量低，且热膨胀系数在使用范围内应保持稳定。其次，双金属片应有较高的弹性模量和较低的弹性模量温度系数，以便制作出的感温元件有较宽的工作温度范围。

2.1.1.3 压力式温度计

压力式温度计是利用充灌式感温系统测量温度的仪表，主要由温包、毛细管和显示仪表组成，型号组成及其代号如图 2-3 所示。

压力式温度计的结构如图 2-4 所示。在温度计的密闭系统中，填充的工作介质可以是液体、气体和蒸汽。仪表中包括温包、金属毛细管、基座和具有扁圆或椭圆截面的弹簧管。弹簧管一端焊在基座上，内腔与毛细管相通，另一端封死，为自由端。在温度变化时，温度计的压力变化，使弹簧管的自由端产生角位移，通过拉杆、齿轮传动机构带动指针偏移，则在刻度盘上指示出被测温度。

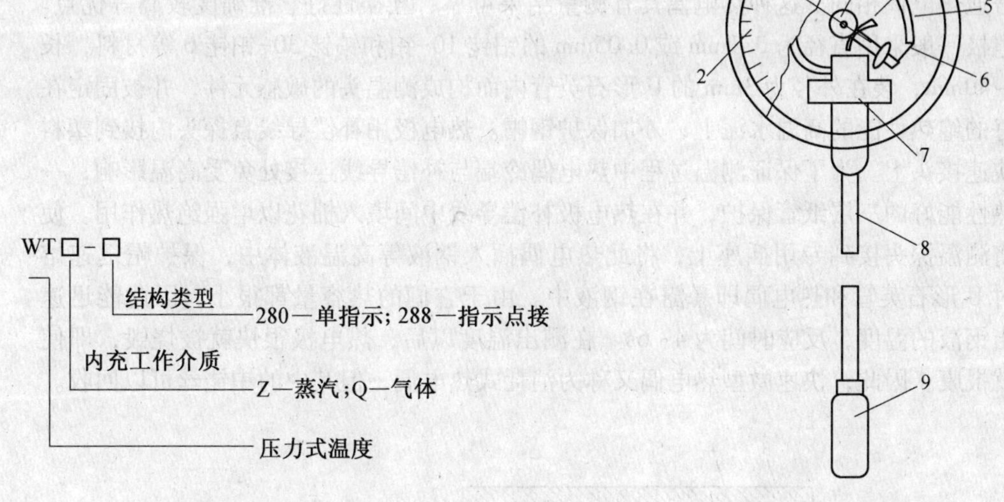

图 2-3 压力式温度计型号代号

图 2-4 压力式温度计

1—指针；2—刻度盘；3—柱齿轮；4—扇齿轮；
5—弹簧管；6—拉杆；7—基座；8—毛细管；9—温包

2.1.1.4 热电偶

热电偶是工业生产、科学试验中最常用的测温仪器仪表之一，也是节能监测中应用很频繁的测温仪器仪表。

热电偶由一对不同材料的导电体（热电偶丝）组成，其一端（热端、测量端）相互连接并感受被测温度；另一端（冷端、参比端）则连接到测量装置中。根据热电效应，测量端和参比端的温度之差与热电偶产生的热电动势随着测量端的温度升高而加大，其数值只与热电偶材料及两端温差有关，而与热电偶的长度、直径无关。热电偶的结构有热电偶元件、保护套管、安装固定装置、接线盒等部件。

热电偶包括普通热电偶和特殊热电偶（如超低温、超高温等）。热电偶作为温度的检测元件，通常与显示仪表配套，用于直接测量各种生产过程中流体、蒸汽、气体介质以及金属表面等的温度。也可以将其毫伏信号送给巡测装置、温度变送器、自动调节器和计算机等，热电偶回路中接入仪表示意图如图 2-5 所示。

节能监测中常用普通热电偶，有时也需用特殊热电偶。特殊热电偶主要有：

（1）钨铼系热电偶。钨铼系热电偶用于高温、超高温测定，使用温度范围一般为300~2000℃，最高可达2400℃，若绝缘管和保护管能解决，还可测定2800℃左右的温度。

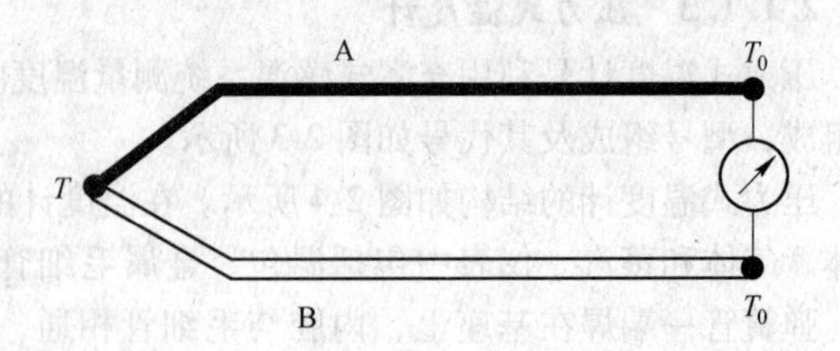

图2-5 热电偶回路中接入仪表示意图

（2）镍铬-金铁热电偶。镍铬-金铁热电偶属于低温热电偶，测温范围2~273K。

（3）快速微型热电偶。快速微型热电偶又称消耗式热电偶，是一种专门测量钢水和其他熔融金属温度而使用的热电偶。每次测量后都要更换，其结构如图2-6所示，其工作原理和普通热电偶相同。这种热电偶具有测量结果可靠、互换性好、准确度较高等优点。它的热电极一般采用直径为0.1mm或0.05mm的铂铑10-铂和铂铑30-铂铑6等材料，长度为25~40mm，装在外径为3mm的U形石英管内而构成测温头的敏感元件，并被固定在具有较好的绝热性能的高温水泥上，外加保护钢帽。热电极用补偿导线自探头内接到塑料插座的快速接头上。为了保证测温过程中热电偶冷端与补偿导线连接处免受高温影响，一般用绝热性能好的三层纸管保护，并在热电极补偿导线中间填入棉花以增强绝热作用。使用时，将测温探头接到专用插座上，将此热电偶插入钢液等高温液体中，保护帽迅速熔化，这时U形石英管和热电偶即暴露在钢液中。由于它们的热容量都很小，因此能迅速地反映出钢液的温度，反应时间为4~6s。在测出温度以后，热电极很快就被烧毁，即使用一次就报废。因此，快速微型热电偶又称为消耗式热电偶，但其中的铂铑丝可以回收。

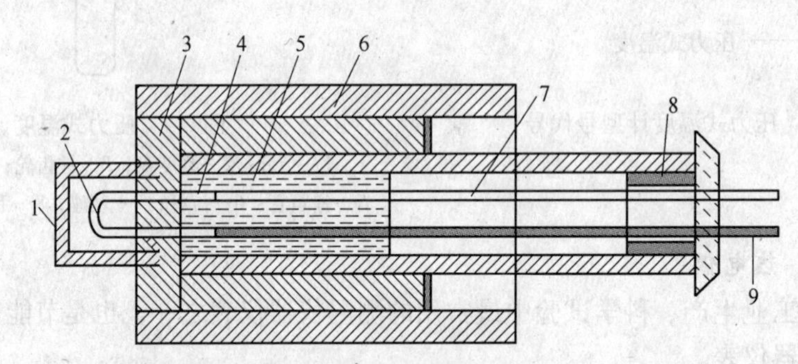

图2-6 消耗式热电偶结构图

1—钢帽；2—石英管；3—绝热水泥；4—热电极；5—棉花
6—三层纸管；7—补偿导线；8—塑料插座；9—快速接头

（4）铠装热电偶。铠装热电偶是把热电极、绝缘材料和金属套管三者组合成一个整体的热电偶。其优点是：热惰性小，可用于快速测量；由于其体积及热容小，测定小物体的温度也能得到足够的准确度；可以弯曲，特别适用于复杂结构（如狭小弯曲管道）的温度测定；它坚实耐展耐冲击，可用于高压下测温。

一般各节能监测机构所用的临时性测温热电偶都采用铠装热电偶。

（5）表面热电偶。表面热电偶可用于测定固体表面温度，偶头可根据需要制成各种形状。

热电偶回路中的热电势需要能测定电动势的二次仪表与之相配套。在工业生产和科研试验中常用的两种热电势测定仪表是毫伏计和电位差计。一般情况下，前者多用于精度不高的工业温度测定，后者则应用于精度要求较高的温度测定。

随着科学技术的不断发展，现在已有不同型号的数字显示仪表，有的可以读出电势数值（mV），与各类热电偶相匹配的数字显示仪表还可直接读出温度数值。

2.1.1.5 其他温度测量仪表

(1) 全辐射高温计。全辐射高温计是辐射式温度计的一种，是依据热辐射定律来测定温度的仪表，如图 2-7 所示。由于在其使用时感温元件不与被测物接触，故辐射式温度计属于非接触式温度计。

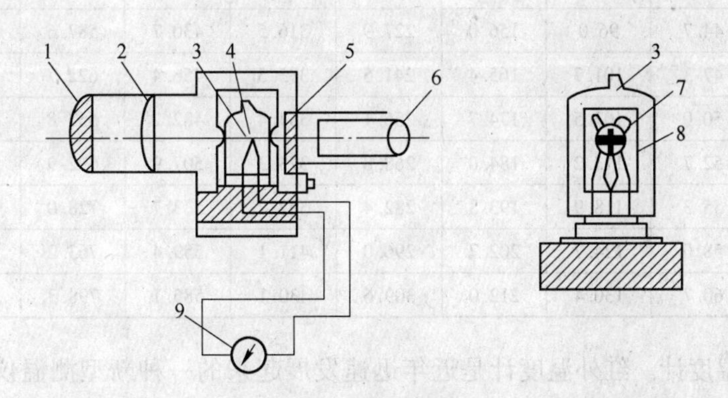

图 2-7 全辐射高温计

1—物镜；2—光栏；3—玻璃泡；4—热电偶；5—灰色滤光片；
6—目镜；7—铂箔；8—云母片；9—二次仪表

在不同温度下的各种物体，都会发出各种波长的辐射能。把各种波长的辐射能集中于热电偶上，热电偶的热端受热后，产生热电势，可以用毫伏计测量出物体的温度。全辐射高温计就是通过测量物体的全部辐射能力的方法来测量温度的仪表。它是按黑体分度的，用其测量实际物体温度时，其示值并非真实温度，而是被测物体的“辐射温度”。由于黑度总是小于 1，所以测到的辐射温度总是低于实际物体的真实温度，其关系式为：

$$t = t_p + \Delta t \tag{2-2}$$

式中 t——真实温度，℃；

t_p——辐射温度，℃；

Δt——辐射温度的修正值，℃。

表 2-1 给出了辐射温度在不同黑度下的温度修正值。

表 2-1 辐射温度的修正值

辐射温度/℃	各种黑度下的修正值/℃								
	0.9	0.8	0.7	0.6	0.5	0.4	0.3	0.2	0.1
400	18.0	38.6	62.8	91.7	127.3	173.3	236.4	333.4	523.8
500	20.6	44.3	72.1	105.3	146.3	199.0	271.5	382.9	601.6
600	23.3	50.1	81.4	118.9	165.2	224.7	306.6	432.4	679.4

续表 2-1

辐射温度/℃	各种黑度下的修正值/℃								
	0.9	0.8	0.7	0.6	0.5	0.4	0.3	0.2	0.1
700	26.0	55.8	90.7	132.5	184.1	250.5	341.7	482.0	757.3
800	28.6	61.6	100.1	146.2	203.0	276.2	376.8	531.5	835.1
900	31.3	67.3	109.4	159.8	221.9	302.0	412.0	581.0	912.9
1000	34.0	73.0	118.7	173.4	240.9	327.7	447.1	630.6	990.8
1100	36.6	78.8	128.1	187.0	259.8	353.5	482.2	680.1	1068.6
1200	39.3	84.5	137.4	200.7	278.7	379.2	517.3	729.6	1146.4
1300	42.0	90.2	146.7	214.3	297.6	404.9	552.4	779.2	1224.2
1400	44.7	96.0	156.0	227.9	316.5	430.7	587.6	828.7	1302.1
1500	47.3	101.7	165.4	241.5	335.5	456.4	622.7	878.3	1380.0
1600	50.0	107.5	174.7	255.1	354.4	482.2	657.8	927.8	1457.7
1700	52.7	113.2	184.0	268.8	373.3	507.9	692.9	977.3	1535.5
1800	55.3	118.9	193.3	282.4	392.2	533.7	728.0	1026.9	1613.4
1900	58.0	124.7	202.7	296.0	411.1	559.4	763.2	1076.4	1691.2
2000	60.7	130.4	212.0	309.6	430.1	585.1	798.3	1125.9	1769.0

（2）红外温度计。红外温度计是近年迅速发展起来的一种新型测温仪器，它能在不与被测物体接触的条件下，快速、连续地测定温度。由于使用红外波段，对于700℃以下不能发射可见光的物体也能应用，使低温非接触测温问题得到了解决。

红外测温已经有足够的精度，其分辨力可达0.001℃，一般现场使用的红外测温仪低温下的分辨力也可达到0.1℃。

（3）热电阻。热电阻是利用电阻与温度呈一定函数关系的金属导体或半导体材料而制成的温度传感器，利用导体或半导体的电阻值随温度变化的性质来测定温度。其电阻值随温度上升而增大。热电阻的受热部分（感温元件）用细金属丝均匀地绕在绝缘材料制成的骨架上。工业用的热电阻主要有铂热电阻和铜热电阻两大类。

电阻温度计由热电阻和显示仪表两个基本部分组成。由于电阻温度计精度高，在中低温范围内（-200~650℃）使用较广。

2.1.2 节能监测温度测定常用仪表汇总

温度测定常用仪表见表2-2。

表2-2 温度测定常用仪表

类别	仪表名称	工作原理	精 度	使用范围
膨胀温度计	玻璃液体膨胀温度计	利用液体体积随温度升高而膨胀，从而引起玻璃管内液体柱长度增加	0.01~10℃	酒精：-80~80℃； 未加压的水银：-30~300℃； 充以2MPa N_2的水银：500℃以下； 充以8MPa N_2的水银：750℃以下

续表 2-2

类别	仪表名称	工作原理	精　度	使用范围
膨胀温度计	双金属温度计	两种膨胀系数不同的固体材料组合体因温度而变形	1.0~2.5 级	-80~600℃
	压力式温度计	利用气体或液体定容过程中压力与温度成正比变化	1.0~2.5 级	-100~650℃
热电阻温度计	热电阻温度计	利用金属和半导体的电阻随温度变化而变化	1.0~3.0 级	铜热电阻：-50~150℃； 铂热电阻：-200~650℃； 镍热电阻：-60~180℃
	半导体热电阻温度计		10℃	-100~300℃
热电偶温度计	镍铬-镍硅热电偶	根据电动势与温差的函数关系测得温度	0.5~2.5 级	-40~3000℃
	铂铑-铂热电偶			
	抽气热电偶			
	快速热电偶			
光学温度计	光学温度计	将受热物体可见光辐射的亮度与用手调节的温度计中灯丝的辐射亮度相比较来测定受热物体的温度	<80℃	800~3200℃
辐射式温度计	光电温度计	采用光电元件作为敏感元件感受辐射源的亮度变化，并转换成一个正比于亮度的电信号输出	±（0.5%~1.5%）	800~3000℃
	红外温度计	物体发射的红外辐射能量与其温度有关	1.5 级	不加滤光设备时：-20~800℃； 加滤光时可达 3000℃
	全辐射温度计	被测物体全部辐射能量的热电偶（或热电阻）产生的热电势与温度相关	±20℃	反射镜式：500~1500℃； 透镜式：1000~2000℃

2.1.3　常用温度仪表的选用原则

温度仪表的选用主要根据所测温度和介质性质等进行综合考虑。一般应考虑以下问题：

（1）对低于 200℃的温度，常用水银温度计、酒精温度计和半导体温度计。这类温度计具有准确度高、价格便宜、构造简单和使用方便的优点，其缺点在于容易破碎、测得示数无法自动记录、测量惰性较大。

（2）对高于 200℃而低于 1600℃的温度，常用热电偶温度计。在这一类热电偶中，还需根据测量温度的高低及测量环境等，选择不同材质、不同长短、不同大小和不同安装类型的热电偶，达到测量准确、测量成本低和测量寿命长等良好效果。

（3）对0℃至3000℃的物体表面温度。对低于500℃物体表面温度的测量，可使用低温型红外测温仪和表面热电偶；对于高于500℃物体表面温度的测量，可使用高温型红外测温仪。它们具有测表面温度快、测量准确和测量方便的特点。

（4）对高于800℃的物体表面温度。对于测量精度要求不高的测温，可以根据实际情况考虑使用光学高温计和全辐射高温计。由于该类仪表属非接触式测温仪表，它们具有不破坏所测物体温度场、测量范围大、测量方便等优点。

（5）对气体本身温度的测量。对要求测量气体本身温度的情况，可以根据实际情况选择抽气热电偶，并根据所测温度的高低选用不同材质的热电偶作感温元件。

（6）对高温液体介质的温度测量。对于高温液体介质温度的测量，可以选用铂铑-铂快速热电偶配以相应测枪和快速显示仪表进行测温。

（7）在选用温度计时必须考虑下列问题：

1）被测物体的温度是否需要指示、记录和自动控制；

2）所选温度计是否便于读数和记录；

3）所需测量温度的范围和精确度要求；

4）感温元件的尺寸是否适合测量现场要求；

5）如被测物体温度是变化的，所选温度计感温元件的滞后性能是否满足测温要求；

6）被测物体和环境对所选温度计是否有损害；

7）所选温度计在测温时是否使用方便；

8）所选温度计的使用寿命长短；

9）所选温度计的价格高低；

在综合考虑上述问题后，应确定采用接触法测温还是采用非接触法测温。接触法测温和非接触法测温的特点比较见表2-3。

表2-3 接触法与非接触法测温的特点比较

项 目	接 触 法	非接触法
必要条件	感温元件必须与被测物体接触，被测物体温度应不变	感温元件必须能收到被测物体的辐射能量
特点	不宜用于热容量小的物体温度测量，不宜用于动态温度测量，可用于其他各种场所的测温，便于进行多点、集中测量和自动控制	宜用于动态温度测量，宜用于表面温度测量
测温范围	较易测量1000℃以下的温度	适宜于高温测量
误差	测量范围的1%左右	一般为±10℃
滞后	一般较大	一般较小

在确定采用接触式或非接触式测温方法后，再在前述各种接触式温度计和非接触式温度计中选用合乎被测物体和环境要求的相应温度计。

2.1.4 特种温度的测量

2.1.4.1 内外受热管壁温度测量

锅炉受热面管子等内部受到工质的温度作用，而在其外部又受到烟气的加热。对这类管子的壁温测量，可应用热电偶按图 2-8 所示方法安装后测温。图 2-8（a）、（b）和（c）分别表示了在锅炉过热器受热管上安装热电偶时的嵌装热电偶丝、固定热电偶引线及将引线保温等方式。首先在迎着烟气流动方向的管壁上钻两个直径为 2~3mm 和深度为 1.5~3mm 的小孔，将热电偶丝测量端嵌装在孔中。热电偶引线用瓷套管绝缘，并用镍铬合金钢弧形夹箍，每隔 100mm 长度将引线夹在管壁上。再用镍铬丝将弧形夹箍扎紧在管子上。热电偶引线沿管子轴向引出，并在其上用一层 3~4mm 厚的金刚砂水泥保温。

图 2-8（d）表示测量炉膛肋片管壁温或局部热流密度时的嵌管式热电偶安装方法。此法将热电偶装在一段嵌管上，嵌管再嵌入并焊在已经切割的受热面管子上，以测定受热面的壁温或局部热流密度。这种方法比较复杂，但可保证热电偶有较长的使用寿命，一般在进行较长时间试验时采用。

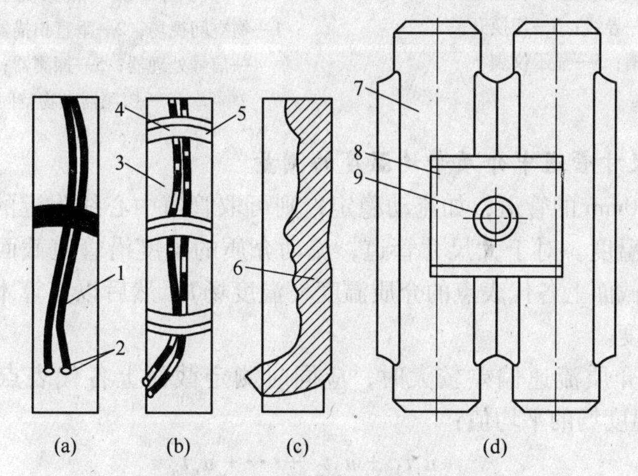

图 2-8 受热管上热电偶安装示意图

1—热电偶丝；2—热电偶丝嵌入处；3—瓷套管；4—弧形夹箍；5—镍铬丝扎箍；6—金刚砂水泥；7—鳍片管；8—盖板；9—热电偶丝嵌引入管

2.1.4.2 温度场温度分布的测量

对物体的温度分布测量可采用分布式温度传感器或热像仪进行温度场测量。

将一定数目的点用热电偶温度计布置在被测物体不同区域上，并通过切换开关连接到显示记录仪表上，如图 2-9 所示。这种方法不能全面反映温度场温度分布，不适宜用于快速变化的温度场，但价格便宜，较实用。

热像仪是一种应用光学机械扫描方法将被测物体的温度分布转换为可视图像的仪器。其工作原理仍和辐射温度计的原理相同，如图 2-10 所示，它是基于被测物体向外发射的辐射能与温度的相互关系进行测温的。只是在前述各种辐射温度计基础上，增设了一套扫描和信号处理装置，从而实现对物体温度场分布的检测。其优点是测温速度快、范围广、灵敏度高。

由图 2-10 可见，被测物体的辐射能量经光学会聚系统会聚、滤光后在焦点平面上聚焦。焦点平面上置有探测元件，在探测元件与光学会聚系统之间有一个光学-机械扫描装置。扫描装置采用两个反射镜分别进行垂直扫描和水平扫描。从被测物体射来的辐射能随扫描镜的转动扫描在探测元件上移动。扫描镜按次序扫过物体空间的整个视场，并使探测元件依次产生相应的电信号。信号经信号处理器放大、处理后，由视频显示器实现热像显示和温度测量。根据热像图可以清楚地了解被测物体的温度分布情况。

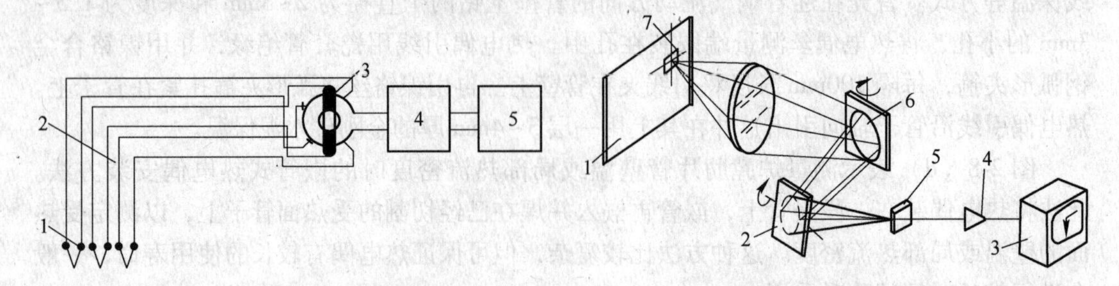

图 2-9 分布式热电偶布置系统
1—热电偶；2—导线；3—切换开关；
4—冰点槽；5—显示仪表

图 2-10 热像仪工作原理
1—物空间视场；2—垂直扫描器；3—视频显示器；
4—信号处理器；5—探测器；6—水平扫描器；
7—探测器在物空间的投影

2.4.1.3 大尺寸管道中介质平均温度的测量

对直径小于 250mm 的管道，如流动稳定，则可取管道中心线附近的介质温度作为该截面上的介质平均温度。对于大尺寸管道，流动介质的温度沿管道截面上的分布很不均匀，因此，应测出截面上各代表点的介质温度（温度场），然后以其算术平均值作为该截面上的介质平均温度。

当截面上各处介质流速偏差较大时，应同时测定截面上各代表点的流速，并按式(2-3)求得截面上温度场的平均值：

$$t_{pj} = \frac{u_1 t_1 + u_2 t_2 + \cdots + u_n t_n}{u_1 + u_2 + \cdots + u_n} \tag{2-3}$$

式中 t_1，t_2，…，t_n——截面上各点的介质温度，℃；

u_1，u_2，…，u_n——截面上相应各点折算到 0℃时的流速，m/s；

t_{pj}——截面上介质平均温度，℃。

然后，在测量截面上找出与 t_{pj} 值相等的温度测点，此测点即可作为该截面上温度场的代表测点。如不能找到与 t_{pj} 相等的测点，则可选取与 t_{pj} 值相近的实测温度 t_d 测点作为代表测点，并按 $K=t_{pj}/t_d$ 求出该测点的修正系数 K 值。K 值的允许范围为 0.9~1.1。

管道截面上各温度和流速代表点的位置可采用网格法确定。对圆形截面，先根据管道直径按表 2-4 确定应划分的等面积圆环数及测点总数，再将每个圆环用中心线分成面积相等的两部分，各测点即位于各中心线上。当直径不大于 400mm 时，在一条直径上测量；当直径大于 400mm 时应在相互垂直的两条直线上测量，如图 2-11 所示。

表 2-4 应用网格法时圆截面管道所需等面积数及测点数

管道直径/mm	300	400	600	>600 时，每增加 200
等面积圆环数	3	4	5	圆环数增加 1
测点总数	6	8	20	测点数增加 4

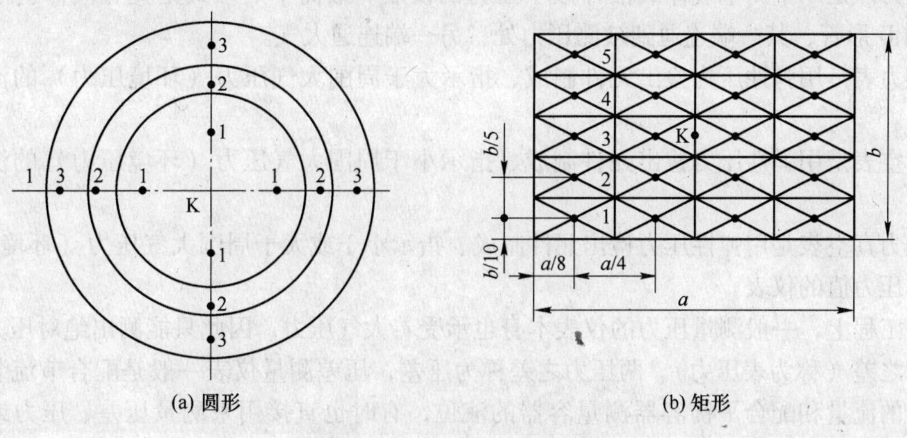

图 2-11 网格法测点分布示意

各测点距圆形截面中心的位置可按式（2-4）求得。

$$r_i = R\sqrt{\frac{2i-1}{2N}} \tag{2-4}$$

式中 r_i——测点距圆形截面中心的距离，mm；

R——圆形截面半径，mm；

i——从圆形截面中心算起的测点序号；

N——圆形截面所需划分的等面积圆环数。

对矩形截面管道，先按表 2-5 确定测点排数，然后将截面分割成若干接近正方形的等面积矩形，各小矩形对角线的交点即为测点（参见图 2-11b）。

表 2-5 应用网格法时矩形管道所需测点排数

边长 a/mm	≤500	500~1000	>1000~1500	>1500
测点排数	3	4	5	a 值每增加 500，测点排数增加 1

对较大矩形截面，可适当减少测点排数，但每个小矩形边长应不超过 1m。

2.2 压力测量仪表

压力和温度一样，是工业生产和科学技术中经常遇到的一个参数，同样也是节能监测中经常需要测定的一个参数，例如空气管道和烟气管道中的压力，水管内的压力等，节能监测中的压力测定基本是流体压力的测定。可见，测定这些压力对热工实验有着十分重要的作用。压力还是描述流体运动状态的重要参数。另外，一些其他参数如流量等的测定，也往往要转换成压力或压差的测定。

2.2.1 常用压力（差）测量仪表

工程上通常将垂直作用在单位面积上的力称为压（强）力。压力测量仪表有压力计、压力表、真空表和压力真空表。

压力计是用于测量气体或液体较小压力的仪表。最简单的形式是充有液体（水或水银）的U形管，其一端连通到被测压力处，另一端连通大气。

压力表是用弹性压力检出元件制成、指示大于周围大气压力（环境压力）的流体压力仪表。

真空表是用弹性压力检出元件制成、指示小于周围大气压力（环境压力）的流体压力仪表。

压力真空表是用弹性压力检出元件制成、指示小于或大于周围大气压力（环境压力）的流体压力值的仪表。

在工程上，一般测量压力的仪表本身也承受着大气压力，因此只能测出绝对压力与大气压力之差（称为表压力）。两压力之差称为压差，压差测量仪表一般是配合节流装置测量流体的流量和配合平衡容器测量容器的液位，有时也直接用来测量压差、压力或负压（真空）。

（1）U形压力计。U形压力计是由底部连通的U形管和米尺及辅助固定装置组成。实际上，底部连通的两根肘管经常采用U形玻璃管。如图2-12所示。

液体压力计和玻璃管压差计一般用玻璃管制成，用水或水银作为工作液体，利用液柱产生的重力与被测压力相平衡，从而可用液柱高度来反映被测压力或压差的数值。

液体压力计主要用来测量气体的压力。有U形管液柱式压力计、单管式压力计、斜管式压力计等。

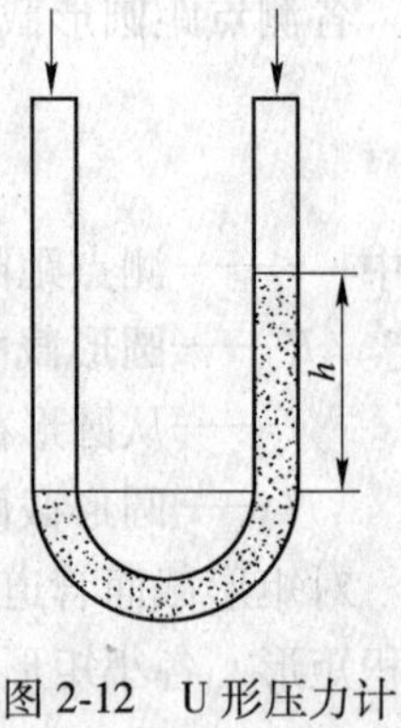

h

图2-12　U形压力计

（2）弹性元件压力表：

1）单圈弹簧管压力表。由单圈弹簧管检出元件制成的压力表，当承受压力时，弹性元件在其弹性极限内产生一个可测量的变形。此变形经传动机构放大后，使指针在刻度盘上指示出相应的压力值。它具有测压范围广、结构简单、使用方便、价格低廉等优点，在工业上有广泛的应用，如图2-13所示。在节能监视中有时会使用。

2）膜片压力表。膜片压力表的弹性元件是一膜片，被测介质通过接头或法兰进入膜片室，由于压力的作用，膜片产生位移，此位移再通过传动部件（动作过程与弹簧管压力表相同），使指针指示被测压力值。常用的膜片压力表型号有：YP型普通膜片压力表和YPF型耐腐蚀膜片压力表等，前者适用于测量对铜合金不起腐蚀作用的黏性介质压力；后者适用于测量腐蚀性较强、黏度较大的介质压力。膜片压力表有：0~0.1MPa，0~0.16MPa，0~0.25MPa，0~0.4MPa，0~0.6MPa，0~1MPa，0~1.6MPa，0~2.5MPa等测量范围的压力表和-0.1~0MPa测量范围的真空表。表壳外径有100mm和150mm两种。

3）隔膜式压力表。隔膜式压力表由膜片隔离器、连接管和普通压力表三部分组成，并且根据被测介质的要求，在其内腔填充适当的工作液。被测介质的压力作用于隔膜片上，使之产生变形，压缩内部充填的工作液，借助于工作液的传导，压力表显示出被测压力值。它适用于测量有腐蚀性、高黏度、易结晶、含有固体颗粒、温度较高的液体介质的压力或负压的测量。

隔膜式压力表的测量范围有：螺纹接口的为0~0.16MPa至0~60MPa；法兰接口的为

0~0.16MPa 至 0~25MPa。被测介质温度为：直接形的为-40~60℃；其他连接管形式的为-40~200℃。

4）膜盒压力表。膜盒压力表的弹性元件为膜盒，如图 2-14 所示。它适用于测量空气或其他无腐蚀性气体的微压或负压。被测介质一般由内径为 8mm 的橡皮软管插到压力表接头上引入。常用的 YEJ-101 型矩形膜盒压力指示表用于指示。YEJ-111 型单限压力指示调节仪装有压力低于下限（或高于上限）给定值时进行开关量输出的附加装置；YEJ-121 型双限压力指示调节仪装有可在压力低于下限和高于上限给定值时进行开关量输出的附加装置；YEM-101 型集装式压力指示仪是一种可密集安装多台机心的竖式压力指示仪。仪表一般使用至测量上限的 3/4 处 。

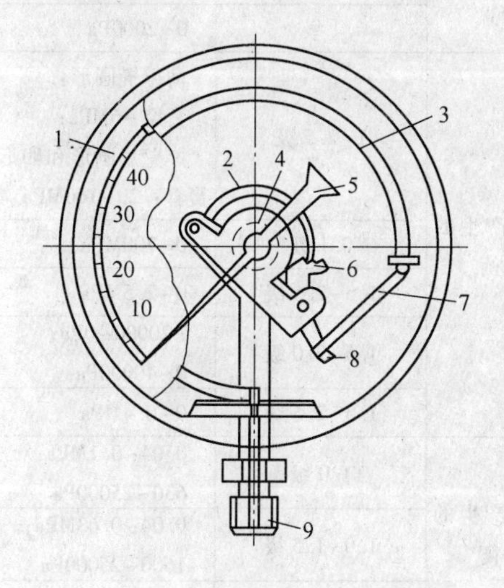

图 2-13 弹簧管压力表结构图

1—面板；2—游丝；3—弹簧管；
4—中心齿轮；5—指针；6—扇形齿轮；
7—拉杆；8—调节螺钉；9—接头

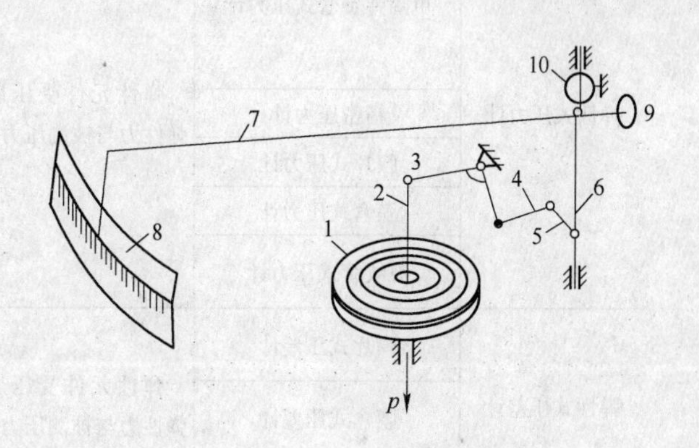

图 2-14 膜盒式压力表

1—膜盒；2—连杆；3—铰链块；4—拉杆；5—曲柄；
6—转轴；7—指针；8—刻度盘；9—平衡片；10—游丝

（3）电接点压力指示控制仪表：

1）远传压力表和压力变送器。远传压力表和压力变送器作为检测仪表，接受被测压力信号，并按一定规律转变为相应的电信号输出，与配套的显示仪表组成压力测量系统，前者自身还带有机械显示装置。远传压力表和压力变送器的弹性元件根据被测压力的大小，分别采用弹簧管、膜片、膜盒或波纹管等。其安装方式基本上垂直安装，由引入介质的仪表接头与管路连接。

2）双波纹管压差计。双波纹管压差计主要由测量和显示两部分组成，每台仪表还附有一个阀门组，有的还有附加装置，以构成各种类型的压差计。它通常与节流装置相配合测量流量，同时也可以用来测量压差及容器的液位。

2.2.2 节能监测压力（差）测定常用仪表汇总

节能监测中压力测定常用仪表见表 2-6。

表 2-6 压力测定常用仪表

类 别	仪表名称	工作原理	精 度	使用范围
液柱式压力计	U 形管式液体压力计	单位面积的液柱高度上产生的重力与所测压力平衡	0.5~1 级	0 ~ 8000Pa，最高达 0.1MPa
	斜管式微压计		0.5~1 级	0~±2000Pa
	补偿式微压计		0.05~0.1 级	0~±2500Pa
液柱式压差计	U 形管式液体压差计	单位面积的液柱高度上产生的重力与所测压差的压力平衡	0.5~1 级	0~16kPa
	单管式液体压差计		0.5~1 级	0~25kPa
	浮子式压差计		1~1.5 级	0~100kPa
	环天平式压差计		2 级	0~25000Pa
	钟罩式压差计		1 级	0~2000Pa
弹性式压力计	单圈弹簧管式压力计	弹性元件受压后产生的弹性力与被测压力平衡	1~2.5 级	薄壁椭圆形：真空~6MPa；厚壁扁圆形和卵形弹簧管：20~160MPa
	精密压力计		0.1 级	0~700MPa
	膜片式压力计		1.5~2.5 级	0~2.5MPa
	膜盒式压力计		1.5~2.0 级	-20000~0Pa；0~40000Pa
	波纹管式压力计		1.5~2.5 级	0~0.4MPa
弹性式压差计	膜片式压差计	弹性元件受压后产生的弹性力与被测压力平衡	1.0 级	0.04~0.1MPa；630~25000Pa
	膜盒式压差计		1.0~1.5 级	0.04~0.63MPa；1600~25000Pa
	波纹管式压差计		1.5 级	1000~4000Pa
电容式压力（压差）传感器	电容式压力（压差）传感器	当膜盒组两侧的膜片受到压差作用时，引起测量膜片带动铁芯向低压端移动，铁芯的位移使两个反相串接的次级线圈产生一个相应的输出电压	0.2 级	
电感式压力（压差）传感器	电感式压力（压差）传感器	将弹性元件位移变成电容量的变化，从而将造成弹性元件的压力或压差信号变换成电信号	0.25 级	
应变式压力（压差）传感器	应变式压力（压差）传感器	利用金属应变片或半导体应变片将测量压力（压差）的弹性元件的应变转换成电阻变化	0.5 级	
振频式压力（压差）传感器	振频式压力（压差）传感器	利用振弦、振膜或振筒等振动物体的振荡频率与外界被测压力（压差）间的相互函数关系来测定压力或压差	0.01 级	

2.2.3　压力计和压差计的选用原则

在选用压力计和压差计时必须综合考虑一系列因素，诸如测量目的、测量环境、维修管理水平、精确度、可靠性和经济性等，以便选出最适用的压力计或压差计。

（1）按使用环境选用。应根据使用环境选用合适的压力计和压差计。对无特殊要求的工况应选用普通型，其他工况下可分别选用各种专用压力计和压差计，诸如耐热型、耐振型、防爆型、禁油型、蒸汽密封型和耐蚀型等。

（2）按量程范围选用。在稳定负荷条件下，一般应选用被测参数的额定值为所选用仪表满量程值的2/3。如为动态负荷，则被测参数的经常指示范围不应超过所选仪表满量程的1/2。

对于最低压力，无论是稳定负荷或是动态负荷，压力指示范围均不应低于满量程的1/3。

（3）按精确度等级选用。应按使用级别选用压力计和压差计。作为国家级基准器应选用0.002级；作为国家级及地区级工作基准器应选用0.005级；作为省市和地区级使用的一等标准器可选用0.02级；对于主要企事业单位使用的二等标准器应选用0.05级；对于各企事业单位使用的三等标准器选用0.2级；对各工程场合使用的工作用仪表可根据要求选用0.5~4.0级。

（4）按工况的稳定状况选用。一般将每分钟5%以下的变化压力称为稳态压力。这种压力可用液体式、弹簧式压力计和传感器等测出。对随时间变化较大的动态压力，应采用压力传感器测量，而不能用液体式和弹簧式压力计测定。也有些压力传感器（如压电式压力传感器）只能用于动态压力测定，而不宜用于稳态压力测定。

2.3　流量测量仪表

单位时间内通过管道中某一截面的流体数量为瞬时流量，简称流量。在某一段时间内所流过的流体量的总和称为累积流量或流体总量。

测量单位时间内流过管道的流体的质量或体积的仪表称为流量测量仪表。工业生产中使用着大量的流体。这些流体的流量直接反映着设备效率、负荷高低等运行情况，也是检测和控制的重要对象。同时，流量也是节能监测中经常需要测定的数据。

工业上经常采用的流量测量仪表大致可分为两大类，即

（1）速度式流量计。速度式流量计是以测定流体在管道内流速作为测定依据来计算流体的流量计。如：节流式流量计、速度头流量计（皮托管）、变面积流量计、电磁流量计、旋涡流量计、涡轮流量计、超声波流量计、激光流量计、冲量式流量计、堰式流量计、叶轮式水表等。

（2）容积式流量计。容积式流量计是以单位时间内所排出的流体的固体容积的数目作为测定依据的流量计。如：椭圆齿轮流量计、腰轮流量计、盘式流量计、刮板式流量计和活塞式流量计等。

在节能监测中应用最多的流量测定仪表是皮托管、超声波流量计、热球（线）式风速仪和涡轮流量计等。

2.3.1 常用流量测量仪表

2.3.1.1 皮托管

皮托管是由总压探头和静压探头组成的测速装置，也叫总-静压复合管，或简称风速管。它是由法国工程师皮托（Pitot）于1732年发明的，后经德国流体力学家普朗特（Prandtl）做了重大改进后形成了现有的这种形式。

皮托管是一根弯成直角的双层空心复合管，带有多个取压孔，能同时测量流体总压和静压力，其结构如图2-15所示。在皮托管头部迎流方向开有一个小孔，称为总压孔，在该处形成“驻点”，在距头部一定距离处开有若干垂直于流体流向的静压孔2，各静压孔所测静压在均压室均压后输出。由于流体的总压和静压之差与被测流体的流速有确定的数值关系，因此可以用皮托管测得流体流速，从而计算出被测流量的大小。

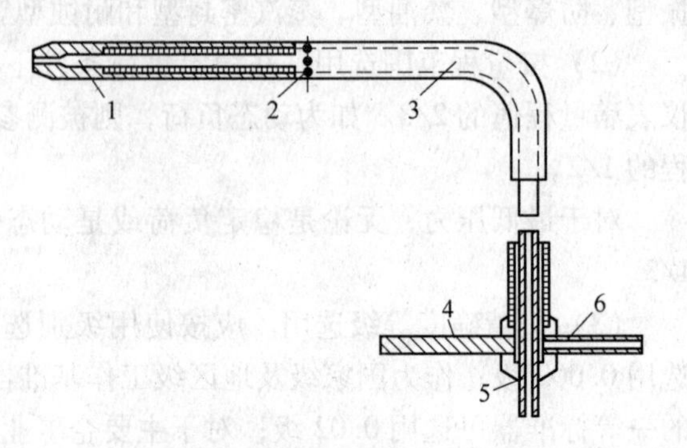

图2-15 皮托管
1—总压孔；2—静压孔；3—双层空心复合管；4—对准柄；5—总压导出管；6—静压导出管

皮托管的特点是结构简单，使用制造方便、价格便宜、坚固可靠，在节能监测中应用也很多。

需要说明的是，用皮托管测量气体流速时，若气体流速小于50m/s，则管道内气流的收缩件可以忽略不计；若管道内气流速度大于50m/s，则要考虑气流的压缩性，应按可压缩流体流动的规律加以修正。测量低速气流时产生的压差很小，需要选用很精确的微压计测量微小压差。为了克服测量低速气流时压差信号过小的缺点，应选用动压-文丘里管式流速测量仪表。

必须指出，皮托管测得的流速，是它所在点的流速，而不是平均流速。若该点流速刚好等于管道截面上的平均流速，则可求出流量。利用它来测量管道中流体的流量时必须按具体情况确定测点的位置。因此，在节能监测中，通常采取在同一截面选取多点测量，然后求出平均流速。如何选取测量点是皮托管测流量的关键，目前较常用的方法有等环面法、切比雪夫积分法和对数线性法。

2.3.1.2 热球（线）式风速仪

热球式热电风速计的工作原理如图2-16所示。热球风速仪的测头为一内置电阻丝（热电偶和加热镍铬丝圈）的玻璃小球，当有电流通过时球被加热。当小球被置于流动的空气中时，风速大带走热量多，热球温度升高少；风速小带走热量少，热球温度升高多。小球的温升与空气流速成反比。这样就可以找出温升与风速之间的关系。用热电偶测出小球的温升并通过表头反映出风速的大小。风速测量范围为0.01~20m/s。误差不大于满量程的5%。

热球风速仪的特点是使用方便、反应快，对微风速感应灵敏，但其敏感元件易损、价格较高。

测量要点：按照仪器说明书操作，把测杆接到仪器上，调整“零点”，将仪器放在测风速的位置，使测头露出，测头上红点对准风向，可直接读出风速值。热球式风速仪的测头是有方向性的，测量方向偏离5°时，指示误差应不大于指示值的±5%。

使用时必须注意：（1）只适用于测量清洁空气的流速；（2）防止仪器震动、受撞击，不用时保持干燥；（3）测头金属易损坏，使用时严禁超过表盘上所规定的量程。

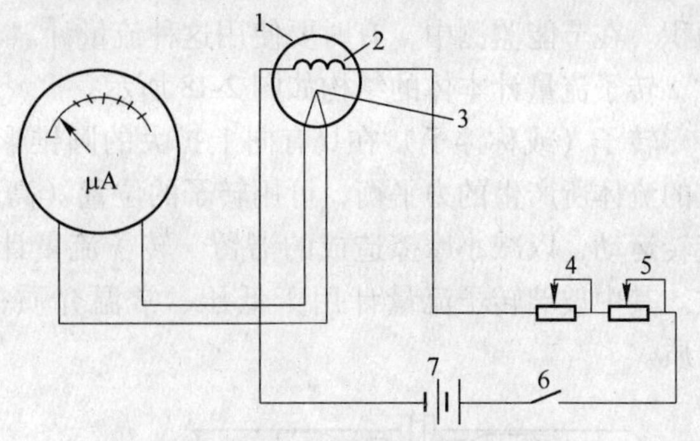

图 2-16　热球式热电风速计原理示意图

1—玻璃球；2—电热线圈；3—热电偶；4—细调；5—粗调；6—开关；7—电源

热线式风速仪的原理与热球式风速仪既有类似之处，又有不同。其主体是一根加热的金属丝，流体流过金属丝，由于对流散热，金属丝的温度（或电阻）变化，温度变化的大小与流体速度的大小与方向有关，和流体的性质有关。热线式风速仪就是根据这种原理测定流体流速的。

2.3.1.3　压差流量测量仪表

压差流量测量是通过压差仪表测量流体经节流装置时所产生的静压力差，或测速装置所产生的全压力与静压力之差。

工业企业中蒸汽、液体等的流量测量，绝大部分采用节流装置。低参数大管径的流量测量采用测速装置。节流装置的测量原理：充满管道的流体流经管道内的节流装置时，流束在节流件处收缩，流速增加，静压力降低，于是在节流件前后产生了静压力差（或称压差）。流体的流速越大，则在节流前后产生的压差也越大，所以可以通过测量压差来测量流体流过截流装置时的流量大小。

整套节流装置由节流件、取压装置、直管段所组成。节流装置中，造成流体收缩并产生压差的元件称为节流件。节流件通常有孔板、喷嘴和文丘里管等，如图 2-17 所示，其外形、尺寸为标准尺寸的称为标准节流件。

如图 2-17（a）所示，孔板是一种速度式流量计，是压差式流量计的一种，也是一种节流装置。其测速原理是：充满管道的流体流经孔板时，由于流通截面突然变小，流体形成局部收缩，从而使其流速增加，静压降低，在其前后形成压力差并随流量变化而变化。因此，通过测定孔板前后的压差，就可得到流体的流速及流量，只要测得孔板前后的压力 p_1 和 p_2，就可由式（2-5）计算出流量。

$$V = \frac{\pi D^2 \varphi}{4}\sqrt{\frac{2(p_1 - p_2)}{\rho}} \tag{2-5}$$

式中 D——管道的内径，m；

φ——流量修正系数；

ρ——流体的密度，kg/m^3。

2.3.1.4　转子流量计

转子流量计是根据节流原理制成的。与一般节流式流量计（如孔板）不同的是，它不是在恒定的流通截面下改变节流件前后的压差，而是在一个恒定的压差下改变流体流通面积。在节能监测中，有时要使用这种流量计。

转子流量计本体的结构如图 2-18 所示。

转子（或称浮子）在具有向上扩大的圆锥形内孔的垂直管子内，其自重力与自下而上的流体所产生的力平衡，可用转子的位置（高度 h）来表示流量值。转子在流体中产生旋转运动，以减小摩擦造成的滞留。转子流量计适用于不带颗粒悬浮物的液体和气体介质。其中玻璃转子流量计用于低压、常温介质；金属管转子流量计可用于高温、高压介质。

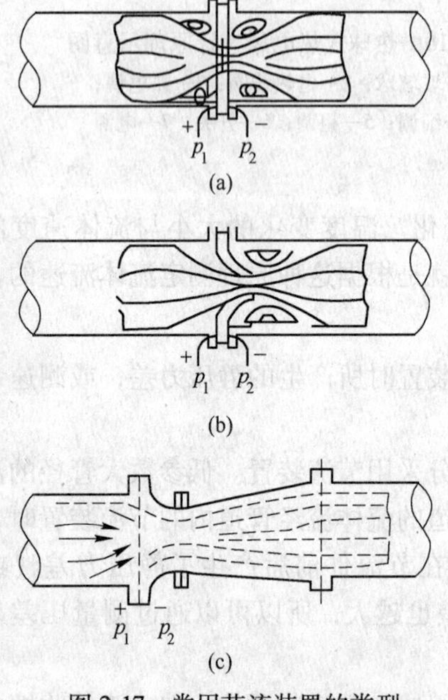

图 2-17　常用节流装置的类型

（a）孔板；（b）喷嘴；（c）文丘里管

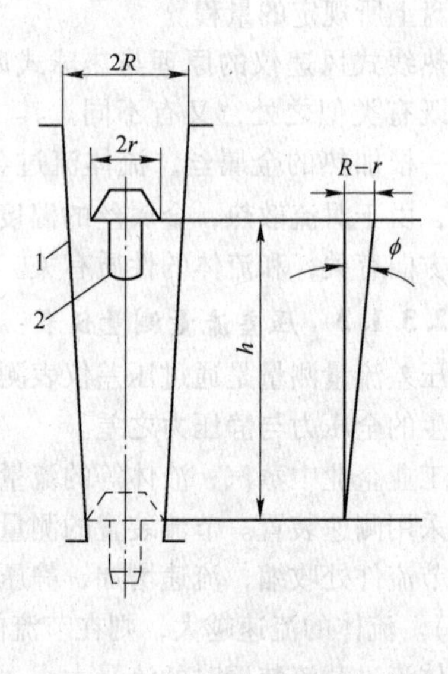

图 2-18　转子流量计结构图

1—锥形管；2—浮子

2.3.1.5　涡轮流量测量仪表

涡轮流量测量仪表由传感器及与其配套的显示仪表组成，其工作原理是：传感器的涡轮置于被测液体中，流体流动时推动涡轮叶片旋转，流体旋转速度与流体流速成正比。叶片是由磁性材料制成的，叶片转动时，固定在壳体上的永久磁钢外部线圈感生出交流电脉冲信号，该信号的频率与涡轮的转速成正比。电脉冲信号经前置放大器送至频率仪，测量出单位时间内的电脉冲数（频率），便可得出瞬时测量值；测量电脉冲总数，即可求得流体总量。

涡轮流量传感器具有测量准确度高、测量范围广、压力损失小、惰性小、质量轻、测量重复性好，耐高压、温度范围广及数字信号输出等优点，因此，在工业上得到了广泛的应用。

2.3.1.6　超声波流量计

超声波流量计是利用超声波测出流体的流速，再求出流量的。超声波测速的典型方法有速度差法（其中又分时间差法、相位差法、声循环频率差法）、多普勒频移法和声速偏移法等，用得较多的是前二者。

在使用接触式流量计（如压差式、涡轮式流量计等）测量时，流量计传感部分需放入被测流体之中，会对流体的流动产生一定的阻力，而且在黏度比较大的液体中使用时，精度会显著降低。而超声波流量计采用非接触测量的方法，不会产生附加阻力，也很少受流体黏度的影响，还可以在特殊条件下（如高温、高压、防爆、强腐蚀等）进行测量。另外，超大型声波流量计受介质物理性质的限制比较少，适应性较强，例如电磁流量计对不导电流体就难以应用，而超大型声波流量计则不受影响。

超声波流量计根据其测量介质的不同可分为气体流量计和液体流量计。气体流量计在国内还处于探索试用阶段。超声波流量计的测量原理是多样的，如传播速度变化法、多普勒效应法、波速偏移法、流动听声法等。目前应用较广的是超声波传输时间差法。

A　传播速度变化法

超声波在流动介质中传播时，其传输速度与在静止介质中的传播速度不同，其变化量与介质流速有关。测得这一变化量就能求得介质的流速，进而求出流量。

超声波在顺流和逆流中的传播情况如图 2-19 所示，图中 F 为发射换能器，J 为接收换能器，u 为介质流速，c 为介质静止时声速。顺流中超声波的传播速度为 $c+u$，逆流中超声波的传播速度为 $c-u$，顺流和逆流之间速度差与介质流速 u 有关，测得这一差别便可求得流速，进而通过计算得到流量值。测量速度差的方法很多，常用的有时间差法、相位差法和频率差法。

图 2-20 为超声波在管壁间的传播轨迹。介质静止时轨迹为实线，它与轴线之间的夹角为 θ。当介质平均流速为 u 时，传播的轨迹为虚线所示，它与轴线间夹角为 θ'。速度 C_u 为两个分速度（u 和 c）的矢量和。为了使问题简化，认为 $\theta=\theta'$（因为在一般情况下 $C>>u$），这时可得式（2-6）。

$$C_u = C + u\cos\theta \tag{2-6}$$

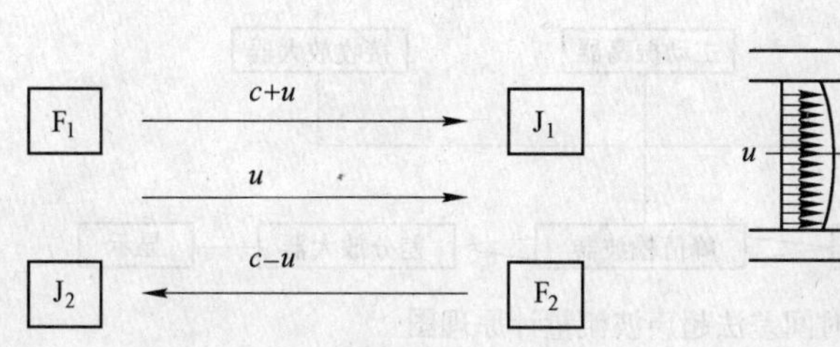

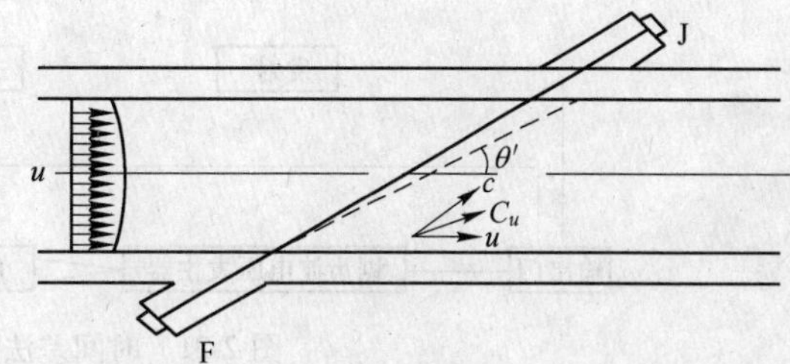

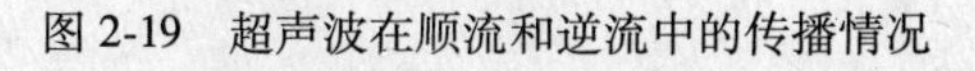
图 2-19　超声波在顺流和逆流中的传播情况　　图 2-20　超声波在管壁间的传播情况

a　时间差法

时间差法是通过测量逆流和顺流中超声波传播的时间差来测量流速的一种方法。安装在管道两侧的换能器交替地发射和接收超声脉冲波，设顺流传播时间为 t_1，逆流传播时间为 t_2，则有关系式（2-7）和式（2-8）。

$$t_1 = \frac{D/\sin\theta}{C + u\cos\theta} + \tau \tag{2-7}$$

$$t_2 = \frac{D/\sin\theta}{C - u\cos\theta} + \tau \tag{2-8}$$

式中 D——管道直径；

τ——超声波在管壁内传播所用的时间；

二者差值为

$$\Delta t = \frac{2D\cot\theta}{C^2 - u^2}u \approx \frac{2D\cot\theta}{C^2}u \tag{2-9}$$

即：

$$u = \frac{C^2\tan\theta}{2D}\Delta t \tag{2-10}$$

对于已经安装好的换能器和一定的被测介质，式中 D、θ 和 C 都是已知常数，体积流量等于介质流速乘以管道面积，故和时间差成正比。

图 2-21 所示为时间差法超声波流量计的测量原理图。主振荡器以一定频率控制切换器，使两个换能器以一定频率交替发射和接收脉冲波，接收到的超声脉冲信号由接收放大器放大，发射和接收的时间间隔由输出门获得。由输出门控制的锯齿波电压发生器所输出的是有良好线性的锯齿波电压，其电压峰值与输出门所输出的方波宽度成正比。由于逆流和顺流传播超声波所获得的方波宽度不同，响应产生锯齿波电压的峰值也不相等。其工作波形如图 2-22 所示，图中 u_1、u_2 分别为顺流和逆流时产生的峰值电压。利用主控振荡器控制的峰值检波器分别将逆流和顺流的锯齿波电压峰值检出后送到差分放大器进行比较放大。这个信号将与时间差 Δt 成正比，对其进行一定的运算处理，可以得到流量信号。

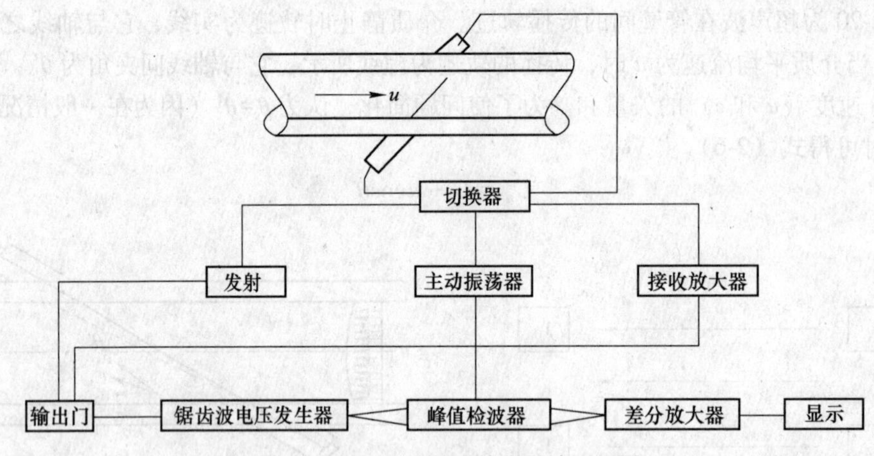

图 2-21 时间差法超声波流量计原理图

b 相位差法

连续超声波振荡的相位可以写成 $\psi=\omega t$，这里角频率 $\omega=\pi f$，f 为超声波的振荡频率。如果换能器发射连续超声波或者发射周期较长的脉冲波列，则在顺流和逆流发射时接收到的信号之间就产生了相位差 $\Delta\psi$，$\Delta\psi=\omega\Delta t$，$\Delta t$ 是时间差。因此可根据时间差法的流速公式得到

$$u = \frac{C^2\tan\theta}{2\omega D}\Delta\psi \tag{2-11}$$

所以有体积流量

$$V=\frac{C^2\tan\theta}{2\omega D}\Delta\psi F \tag{2-12}$$

式中 V——体积流量；

F——管道的截面积。

图 2-23 为相位差法超声波流量计的方框图。换能器采用双通道形式，振荡器发出连续正弦波电压激励发射换能器，经过一段时间后，此超声波被换能器接收。调相器用来调整相位检波器的起始工作点及零点。放大器把接收换能器输出的信号放大后送到相位检波器。相位检波器输出的直流电压信号与相位差 $\Delta\psi$ 成正比，即与介质流量成正比。相位差法测量的精度比时间差法高。

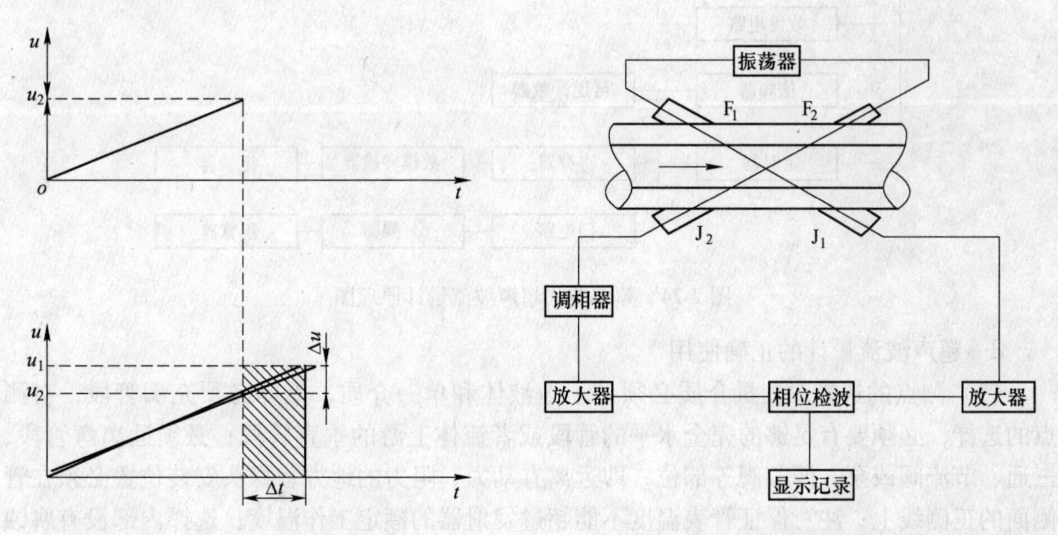

图 2-22 时间差法测的波形图

图 2-23 相位差法超声波流量计的方框图

c 频率差法

频率差法超声波流量计的工作原理图如图 2-24 所示，其工作原理是：超声换能器向被测介质发射超声脉冲波，经过一段时间此脉冲波被接收并放大，放大了的信号再去触发发射电路，使发射换能器再次向介质发射超声脉冲波，系统形成振荡。设顺流时振荡的频率为 f_1，逆流时振荡的频率为 f_2，则有

$$f_1=\left[\frac{D}{(C+u\cos\theta)\sin\theta}+\tau\right]^{-1},\ f_2=\left[\frac{D}{(C-u\cos\theta)\sin\theta}+\tau\right]^{-1}$$

即

$$\Delta f=f_1-f_2\approx\frac{\sin2\theta}{D\left(1+\frac{\tau\ C\sin\theta}{D}\right)^2}u$$

所以有

$$u=\frac{D\left(1+\frac{\tau\ C\sin\theta}{D}\right)}{\sin2\theta}\Delta f \tag{2-13}$$

定时器控制切换器，使两个超声换能器交替发射超声脉冲波，由收发两用电路来发射

和接收信号。顺流和逆流的重复频率分别选出后进行 M 倍频，倍频器输出 Mf_1 及 Mf_2 的频率信号到可逆计数器进行频率差的运算，得到 $M\Delta f$ 的值。经过运算处理，可以算出流量值。

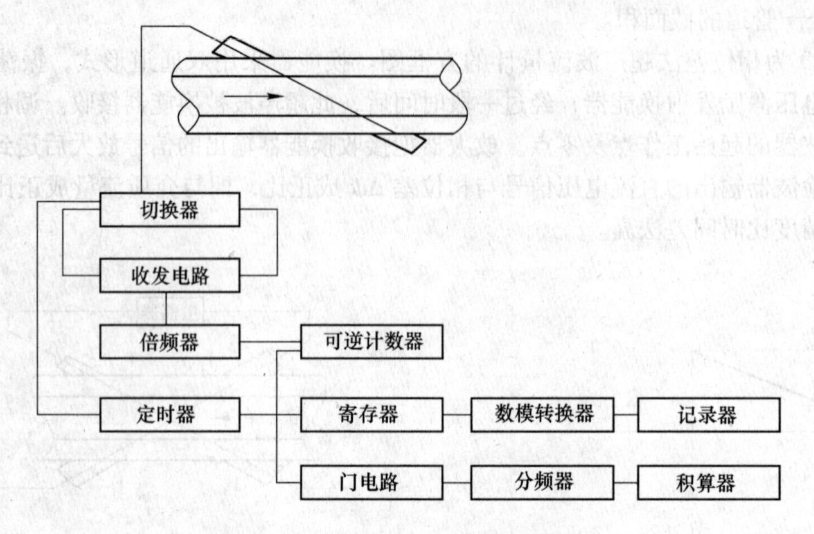

图 2-24　频率差法超声波流量计原理图

d　超声波流量计的正确使用

（1）测点的选择。测量介质必须是干净液体和单一介质，液体必须充满管段；对测点的选择，必须要有足够的完全水平的管段或者流体上游的垂直管段；必须远离弯管段、三通、节流阀或泵、调节阀等部位，即远离有动力、阻力的地方；探头安装位置必须在管侧面的正侧线上；注意保证管表温度不能超过发射器的额定工作温度；选择内部没有腐蚀或锈斑的管段。

（2）发射器安装方法的正确选择。发射器安装方式见图 2-25，发射器有三种安装方法：V 法、W 法和 Z 法。V 法安装是一种标准的安装方法，和 Z 法相比，读数更精确。

对于 51mm 的小口径金属管道，流量计可通过 W 法安装提高测量的可靠性。采用 W 法安装，声波在管中要四次穿过流体，三次经过管内壁反射。同 V 法安装一样，发射器和接收器为同侧安装。

选用 Z 法安装时，信号在传播中的衰减要比选用 V 法时小，因为信号为直接传输，无反射过程，仅一次穿过液体。当液体中气体或固体颗粒含量较多、锈层过厚、粘附表面状况较差时，信号衰减过大，不宜采用 V 法，此时可采用 Z 式安装法。

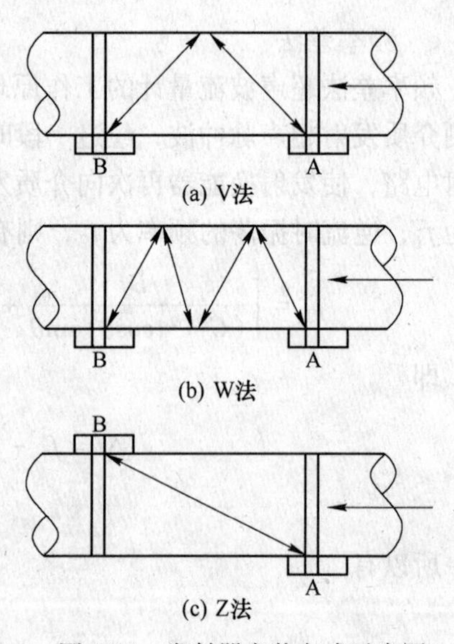

图 2-25　发射器安装方式示意图

选择合适的发射器安装方法至关重要，否则导致信号减弱或无法接收。管径大小适中时通常采用 V 法；在管径很小发射器间距很短时要用 W 法安装；当介质的单一性较差时，要用 Z 法安装。

B　多普勒效应法

多普勒流量计是利用声学多普勒效应进行液体测量的，如图 2-26 所示。流量计向被测液体发射固定频率的超声波，该超声波被液体中的悬浮粒子或气泡反射并接收，接收波的频率与被测液体的流速有关，通过测量发射波和接收波的频率差，可以计算出被测液体的流速和流量。多普勒流量计为反射式流量计。只有当超声波能被液体中的颗粒或气泡反射回来时，才能进行测量。

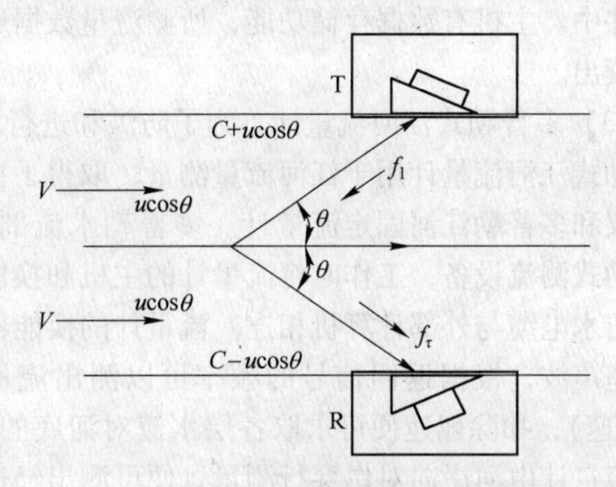

图 2-26　多普勒流量计原理图

发射探头 T 以频率 f_1 发射超声波，遇到液体中的微粒反射后，由接收探头 R 接收。这时产生多普勒频移，有关系式：

$$f_1 = \frac{C + u\cos\theta}{C - u\cos\theta} f_\tau \tag{2-14}$$

式中　f_τ ——接收频率；

f_1 ——发射频率；

u ——流体流速；

θ ——探头发射轴和流速方向的夹角；

C ——水中的声速。

由式（2-14）可得流速和频差的关系式，即

$$\Delta f = \frac{2u\cos\theta}{C} f_1 \tag{2-15}$$

被测流体的流速为：

$$u = \frac{C}{2f_1\cos\theta}\Delta f \tag{2-16}$$

被测流体的流量为：

$$V = Au = \frac{AC}{2f_1\cos\theta}\Delta f \tag{2-17}$$

和传播速度变化法相反，多普勒效应法不能用于不含固体微粒或气泡的液体流量的测量。多普勒流量计根据其用途和结构的不同，分为如下几种不同类型。

（1）多普勒式管道流量计。这种流量计使用外夹式换能器，和时差式流量计不同，其发射和接收换能器可以组合在一起，结构更加简单。这种流量计一般用在对测量精确度要求不高、不能应用时差式流量计的场合，如用在石油化工、轻工食品、环保等行业测量含有较多杂质或气泡的液体。

（2）多普勒式管渠流量计。这种流量计由流速换能器、水位换能器和流量计主机构成，在国外广泛应用于环保系统中，是污水计量的关键设备。城市污水中不仅含有大量杂质异物，而且污水管道往往是非满管运行，无法使用常规的流量计。多普勒式管渠流量计

是专门用于污水管道的流量计。考虑到污水管道的特点，多普勒式管渠流量计的流速和水位换能器为潜水式，固定在水下管壁上。有的流量计主机为全封闭式，可以安放到下水道的窨井中。主机有数据存储功能，所测流量数据通信线路送至采集中心，或者由运行人员定期读出。

（3）多普勒式江河流量计。为了防洪和进行水资源管理，需对江河的流量进行监测。多普勒式江河流量计用于江河流量测量，取得了良好效果。它有两种类型，即多普勒水流剖面仪和多普勒江河固定流量计。多普勒水流剖面仪是一种需配备渡越载体（如小船）的游动式测流设备，工作时将流量计的主机和换能器装在一个防水容器中全部浸入水中，通过防水电缆与外部计算机相连。流量计的换能器由3个或4个发射头构成，它们向水下发射超声波，根据返回信号的频率可以测出流量计和各水层以及河底的相对位移速度（即船速），扣除船速便可求取各层水流对河底的流速。根据河底返回信号的时间测得水深。流量计由河岸向对岸穿行测量，便可测出经过各点的水深以及流速的大小和方向，将流速矢量对河床水流断面进行积分，便可求得河流流量。

（4）多普勒点式流速仪。多普勒点式流速仪是能进行三维流速测量的高精度仪器，它可以对水流中的某一点进行远距离采样，不干扰原来的流态分布。其声学换能器装于一细杆端头的三爪形构件上，中间为发射头，三爪顶端为接收头，四头的端面法线相交于前方某点，所测值即为该点的流速。

2.3.1.7 涡轮流量计

涡轮流量计是一种速度式流量计，当被测流体通过时，冲击涡轮叶片，使涡轮旋转，在一定的流量范围内和一定的流体黏度下，涡轮转速与流速成正比，通过测定涡轮转速，即可测出流速并算出流量，这就是涡轮流量计的原理。

涡轮流量计主要用于准确度要求高、流量变化快的场合，还用作标定其他流量计的标准仪表。

2.3.2 节能监测流量测量常用仪表汇总

节能监测流量测量常用仪表见表2-7。

表2-7 流量测量常用仪表

类别	仪表名称	工作原理	精度	使用范围
节流式流量计	孔板	流体流过孔口处流速加快，静压降低。在孔板前后产生的压力差和流量成一定的函数关系	较高	大
	文丘里管	流体经过文丘里管时，其流速和静压变化与流量成一定的函数关系	较高	大
	喷嘴	流体经过喷嘴时，其前后流速和静压变化与流量成一定的函数关系	较高	大

续表 2-7

类别	仪表名称	工作原理	精度	使用范围
容积式流量计	椭圆齿轮流量计	在测量室内有一对椭圆齿轮，这对齿轮在流入流体的压力下互相交替驱动进行旋转。齿轮旋转一周可排出四个半月形体积的流体。通过传动机构将齿轮的转数传给显示器即可确定被测流体的流量	±（0.2%～0.5%）	0.005～500m³/h
	腰轮流量计	在测量室内有一对互相接触的腰轮，两腰轮的轴伸触壳体，并在轴上装有一对互相啮合的驱动齿轮，这对齿轮在流入流体的压力下互相交替驱动进行旋转。齿轮旋转一周可排出四个确定体积的流体，测定腰轮的转数即可确定被测流体的流量	±（0.2%～0.5%）	0.4～1000m³/h
	旋转活塞流量计	旋转活塞与旋转活塞轴连成一体旋转，活塞置于两层圆筒形气缸的壳体中，当流体自流入口流入时，旋转活塞在流体压力作用下沿轴转动。流体先充满内测量室，随着活塞旋转，流体也流入外测量室，并先后从内外测量室排出。活塞每转一周，流体交替进入和排出内外测量室一次，排出的流量为内外测量室体积之和	±（0.5%～1.0%）	0.2～90m³/h
	刮板式流量计	在圆形壳体中，围绕偏心的中心轴旋转的转子上装有四块可在切槽中进出的刮板。流体流入时先作用在板上，使转子旋转。转子上的四块板经过流入口时沿壳体内壁伸出，经过流出口时又被切槽推入。这样，转子旋转一周，就有四个由壳体内壁、转子外周和两块板构成的体积的流体流过流量计，因而只要测定转子转速即可确定被测流体的流量	±（0.2%～0.5%）	4～180m³/h
	薄膜式气体流量计	在流量计内部有一个由浸油薄羊皮或合成树脂薄膜制成的能伸缩的袋。袋中间用隔板一分为二。袋的上部有随袋伸缩而连动的两个阀，气体经流入口进入容积，薄膜袋在气体压力下伸胀，同时将容积中的气体经阀门压出。完成一次循环后，排出一定体积流量并使状况回复到循环的最初位置	±2.0%	0.2～10m³/h
转子流量计	转子流量计	当流体在压力作用下自下而上流过锥形管时，转子在流体作用力和自身重量作用下将悬浮在一平衡位置，根据不同平衡位置可算得被测流体的流量	±（1.0%～2.5%）	玻璃转子流量计 0.001～40m³/h（液体），0.016～1000m³/h（气体）。金属转子流量计 0.016～1000m³/h（液体），0.4～3000m³/h（气体）
叶轮式流量计	水表	水流从切线方向进入计量室，并推动置于计量室内的叶轮旋转，根据其转数与水流量成正比进行测定	±2.0%	0.045～3000m³/h
	涡轮流量计	当流体流过涡轮流量计时，流体将冲击涡轮叶片使之转动。通过测量涡轮的转速，即可确定流体的体积流量	±（0.5%～1%）	0.04～6000m³/h（液体），1.5～200m³/h（气体）

续表 2-7

类别	仪表名称	工作原理	精度	使用范围
电磁流量计	电磁流量计	导体在磁场中运动并切割磁力线时，导体中可感应出与切割速度成正比的电动势，其方向由右手定则确定，其大小与磁场感应强度、导体在磁场中的宽度及导体的运动速度成正比。电磁流量计即是根据该定律工作的。当导电液体在导管中以平均流速流过时，导电液体切割磁场的磁力线时，如在管道垂直断面上同一直径处安置一对电极，则在两电极之间会产生感应电动势。再按公式即可求得流量	±（1%~1.5%）	0.1~12500m^3/h
超声波流量计	超声波流量计	超声波在流体中传播时，就载入流体的流速信息，通过接收到的超声波即可检测出流体的流速。在单相流体中，体积流量是流速和管道截面积的乘积，由于管道截面积是已知的，所以测出流速即可求得流体的体积流量	±1%	不限
动压式流量计	靶式流量计	当靶式流量计的圆盘靶置于流速为 W 的运动流体中，靶的正面受到流体动压力的作用，靶的背面为低压旋涡区，靶还受到流体给予的黏摩擦力作用，测出靶所受合力后，即可求出来流速，再乘以管道截面积可得出流体的体积流量	±（1%~4%）	不限
旋涡式流量计	涡街流量计	在流体中垂直于流动方向置入一个非流线型物体（称为旋涡发生体）。当流速增大到某一雷诺数的范围内，在物体两侧会交替发生旋涡脱落，并在物体两侧后面形成两列旋转方向相反的成交错排列的有规则的旋涡（称为卡门涡街），所生成的旋涡频率可测得，最后即可计算出流体的流量	±1%	不限

2.3.3 常用流量仪表的选择方法

一般根据所测流量的大小选择不同的流量仪表。通常认为管道直径小于 50mm 的宜用测小流量的流量仪表，管道直径大于 50mm 的宜用测大流量的流量仪表。

（1）对于小流量的测量。对小流量的测量，可选用容积式流量计、转子流量计、叶轮式流量计、超声波流量计、动压式流量计和旋涡式流量计。

（2）对于大流量的测量。对于大流量的测量，可选用节流式流量计、超声波流量计、动压式流量计和旋涡式流量计。

2.3.4 特种工况流量测量

2.3.4.1 液体大流量测量

液体大流量测量包括两方面内容，即直径为 1m 以上的管路水流量或其他液体流量测量和宽 1m 以上的大型水渠或河流流量测量，后者也称为大型明渠流量测量。

A 大型管路液体流量测量

工程中的进水、排水和冷却水管道均具有较大直径。对大型管路液体流量测量可采用下列方法进行：电磁流量计法、节流式流量计法、超声波流量计法、流速-面积法和一点流速法等。

（1）电磁流量计和节流式流量计法。应用电磁流量计和节流式流量计（孔板、文丘里管和喷嘴），原则上讲可以测量任何尺寸的管路流量，但实际上因价格、校验方法和运输等方面的问题，电磁流量计最大可用于测量直径为2500mm管路的液体流量。节流式流量计由于压力损失较大，一般在液体大流量测量中用得较少。

（2）超声波流量计法。超声波流量计由于无压力损失，且应用时只需在管道外安装超声波发射器和接收器等，较易解决运输问题，且对大直径管路测量价格相对较低，因此应用较多。最大尺寸的可用于测量直径为5000mm的管路。但在其上游需有10*D*的直管段长度，在其下游应有5*D*（*D*为管子内直径）的直管段。

（3）流速-面积法。流速-面积法的基本原理是测出被测管道中液体的平均流速，再乘以管子流通截面积，即可得出被测工质的体积流量。因此，这种测量方法的关键问题是准确地测定管子截面上的流体平均流速。

测量大型管路平均流速的方法之一为采用均速管。对于内直径$D>1400$mm的管子，为了减少测点，减少均速管上开设的全压孔，可将网格法中管子圆形截面所需划分的等面积圆环数N适当减少，并确定各测点距圆形截面中心的距离r_i值。当$D>1400$mm时，N值及r_i值可参考表2-8选用。表中R值为管子内半径，测点数包括中心一点和相互垂直两个直径上的测点。

表2-8　$D>1400$mm时的N值及r_i/R值

N	测点数	D/mm	R_1/R	R_2/R	R_3/R	R_4/R	R_5/R	R_6/R	R_7/R	R_8/R
3	13	1400~2000	0.408	0.707	0.913					
4	17	2000~3000	0.354	0.612	0.791	0.935				
5	21	3000~4300	0.316	0.548	0.707	0.837	0.949			
6	25	4300~5600	0.289	0.500	0.646	0.764	0.866	0.957		
7	29	5600~7000	0.267	0.463	0.598	0.707	0.802	0.886	0.964	
8	33	7000~8700	0.25	0.433	0.559	0.661	0.750	0.829	0.901	0.968

除采用均速管外，也可采用普兰特管按网格法确定的测点逐点进行流速测量，再将测得的各流速用算术平均法求得平均流速值。此法不能进行连续测量，因此只能在试验时应用。

（4）一点流速法。一点流速法必须在预知管内流速分布或流动状态的情况下才能应用。通过测量一点流速，从已知流速分布关系式求出平均流速，再乘以管道截面积，即可得出流体流量值。因此应用此法时，必须有充分长的直管段，以保证流速按正常规律分布。如直管段不够，流速分布变乱，就会产生很大的误差。当采用一点流速法时，可先估算一个管内流体的雷诺数Re的数值，如为层流流动，则测定管子中心线上流速后乘0.5，求出平均流速；如为紊流，则可测出管子中心线上流速，按Re数查得平均流速修正系数（约为0.8~0.86），再算得平均流速值。最后以算得的平均流速值验算原先估算的Re数值是否正确。如测得的一点流速为任意半径上的流速，则可将此流速代入有关公式，以求得中心最大流速值，然后再以最大流速值代入公式求得平均流速值。

点流速的测定除应用普兰特管外，还可应用插入式涡街流速计（原理与涡街流量计相同）、插入式涡轮流速计（原理与涡轮流量计相同）、热膜测速计和插入式光纤旋桨流速仪等。

B 大型明渠液体流量测量

大型明渠流动指的是宽度在1m以上的大型水渠、河流的水流流动或其他渠道的液体流动，对大型明渠液体或水流的流量测量可采用流速-面积法、平均流速公式法、堰或槽式流量计法等方法进行。

a 流速-面积法

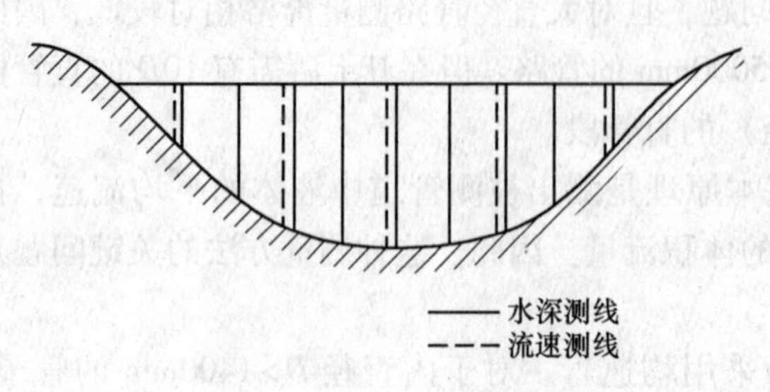

图 2-27 流速面积法面积划分

当采用流速-面积法时，首先应设法测出流通截面上的平均流速和流通截面积。一般对流通截面不规则的明渠，应将流通截面积按纵向分为若干部分，如图2-27所示，测量各部分的面积和平均流速，求出各部分的流量（将各部分的面积和其相应平均流速相乘）。最后，将各部分流量相加，得出总流量。应用此法时，被测截面上游应有5倍渠宽的直段，下游应有2倍渠宽的直段。

为了测量各部分的流通面积和确定流速测点必须测量水深。各水深测线与流速测线的间隔与渠宽或河面宽度有关，可由表2-9查得。

表 2-9 水深测线与流速测线的间隔

水面宽度 B/m	<10	<20	<40	<60	<80	<100	<150	<200	>200
水深测线间隔 M/m	(0.1~0.15) B	1	2	3	4	5	6	10	15
流速测线间隔 N/m	$N=M$	2	4	6	8	10	12	20	30

流速测量一般使用螺旋桨式流速计，其结构示意图如图2-28所示。这种流速计使用方便，多点测量时可缩短测量时间。也可使用超声波测速仪，其测量方法如图2-29所示。由于超声波测量时需将超声波探头固定在测量处，不便移动，所以一般用于以一点流速法测平均流速的场合。使用时将超声波测速仪探头固定在能给出平均流速的水深附近（离水面距离为水深的60%的位置），以测出平均流速。超声波测流速适用的明渠或河流宽度可达500m。测量平均流速的方法有多种，见表2-10。

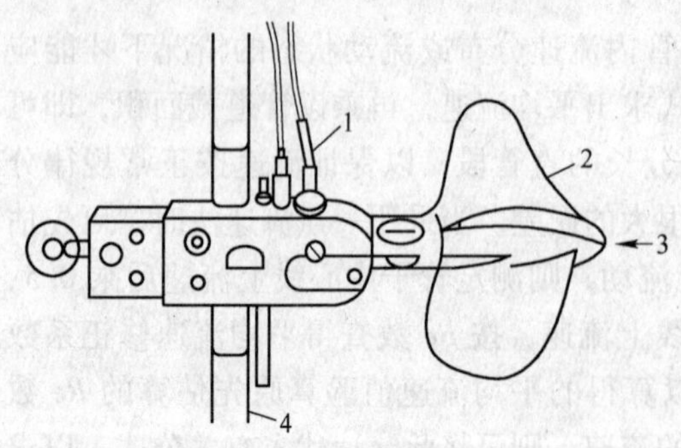

图 2-28 螺旋桨流速计

1—计数器；2—螺旋桨；3—流体流动方向；4—测杆

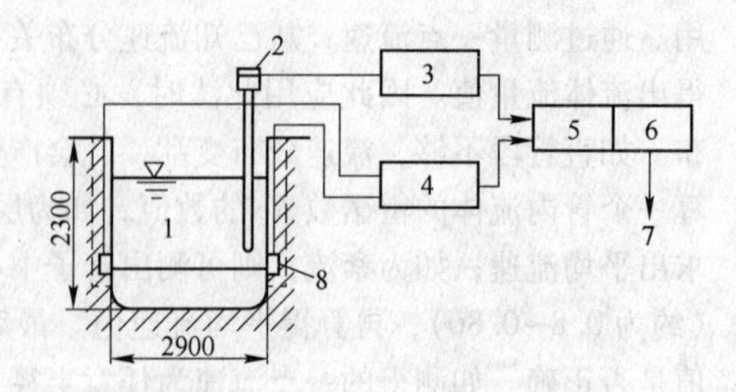

图 2-29 超声波流量计测明渠流速

1—明渠；2—水位计探头；3—水位信号接收器；4—流速信号接收器；5—变换器；6—流量运算器；7—输出信号；8—流速计探头

表 2-10　平均流速测量方法

测量方法	简 要 说 明
垂直流速曲线法	将水面到渠底均分为若干测点（一般为 10 等分），按各点测得的流速画出垂直方向流速，再按面积求出平均流速，此法测量精确度高，但费时
两点法	对距水面或液面 20%和 80%处的点进行测速，平均流速即为此两点流速的算术平均值，此法应用较广且较精确
一点法	取距水面或液面 60%处的流速为平均流速，在此点测出的流速即为平均流速，精确度不如两点法
三点法	测出距水面或液面 20%、60%和 80%处的点流速 u_{20}、u_{60}、u_{80}，则平均流速 = $(u_{20}+2u_{60}+u_{80})/3$，此法精确度比两点法低

b　平均流速公式法

此法为利用已有的计算明渠平均流速的计算式算得平均流速，再和流通截面积相乘以求得流量。常用的明渠平均流速的计算式为谢才公式和曼宁公式。谢才公式的形式为：

$$u = C\sqrt{RI} \tag{2-18}$$

式中　u——平均流速，m/s；

R——明渠水力半径，m；

I——明渠水面坡度，等于明渠底的坡度；

C——谢才系数 = $\dfrac{87}{1 + r/\sqrt{R}}$，其中 r 查表 2-11。

表 2-11　巴金粗糙度系数

壁 面 种 类	r 值
特别光滑壁面（精加工的板，精致水泥抹面）	0.06
光滑壁面（未精加工的板，中等砖工，水泥管和铸铁管，良好的混凝土工）	0.16
不光滑壁面（良好的石土，中等程度的混凝土工）	0.46
中等粗糙度（粗石工，粗糙的混凝土工，卵石砌面，质地紧密的土壁）	0.85
普通状况的土壁	1.30
阻力较大的土质河床（水草和石块多的河床）	1.75

曼宁公式的计算式为：

$$u = \frac{1}{n}R^{\frac{2}{3}}I^{\frac{1}{2}} \tag{2-19}$$

式中　n——曼宁粗糙度系数由表 2-12 查得。

这种方法精确度不高，只是在不能使用其他方法确定流量时应用。

表 2-12　曼宁粗糙度系数 n 值

壁 面 种 类	n
特别光滑的表面；涂有珐琅质或料的表面	
拼接良好的极精细刨光的木板；纯水泥的精致抹面	

续表 2-12

壁　面　种　类	n
精致水泥抹面（1/3 砂）；铺设及良好的清洁（新的）瓦管、生铁管和铁管；精刨木板	0.011
拼接良好的未刨木板；没有显著水锈的正常情形的输水管；极清洁的排水管；极良好的混凝土工	0.012
优良的砌石工，良好的砌砖工；情况正常的排水管；略有积污的输水管	0.013
有积污的水管（排水管及输水管）；中等情况的渠道混凝土工	0.014
中等砌砖工，中等情况的加工石块砌面；积污很多的排水管；覆在板条上的油布	0.015
良好的块石工；旧的（不规则的）砌砖工；较粗的混凝土工；加工极为良好的特别光滑的石面	0.017
覆盖有固定的厚淤泥层的渠道；在坚实黄土中和坚实的细小砾石中覆有整片薄淤泥的渠道（并无不良情形者）	0.018
中等的（完全令人满意的）块石污工；卵石砌面开掘在岩石中极清洁的渠道；在黄土、密实砾石、坚实泥土中覆有薄淤泥层的渠道（情况正常）	0.020
坚实黏土中的渠道；在黄土，砾石和泥土中覆有非整片（有断裂的地方）薄淤层的渠道；养护和修理条件在中等以上的大土渠	0.0225
良好的干砌；中等养护和修理条件下的大土渠及良好条件下的小土渠；极好条件下的河道（河床清洁顺直，水流通畅，没有塌岸和深潭）	0.025
土渠；养护及修理条件在中等标准以下的大土渠和中等条件下的小土渠	0.0275
情况较劣的土渠（部分渠底有水藻、卵石或砾石）；青草丛生；边坡局部塌陷以及其他等等；水流条件有利的河道	0.03
情况极劣的渠道（具有不规则的断面；显著受石块及水草淤阻等等）；条件比较有利但有少许石子和水草的河道	0.035
情况特别恶劣的渠道（很多深潭及塌岸；芦草丛生；沿渠槽有大石和稠密的根以及其他）；水流条件继续恶化的渠道（和以前各类相比较）；水草和石块数量增多；深潭或浅滩为数不多的弯曲河槽以上或以下	0.04 以上

c　堰或槽式流量计法

堰和文丘里槽式流量计原则上讲可用于测量任何宽度的明渠或河流量。但由于造价高和安装困难，因此，一般用于测明渠流量。最大的文丘里槽式流量计，喉部宽度可达 15m，用以测量宽度为 30m 左右的水渠。宽 10m 以上的量水堰也可用于测量水电站排水渠的水流量。

堰一般不用于测量河流流量，因为堰造价高，且堰顶易受河水中存在的浮游土砂破损。文丘里槽式流量计可用于河流流量测量，其喉部处水速快，即使水中含有土砂也仍易通过，但造价较贵。

2.3.4.2　气体大流量测量

气体大流量测量一般可采用孔板、文丘里管和喷嘴。在压力低、流速小的流量测量时，常因设计时所取节流设备的压差小，而使精确度低，如取压差大，则压力损失将过大，从而限制了孔板和喷嘴的应用。文丘里管测流量时压力损失小，但用于大流量的大直径文丘里管造价昂贵。因此，大尺寸、大流量的气体流量测量常应用速度-面积法。测量点可按前述网格法确定，应用均速管测出管道截面上的平均流速。也可应用普兰特管或热球风速仪等测出各点流速，再求出平均流速值。此外，也可应用插入式涡轮流速计、插入式涡街流速计等测定各点流速，再求平均流速值。对于矩形大尺寸管道，可使用均速管或翼形测速管测量平均流速和流量。

2.3.4.3　高温流体流量测量技术

高温流体流量测量在电力、化工、钢铁工业中是常见的。被测的高温介质有水蒸气、热空气、烟气、其他液体、气体以及熔融金属等。

测量高温蒸汽和液体流量的首选流量计为孔板、喷嘴，因为这些节流式流量计结构简单，工作可靠。在应用时必须注意选用合宜的耐热钢制作孔板和喷嘴。同时应注意流量计的结构。在高温高压下工作的孔板和喷嘴，主体结构很少采用法兰夹持的方式，一般采用焊接结构（图 2-30）。

在取压口方面，高于 427℃时可采用图 2-31（b）所示带套筒的结构，图 2-31（a）中所示为温度低于 427℃时的取压口结构。

在测量液态金属流量时，可采用电磁流量计进行。图 2-32 所示为一种用于测量液态钠流量的电磁流量计结构。管道采用不锈钢制成，因为流体为高温液态金属钠，所以，管路外部用绝热材料和热屏蔽板制成保温结构，在保温层外部装有绕在铝绕线管上的马鞍形线圈。

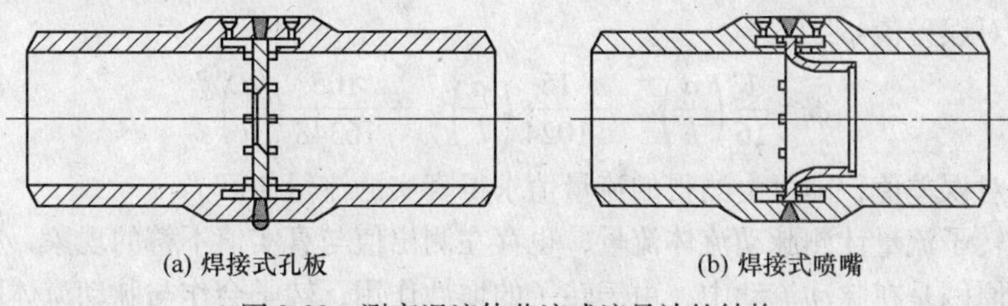

(a) 焊接式孔板　(b) 焊接式喷嘴

图 2-30　测高温流体节流式流量计的结构

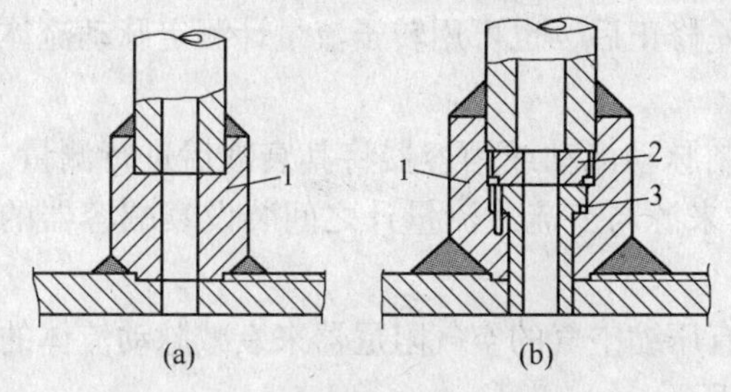

图 2-31　节流式流量计的取压口结构

1—接合器；2—固定螺母；3—套筒

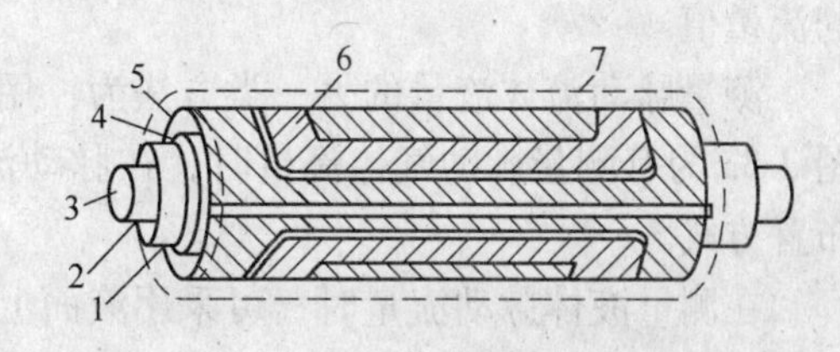

图 2-32　测量液态金属流量的电磁流量计

1—外管；2—内管；3—钠液；4—保温材料；5—绕线管；6—线圈；7—磁屏蔽板

2.3.5　脉动流体流量测量技术

脉动流体不同于稳定流动的流体，是一种作不稳定流动的流体。其流量是随着时间发生周期性变化的。

测量脉动流体的流量应采用响应灵敏的流量计，如电磁流量计等。如采用响应不快的普通流量计，则应将这些流量计在脉动流动下测得的流量值加以修正，以求得真实流量值。以节流式流量计为例，其流量在稳定流动时是与节流件的压差的平均值的平方根成正比的。在脉动流动时，如仍用测得的压差平均值的平方根来计算流量，则可用式（2-20）简单表示：

$$V = K\sqrt{\Delta \bar{p}} = k\left(\frac{1}{T}\int_0^T \Delta p \mathrm{d}T\right)^{\frac{1}{2}} \tag{2-20}$$

式中　$\Delta \bar{p}$——测得的压差平均值，Pa；

Δp——变动的压差，Pa；

T——压差变动的周期，s；

K——常数，与流量系数、流体密度等有关；

V——平均体积流量，m^3/s。

但实际上用式（2-20）算得的流量要比实际平均流量大，因为平均流量应该用式（2-21）计算：

$$V = \frac{1}{T}\int_0^T v \mathrm{d}T = \frac{1}{T}\int_0^T K\sqrt{\Delta p}\,\mathrm{d}T \tag{2-21}$$

如用响应较快的压差计测出变动压差的脉动曲线，得出压差脉动振幅及其平均值，则可用式（2-22），求出用平均压差平均值的平方根得出的流量与实际用上式得出的实际流量之间的相对误差值 ϕ：

$$\phi = \frac{1}{16}\left(\frac{a}{h}\right)^2 + \frac{15}{1024}\left(\frac{a}{h}\right)^4 + \frac{105}{16348}\left(\frac{a}{h}\right)^6 \tag{2-22}$$

根据相对误差值，即可由测得的流量值求得真实的流量值。

如采用转子流量计测脉动流体流量，也存在测出值与真实值不符的现象，亦即存在脉动误差。其原因是在脉动流动中，由于转子的惯性作用，转子会作与脉动流体脉动频率相同的振动，但比脉动流动滞后一个相位，因此造成测量时的脉动误差。如事先通过试验得出脉动误差曲线，则对测得流量值进行脉动误差修正后，也可用转子流量计测定脉动流体的流量值。

测量脉动流体流量的另一类方法为：用节制脉动流动或用容器将其衰减后进行测量。图 2-33 为有测量脉动气体流量时，在脉动流体来源与节流式流量计之间装设衰减容器的布置方式。

在测量液体脉动流量时，可采用液面上部有压缩空气的空气阻尼器来衰减脉动流体的流量脉动量。空气阻尼器的布置方式如图 2-34 所示。

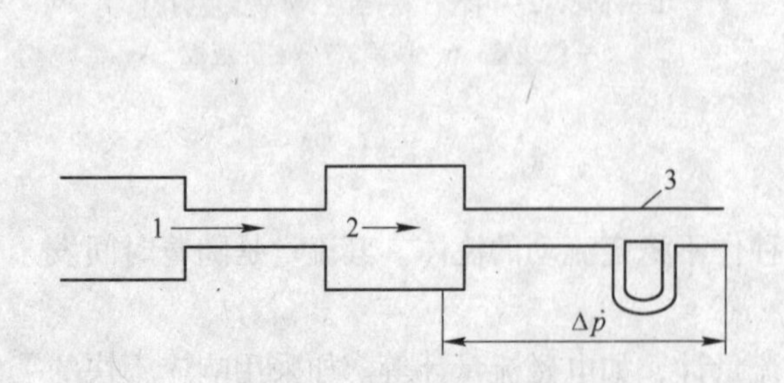

图 2-33　测量脉动气体流量

1—脉动流体源；2—衰减容器；3—节流式流量计

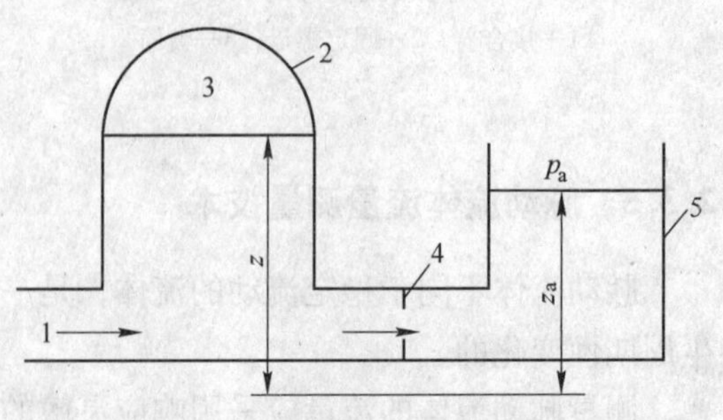

图 2-34　空气阻尼器的布置方式

1—脉动液体进口；2—空气阻尼器；3—压缩空气；4—节流式流量计；5—液面一定的容器

2.4 流速测量仪表

按结构形式，流速计分为动压式（皮托管、均速管）、量热式（热线风速仪、热球风速仪）、叶轮式（叶轮风速仪）、激光式（激光测速仪）流速仪表等。

2.4.1 流速测量常用仪表

流速测量常用仪表见表 2-13。

表 2-13 流速测量常用仪表

类别	仪表名称	工作原理	精度	使用范围
动压式流速计	皮托管	皮托管是一根弯成 90°的弯管，弯管迎流一端开口感受流体的全压，另一端与压差计相连，当测定流速时，应在管壁上开设静压孔，以便测定来流的静压，根据伯努利方程可计算来流速度	±1.5%	3~35m/s（气），>2.5m/s（水）
	均速管	均速管是一根或多根水平垂直的管子，在迎流方向上按网格法开设全压测量孔。均速管外形像笛子，又称笛形管。将均速管的平均全压和静压输出后，用压差计测出压差（动压 P），即可算出平均流速	±1.5%	
量热式流速计	热线（球）风速仪	当用电流将热丝加热并将其置于被测流体中时将受到流动流体的冷却，如保持加热电流不变，则热丝温度将下降，其相应电阻值将发生变化。根据此电阻变化值可测定流体流速	±0.5%	0~40m/s（气）
			±0.5%	液体流速测量
激光测速仪	激光测速仪	当频率为 F 的激光照射随流体一起运动的粒子时，激光被粒子散射，散射光的频率变为 F_1，入射光和反射光的频率之差与流速成正比。只要测出此频率差即可求出流速值		0.000001~1000m/s
叶轮式风速计	叶轮式风速计	利用支持在框架上的叶轮的转速测量风速。测量时，将测量风速的叶轮旋转面与风向保持垂直位置，根据指针读数和计时器测得的时间算出风速	±5%	2~60m/s

2.4.2 流速测量仪表的选择方法

一般认为速度低于 4~5m/s 为低流速，大于 4~5m/s 而小于 200m/s 为中流速，高于 200m/s 则为高流速。

（1）对于低流速测量。一般选用量热式流速计和激光测速仪，如热线风速计、热球风速仪等。它们测量具有准确度高、反应灵敏等优点。

（2）对于中流速测量。一般选用动压式流速计，如皮托管、均速管等，也可选用热线风速计、激光测速仪和叶轮式风速计等。在选用动压式流速计时，一般应根据所测流体的状态、流体流动的方向和皮托管与所测空间的相对大小，选择适宜的皮托管和测量方法，以达到最好的测量效果。

(3) 对于高流速测量。一般选用激光测速仪和特殊皮托管等。它们测量具有准确度高、反应灵敏等优点。

2.5 气体成分测定仪表

气体成分是节能监测中经常需要测定的参数。节能监测中经常测定其成分的主要有燃烧产物、气体燃料，还要对固体、液体燃料进行成分分析和热值测定。

气体成分分析仪器主要有奥氏气体分析器、燃烧效率测定仪、气相色谱分析仪、红外线气体分析器、热导式气体分析器和氧含量分析器等。

固体、液体燃料成分分析仪器主要有元素分析仪器（如碳氢联合测定仪、定硫仪等）和工业分析仪器、热值测定仪器。

2.5.1 奥氏气体分析器

奥氏气体分析器经常用于烟气成分分析及高炉煤气、焦炉煤气、发生炉煤气、转炉煤气等气体燃料的成分分析。其特点是原理可靠、精度较高、方法简单、便于维护。

奥氏气体分析器用于测量烟气中的 CO_2、SO_2及 O_2的含量。这种分析器结构简单，精度较高，可用于就地分析，也可用于校验其他同类分析器。其测量相对误差为±（2%～3%）。不足之处是手工操作，分析耗时较长。

(1) 工作原理及结构。奥氏气体分析器是一种基于烟气容积分析法的分析器，如图2-35所示。使被分析烟气试样与各吸收剂反应以后，通过测量其减少的体积来确定其成分含量。奥氏气体分析器中应用的吸收剂应能对烟气中被测成分进行选择性吸收。

过滤器作用为滤去烟气中的飞灰以免堵塞连通管。吸收瓶内装吸收剂，可选择性地吸收烟气中某些成分，瓶内装有等孔径的毛细玻璃管，以增加吸收剂与烟气的接触面积。量筒的作用为测定烟气容积。平衡瓶下部与量筒相连，举高平衡瓶可迫使烟气试样进入吸收瓶或排入大气；放低平衡瓶可吸回吸收瓶中的气体或吸取烟气试样。

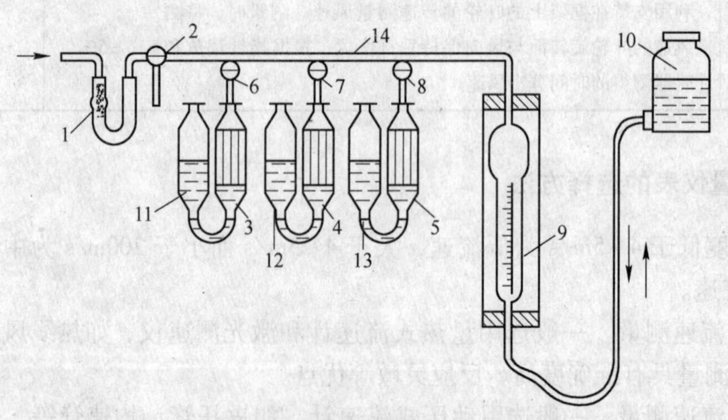

图2-35 奥氏气体分析器示意图

1—过滤器；2—三通旋塞；3，4，5—吸收瓶；6，7，8—二通旋塞；9—量筒；10—平衡瓶；11，12，13—缓冲瓶；14—梳形管

（2）吸收剂及配制：

1）CO_2和SO_2的吸收剂。用氢氧化钾的水溶液吸收烟气中的CO_2和SO_2，其化学反应式为：

$$2KOH + CO_2 = K_2CO_3 + H_2O \tag{2-23}$$

$$2KOH + SO_2 = K_2SO_3 + H_2O \tag{2-24}$$

2）O_2的吸收剂。用焦性没食子酸的碱溶液吸收烟气中的O_2，其反应式如下：

$$4C_6H_3(OK)_3 + O_2 = 2[(OK)_3C_6H_2-C_6H_2(OK)_3] + 2H_2O \tag{2-25}$$

3）CO的吸收剂。用氯化亚铜氨溶液吸收烟气中的CO。但此吸收过程很慢，吸收CO后，用硫酸吸去氨。其反应式为：

$$Cu_2Cl_2 + 2CO = Cu_2Cl_2 \cdot 2CO \tag{2-26}$$

$$Cu_2Cl_2 \cdot 2CO + 4NH_3 + 2H_2O = 2NH_4Cl + 2Cu + (NH_4)_2C_2O_4 \tag{2-27}$$

为使吸收液呈稳定的氯化亚铜状态，在吸收液中应放入一些铜丝。

4）吸收剂的配制。氢氧化钾溶液的配制方法为：将100g氢氧化钾溶于200mL的蒸馏水中。

焦性没食子酸的碱溶液可按下法配制：在130mL蒸馏水中加入氢氧化钾190g，将20g焦性没食子酸溶于60mL蒸馏水中；最后将这两种溶液混合配成。

氨性氯化亚铜溶液的配制：取250克氯化氨，溶解在250mL水中，加入200克氯化亚铜，将溶液移入另一瓶中，瓶内预先置入纯铜丝竖装至瓶顶，用橡皮塞塞紧，静置5天左右，待溶液为无色后备用。在使用前加入比重为0.91的氨水，3份体积的氯化亚铜溶液与1份体积的氨水混合。吸收液面用液体石蜡保护以防氧化。

10%H_2SO_4溶液配制：取浓硫酸20mL，溶于200mL水中。

封闭液的配制：在1%盐酸水溶液中加入NaCl至饱和为止，然后加入0.1%甲基橙水溶液数滴，溶液呈红色。

吸收剂装入瓶的容量约为瓶的总容积的60%。由于焦性没食子酸的碱溶液也可吸收CO_2和SO_2，所以必须使烟气先吸除CO_2和SO_2，然后吸除O_2。

吸收瓶的开口端处应注入液体石蜡或变压器油，以防止吸收剂接触外界空气。

（3）烟气分析方法。准备工作分为吸收剂等的注入和分析器密封性检查两方面。

先将各吸收剂注入各吸收瓶。其方法为：将吸收瓶左面部分的瓶中注入密封油，然后将吸收剂通过插入密封油下的玻璃管慢慢注入。平衡瓶中装饱和盐水，并加入少量盐酸和几滴酚酞指示剂，使其呈微红色以便观察。水套中应注满蒸馏水，各旋塞在其接触面上应涂油脂。此后，检查分析器各部件的密封情况。

（4）烟气取样工作。先排除可能随烟气进入的空气或其他气体。其方法是：转动三通旋塞使取样管与量筒接通。通过升降平衡瓶，使量筒先充满吸入的烟气，后又排出这部分烟气。经重复多次操作后，使分析器中吸入的烟气确定为烟气试样。在吸入烟气试样时，试样容积应略大于量筒的工作容积100mL。此后升高平衡瓶使量筒烟气试样受到压缩，直到量筒中液位与零位线相平。然后迅速使三通旋塞关闭，即可得到大气压力下的容积为100mL的烟气试样。当再次使三通旋塞处于关闭时，即可开始烟气成分分析工作。

（5）烟气成分分析工作。烟气成分中应最先使吸收剂吸收CO_2和SO_2。其方法为先升高平衡瓶，再开启吸收瓶上的双通旋塞，使烟气试样压入吸收瓶。往复利用平衡瓶使烟气在吸收瓶中抽送4~5次后，将吸收瓶中吸收剂液位高度恢复到原位并关闭双通旋塞。此时对齐量筒与平衡瓶的液位，读取气体减少的容积。读得的减少容积即反映了烟气中CO_2和SO_2的容积百分数含量。同理，可测得其他各成分的含量。

2.5.2 热导式气体成分分析器

热导式气体成分分析器是根据混合气体的导热系数随各成分的含量变化而变化的原理制成，在工业上应用的时间较久，能分析的气体种类较多，是工业上常用的一种气体分析仪，在工业中多用于CO_2、SO_2及H_2含量的分析。

热导式气体成分分析器可用于分析多种气体的成分，如H_2、CO_2、NH_3及SO_2等。这种分析器具有结构简单、体积小、响应快、工作可靠和测量范围宽广等优点，在工程中应用较多。

（1）工作原理。各种气体的导热系数都不相同。热导式气体成分分析器就是利用各种气体导热系数差异这一特性来测量气体成分的。当混合气体中被测组分的含量发生变化时，就导致混合气体导热系数发生变化。由此可分析该组分的百分含量。

在实际应用时，混合气体应满足下列条件之一，才能用热导式分析器测出多组分混合气体中的某一组分。

1）被测组分的导热系数与其他背景气体的导热系数有较大差别，且被测组分的含量较高。

2）背景气体中各组分导热系数很相近，可用一个导热系数来近似表示背景气体中各组分的导热系数，并且背景气体与被测气体的导热系数差别较大。

3）当三个组分气体的混合气体中有两个是变量，而第三个组分的含量基本不变时，虽然三种气体的导热系数均有明显差别，但由导热系数方程可解得。

由于气体导热系数的数值很小，不易测准确，因而在热导式气体分析器中将气体导热系数的变化转为电阻值的改变来进行测量。在一金属测量小室（热导池）中布置一根电阻温度系数较大的电阻丝。当电流通过电阻丝而使之加热时，由于散热，电阻丝将最终达到一平衡温度。如电流强度、外界温度条件、热电池结构尺寸不变，通入热导池的混合气体又符合热导式分析器所要求的前述三个条件，则电阻丝的最终平衡温度只取决于混合气体中被测组分的含量。当此含量发生变化时，混合气体导热系数发生变化，电阻丝将达到一个新的平衡温度，电阻丝自身电阻值也将发生相应变化。因此，只要测定电阻丝的电阻值，就可间接确定被测组分的含量。

（2）系统结构。热导式气体成分分析器的发送器，根据气体通过发送器的方式不同有多种形式，常有双流式、分流式、扩散式和对流扩散式四种。

发送器内电阻丝一般采用铂丝。为减少辐射散热，铂丝直径很小，一般为0.02~0.05mm，铂丝支承方法有V形、直线形和弓形三种。

弓形灵敏度较高，但热对称性比直线形差。直线形电阻值较低，灵敏度不高，但热对称性好，V形方法则热对称性不如直线形，但灵敏度比直线形方法高。

铂丝元件外常覆盖一层玻璃，以提高元件的耐腐蚀性和抗震性。

热导式分析器中电阻丝的电阻值均用电桥法测出。

2.5.3 气相色谱仪（色谱分析器）

气相色谱分析仪的特点，是将气样中各成分进行分离后，分别加以测定，故能对被测气样进行全分析；其分离效能高，分析速度快，灵敏度高，能分析气样中的微量成分（10^{-6}~10^{-7}），因此，其应用正在越来越受到重视。

气体色谱分析法是一种物理-化学分析方法。此法应用气相色谱吸附方法使气体中的成分进行分离，然后以检测器及记录仪画出被测气体的色谱图。最后，用已知浓度的各成分标准样的色谱与被测气体中该成分的色谱进行对比，即可算得被测气体中各成分的浓度或容积含量。

色谱分析器具有分析速度快，可进行多组分分析等特点，在动力工程、石油、化工等工业部门中得到广泛应用。

(1) 工作原理及系统结构。分析器由进样装置、分离柱、检测器、记录或读数器和流量计组成。

运载被测气体试样的气体（简称载气）通过进样装置将试样带入分离柱。分离柱内装有表面带活性吸附物的物质（称为固定相），当载气带着试样以恒定速度流过分离柱时，由于试样中各气体成分的物理-化学性质不一样，与分离柱中固定相的吸附能力不同，各气体将以不同速度流过分离柱。如试样中有 A、B、C 三种气体成分，在分离柱最前面区域中，三种气体成分相互混合在一起。随着在分离柱中流动过程的进展，逐渐将各种气体成分分离成各个区带。每一区带中的流体均为试样中某种成分与载气的两相混合物，而各区带之间均被纯载气区域隔开。最先流出分离柱的是与分离柱中固定相吸附能力最差的气体成分，吸附能力最强的则最后流出。

采用检测器以时间函数形式将自分离柱流出的被测气体各成分的物理特性进行检测和记录，即可得出上述 A、B、C 三种被测气体成分的色谱图。

h_A、h_B、h_C分别表示三种成分 A、B、C 的色谱峰值高度，t_A、t_B、t_C表示三种被测气体成分相应在分离柱中的驻留时间。将各气体成分的色谱峰值高度与已知各气体标准样的峰值高度相比，即可确定被测试样中各气体成分的浓度或容积含量。

分离柱是色谱分析器中的一个重要部件，一般用不锈钢制造，应用玻璃、铜、氟塑料制造的也见应用。分离柱内径约为 2~5mm，形式有直的、U 形的或螺旋形的。分离柱中充填的固定相对于成功地分离被测气体中各成分十分重要。几种常用的固定相吸附剂有活性碳、硅胶、氧化铝和分子筛。

色谱分析器中常用的检测器为热导式分析器、热化学检测器和氢火焰离子化检测器。热导式分析器适用于检测气体中的非可燃成分，如 O_2、CO_2和 N_2等。在检测可燃成分时，其检测灵敏度相对较差。热化学检测器在结构上与热导仪类似。其工作原理是通过测定试样中可燃成分在热敏电阻上催化燃烧时的热效应来进行气体成分检测。由于燃烧热效应远比热导式分析器中的导热效应强烈，因此热化学检测器比热导式分析器的灵敏度高。

一般常用载气有氮、氦、空气、氢和二氧化碳等。当然在测定含 N_2、O_2的混合气体时不能用空气、氮气作载气。在烟气分析中一般采用氦来分析具有包括（O_2+N_2）成分的烟气。如只分析碳氢化合物含量，则可应用常温下的空气作为载气。氩气导热系数低，不宜在具有热导式分析器的系统中用作载气。氢气有爆炸危险，不宜用于生产现场。

载气流量在分析和标定时必须力求恒定，以便获得可比较结果。因此，在色谱分析器出口处装有流量计，以便监督载气流量值，可用孔板或转子流量计等监测载气流量。

（2）色谱分析器的应用。以烟气成分分析为例来讨论色谱分析器的应用。烟气成分分析较复杂，烟气中所含 CO、N_2和 O_2等气体的吸附性质十分接近。因此，不易将这些气体在色谱分析系统中进行分离和标定。此外，烟气中各成分的含量相差很大，CO_2和 N_2的容积含量百分数为数十，而可燃气体则只有 0.01，要同时精确测定相差极大的几种成分含量也不易做到。

为了解决这些问题，一般需采用综合方法。可用奥氏烟气分析器测定 CO_2和 O_2含量，再用带热化学检测器的色谱分析器测定可燃成分。或者可用 2~3 种色谱分析器进行烟气全分析。例如，用热化学检测器测定可燃成分，再用热导式分析器测定 O_2和 CO_2含量（使用不同的吸附剂以分离 O_2和 CO_2）。

色谱分析器具有两个检测器工作元件，第一个按燃烧效应测定可燃成分，第二个根据导热效应测定烟气中的其他气体成分。

色谱分析器中装有两个装有不同吸附剂的分离柱。两种不同载气带着烟气试样分别进入两个分离柱。当需测定烟气中的 H_2、CO、CH_4、O_2、N_2和 CO_2含量时，可以空气为载气进入左边管路，以氩气为载气进入右边管路。分离柱中装活性碳，可测定烟气中的可燃成分 H_2、CO 和 CH_4。测试时，空气将烟气试样带入左边管路，经分离柱分离后，用热化学检测器确定各可燃成分含量。

在测定 O_2和 N_2时，用载气氩将预先已除去 CO_2的烟气试样引入右边管路，经装有可分离 O_2和 N_2的分子筛的分离柱分离出 O_2和 N_2后，由导热式分析器测定 O_2和 N_2含量。

在上述测定过程中，由于 CO_2对分子筛有强烈吸附作用，不易脱附，所以为了保证分子筛分离的工作稳定性，一定要在烟试样中先除去 CO_2。

烟气中各成分含量的定量分析，可根据该成分的色谱图峰值高度、标准气体中该成分的峰值高度与标准气体中该成分的容积百分数含量，按下式确定：

$$\frac{h'}{h} = \frac{c'V'}{cV} \tag{2-28}$$

式中 h'，h——分别为标准气体和被测气体中该成分的峰值高度，c 为该成分的容积百分数含量，V 为试样的容积。

测量误差：±（3%~5%）。

2.5.4 氧化锆测氧仪

氧气是气体分析中分析较多的一种组分。氧分析仪器用来测定混合气体中的氧气含量，应用较多的是氧化锆氧分析仪、热磁式氧分析仪和磁力式氧分析仪等。

（1）工作原理。氧化锆测氧仪需要在 700~800℃下才能工作，所以一般适用于烟气含氧量测量。如图 2-36 所示，在氧化锆（ZrO_2）管内侧通空气，在管外侧通被测烟气。氧化锆为一种电解质材料，具有导电性能。当其内外侧通过的气体含氧量不同时，在一定温度条件下，就会在内外侧发生不同的电化学反应。如温度为 700℃时，与含氧量多的空气接触的氧化锆管内侧会发生还原反应，使内侧氧化锆输出电子而带正电，生成的 O_2通过氧化锆的空穴到达氧化锆管外侧。在氧化锆管外侧，由于与其接触的烟气含氧少，会发生氧化反应。氧化反应生成电子使外侧带负电。因此，装在氧化锆管外侧的铂电极为负极，装在氧化锆管内侧的铂电极为正极。在氧化锆管内外侧将因氧浓度不同而产生浓差电势。即：

$$E = \frac{RT}{nF}\ln\frac{p_2}{p_1} \tag{2-29}$$

式中 R——气体常数，8.315J/(mol·K)；

F——法拉第常数，96500C/mol；

T——绝对温度，K；

n——反应时所输出的电子数，对氧 $n=4$；

p_1——被分析气体中的氧分压；

p_2——参比气体中的氧分压。

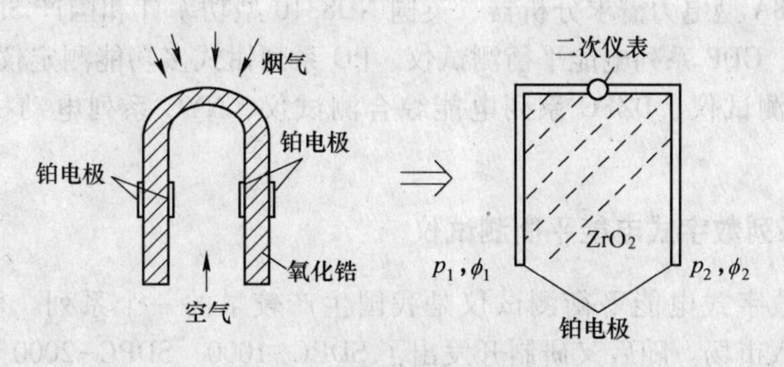

图 2-36 氧化锆测氧仪测量原理图

此电势经导线与二次仪表连接后，可转换成电信号输出。

此浓差电势与温度及烟气中氧气分压力有关。当温度恒定在 700℃时，即可根据测得的浓差电势，算得烟气中氧气分压力或氧气含量。氧化锆测氧仪测量系统如图 2-37 所示。

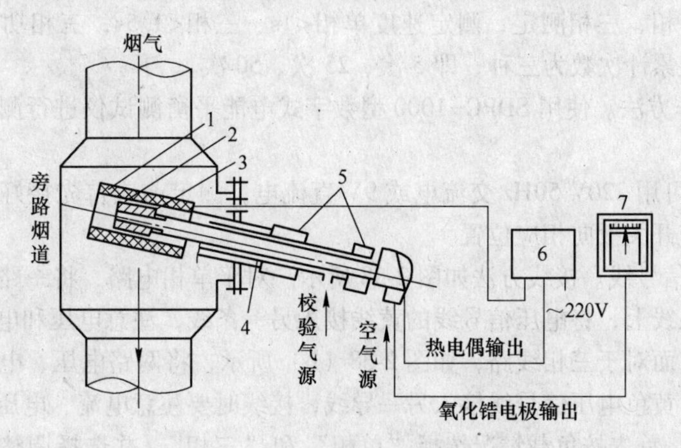

图 2-37 氧化锆测氧仪测量系统图

1—定温电炉；2—过滤器；3—氧化锆管；4—氧化铝管；
5—活接头；6—温度控制器；7—显示仪表

(2) 测量误差：±(3%~5%)。

(3) 优点。结构简单，性能稳定，但价格较高且氧化锆管使用寿命较短。

（4）适用。一般用于大型电站锅炉的烟气含氧量监测系统。

氧化锆测氧仪有一个恒温自动调节系统，以控制温度恒定在700℃。

在火力发电厂中，为了保证安全、经济运行，需对某些气体（如烟气、氢气等）和液体（如除盐水、锅水、蒸汽等）的成分进行连续地测定。

2.6 电能参数测定仪表

电是工业企业广泛使用的二次能源，电参数是节能监测中经常需要测定的。以前，电参数的测定基本是用单参数测定仪表，如电流表、电压表、功率因数表等进行的。

现在，随着科学技术的发展，将各种单参数测定仪表的线路综合在一起，并附加一些运算线路，形成了各种功能完善的综合性电力测定仪表。

如美国的808A型电力需求分析器、英国ND8310型功率计和国产SDPC系列数字式电能平衡测试仪、GDP系列电能平衡测试仪、PG系列钳式多功能测定仪表、GDPC系列多功能电能平衡测试仪、DZFC系列电能综合测试仪、NYC系列电动机经济运行测试仪等。

2.6.1 SDPC系列数字式电能平衡测试仪

SDPC系列数字式电能平衡测试仪是我国生产较早的一个系列。从1987年开始，SDPC-1型就投入市场。随后又研制开发出了SDPC-1000、SDPC-2000两种型号，现以SDPC-1000型为例，对其做一简要介绍。

（1）主要技术性能。SDPC-1000型的主要测定项目有：交流电压（50~500V）、交流电流（1~500A）、电网频率、有功功率、无功功率、功率因数、工频谐波电压与总电压有效值的百分比、工频谐波电流有效值。测定精度为2.5级。

仪表可进行单相、三相测定，测定速度单相<1s、三相<1.5s，三相功率测定采用二表法。累计平均值累计次数为三种，即5次、25次、50次。

（2）使用操作方法。使用SDPC-1000型数字式电能平衡测试仪进行测定，应按下述步骤、方法进行：

1）工作电源可用220V 50Hz交流电或9V直流电，测定前应首先接好仪器电源，并将后面板的交直流开关扳向相应位置。

2）连接测定信号线。接线方法如图2-38所示。对于单相电路，将一路电压、电流信号线分别接入一根线上，将电压信号线的黄线接入另一条线，注意电压和电流的信号线外表皮颜色要一致；而对于三相线路，如图2-38（b）所示，将两路电压、电流信号分别接相应的两根导线，黄色电压信号线接入另一导线，接线时要注意电流、电压的对应关系。

3）开始测定。首先按负载情况选择“单相”和“三相”，并选择调整电流量程。若取瞬时值即按下“瞬时”键，若取平均值，则可根据所需平均次数按下“Ⅰ”、“Ⅱ”、“Ⅲ”（分别对应5次、25次、50次）的一个，在累计数至少循环一个周期后，可以读取相应次数的平均值。

4）测定参数按测定项目键显示：F键显示被测电路频率；P键显示有功功率值；Q键显示无功功率值；$\cos\phi$键显示功率因数（以百分数表示），感性负载值前显示“L”，

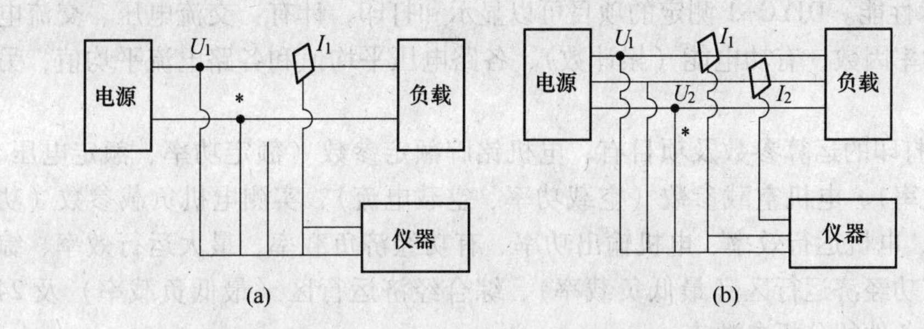

图 2-38 SDPC 测定接线示意图

容性负载则显示“C’，采用平均值时二者均不显示；V 键显示电压，三相负载时可用“1”、“2”两个键切换两路电压，I 键显示被测电流值，也可用“1”、“2”两键切换。

5）如果进行谐波测定，测电压谐波时可按下“谐波”键（有红色标记）、V 键和“瞬时”键，SDPC 仪表将以 1.5s 一次的变化速度连续显示“V”与“*”间 1~20 次谐波电压有效值和“V”与“*”间总电压有效值的相对比值百分数；若测电流谐波，按下“谐波”键、“I”键和“瞬时”键，仪表将连续显示 1~20 次谐波电流有效值。

6）在测定瞬时值时，可按下“锁存”键，读取同一时刻的一组 P、Q、cosϕ，V、I 数据。

（3）使用注意事项

1）一般应将仪表面板上的“瞬时”键和“连续”键按下，并调整好电流量程后再打开电源开关。

2）三相测定时，虽无相序要求，但电压、电流的对应关系不能搞错。对应关系接错则显示数据混乱，有跳跃性。

3）接线时两个电流互感器的相位标记方向必须一致，嵌入的位置尽可能远离一定的距离，并且应将被测电流导线放在钳口的中央，尽可能远离铁磁物质。

4）一般情况下，当被测电网与仪表工作电源电网一致时，将后面板的同步开关扳向电源同步。当二者电网不一致或采用直流供电时，须采用 V_1同步或 V_2同步。V_2同步有其缺点：在单独测定电流时，也要将电压测定线接好，且当被测电压低于 50V 时，可能失步（不同步），造成测定误差。

5）仪表可显示两种报警标志：在测定时如被测电压或电流超过量程范围时，将显示“E”。若电流超过量程，可将电流量程开关扳到合适位置（有时被测电流波形严重畸变或存在干扰，可能在显示数据尚未大于满量程数值时，就会出现“E”溢出标志，这时可增大一挡量程测定）；当仪器工作电源电压低于正常工作范围时，将出现“PL”标志（欠电压报警）。

2.6.2 DJYC 系列电动机经济运行测试仪

DJYC 系列电动机经济运行仪是根据国家标准《三相异步电动机经济运行》（GB 12497—90），结合电动机现场测定的要求而设计的，主要型号有上海隆昌仪表厂的 DJYC-1、上海西郊仪表厂的 DJYC-91、DJYC-92、DJYC92A 等。这里主要介绍 DJYC-1 型。

（1）主要技术性能。DJYC-1 测定的项目可以显示和打印，计有：交流电压、交流电流、有功功率、功率因数、有功电能（累计数）、各路电压平均值和各路电流平均值，另可打印累计时间。

DJYC-1 可以打印的运算参数及项目有；电机铭牌额定参数（额定功率、额定电压、额定电流、额定效率）、电机空载参数（空载功率、空载电流）、实测电机负载参数（功率、电压、电流）、电机运行效率、电机输出功率、有功经济负载率、最大运行效率、综合经济负载率、有功经济运行区（最低负载率）、综合经济运行区（最低负载率）及 24 种不同负载率运行条件的分析参数表。

DJYC-1 的量程范围为交流电压 50~500V、交流电流 0.5~500A，测定精度为电压、电流 1.0 级，有功功率、功率因数 1.5 级，平均值周期可在 3~99 次间任意设定，自动打印间隔时间有 5min、15min、30min、60min 四种。

（2）操作步骤和使用方法。使用 DJYC-1 前，应先做好开机准备工作，设定有关参数后再进行测定及打印数据，然后进行运算并打印结果。

1）将仪表各部位连接好，接上打印机信号传输和电源线，并打开打印机开关。

2）选定仪表同步信号源，将同步开关置于相应位置（取电源频率为同步信号时，置于“电源”位置；取信号电压 U 或 U_1 的频率为同步信号时，置于“U_1”或“U_2”位置）。

3）电流量程预置于 500A 或适当位置，按下“设定”键。

4）接上仪表工作电源（若用电压信号端供电可省略此步骤）。

5）按照二表法将电压、电流信号接入仪表。注意各路色标对应接入线路，电流互感器相位标记箭头朝向应保持一致，电压“＊”（黑）线应接地（见图 2-39）（测定单相负载或三相二线制其他负载，也可采用图 2-38（a）、图 2-38（b）所示的接法）。

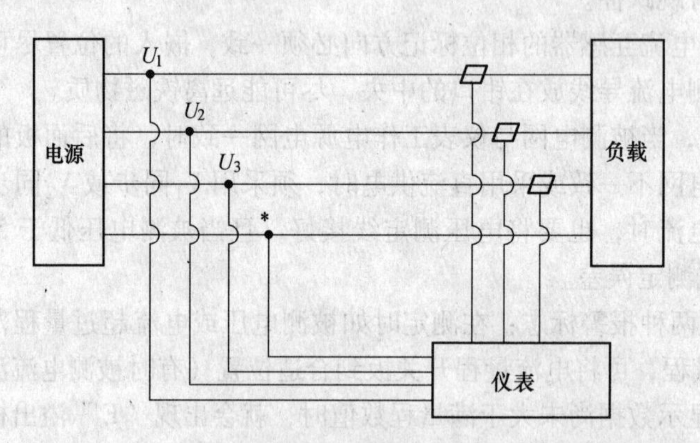

图 2-39 三相异步电动机测定 DJYC-1 接线方法示意图

6）打开相应的电源开关，按下“瞬时”键和“测试”键，调整电流量程到实际显示值的合适量程位置，检查各项显示功能，若其正常，则可进行设定操作。

7）按下“设定”键，将设定项目旋钮旋至“日期”位置，设定年、月、日，再将旋钮旋至“时钟”位置，设置时、分、秒，这两项均可用“→”、“▲”和“▼”三个键进行设定。

8）进行已知电机型号规格检索及内存数据的转存。将设定项目选择旋钮置于电机“型号”位置，按“→”键可使闪烁项分别指定在电机系列项、电机极数项和额定功率项，按“▲”键或“▼”键可进行相应的选择，电机系列可选择 JO_2 等，电机极数可选择 2 极、4 极、6 极和 8 极，额定功率按相应系列规格检索。检索确定完成后，按“●”，仪表内存的数据立即转存到仪表“铭牌”参数对应的项目存储器中。

9）对于非常规电机的铭牌参数，可将旋钮旋至“铭牌”位置“→”、及“▲”、“▼”、“●”四个键进行输入（设定）。

10）按下“平均”键，可用“▲”、“▼”二键设定平均周期次数。设定完成后可进行测定操作（若不设定平均周期次数，则按最低平均周期次数三次处理）。

11）按下“测试”键。若按下“瞬时”键，则可读取相应显示键下的瞬时测定值，按下“锁存”键，则按键时刻的测定参数 P、$\cos\varphi$、U、I、t、W 均被锁存，可按相应显示键选取，至“锁存”键弹出；若按下“平均”键，仪表按设定周期显示测定参数，显示项的前端显示平均周期次数的倒计数。一般当负载波动较大时，应采用平均值方式测定。

12）按下“IN_1”键，可将现场实测负载状态的功率 P_1 及电压、电流存入仪表（若系空载实测，可按“IN_O”键存入）。按动“打印”键，可打印输出一组常规测定数据，按动“控制”键时，打印机则停止工作。

13）按下“瞬时”键和“运算”键，仪表进入运算工作方式，将已输入设定的各项电机参数运算处理，完成运算后，仪表显示“DJYC-1”标志，此时，按动“打印”键，打印输出整套电机经济运行测定参数。在打印时若按动“控制”键，可停止打印机工作。

14）测定完毕后，关掉电源，拆除仪表。

（3）使用注意事项。使用 DJYC-1 测定时，必须注意以下事项：

1）当在被测设备不断电情况下测定时，测定接线均为带电操作，务必按照电工带电操作规程要求进行，特别应注意电压信号夹子拧接时的安全防护。

2）测定过程中，若发现电压显示消失，在不能确认是否属于整机故障的情况下，应首先取下电压采样接线夹，检查采样夹线上的安全熔断丝是否熔断，如已熔断应检查接线是否有错或有断线、碰线情况，故障排除后，再进行接线测定。

3）三相负载接线，应严格按各路电压、电流对应，且保持各路钳式互感器口内箭头指向一致，否则，测定值显示将出现反常。

4）操作面板按键，不能同时按下同一互锁排的两个以上按键，否则，将出现显示反常的情况。

5）立即打印记录的是数据的平均值，开机后必须等至少一个平均值周期后才可进行打印操作。

6）仪表在使用时如不需要自动定时打印记录，可将打印定时开关置于“60”min 位置，以免测定中自动启动打印机。

7）仪表与打印机连接后开机前，应注意先将“设定”键按下，否则打印机可能误动作。

2.7 热流测量仪表

热流表示单位换热面积上的热流率或换热率。热流计常分为便携式和固定式热流计两种。

便携式热流计根据其测量原理可分为导热式、辐射式和量热式三类。根据结构形式可分为两面式和单面式。两面式热流计可测定来自正、反两面的热流密度。图 2-40 所示为一种根据导热原理测量热流密度的两面式便携热流计。由图可见，两个测量元件分别装在有水冷却的探头的相反两面。冷却水由热流计的连杆导入和导出。测量元件由 1Cr18Ni9Ti 不锈钢制成，为一直径为 15mm 及高 6mm 的带凸肩圆柱体，其中装有一个测量温差的差值热电偶。温差热电偶高温端与低温端测点之间的距离为 Δx，当测出温差 ΔT 后就可应用下列导热基本公式算出热流密度值：

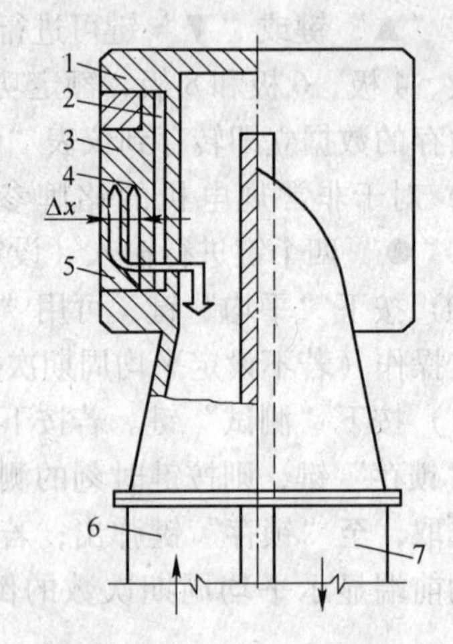

图 2-40 便携式两面热流计

1—水冷却探头；2—垫片；3—测量元件；4—温差热电偶；5—固定环；6—冷却水导入杆；7—冷却水导出杆

$$q = \lambda \frac{\Delta T}{\Delta x} \tag{2-30}$$

式中 q ——热流密度，W/m^2；

λ ——测量元件所用材料的导热系数，$W/(m \cdot K)$；

ΔT ——测量元件高温端与低温端的温差，K；

Δx ——测量元件高温端与低温端之间的距离，m。

这种热流计可用于测量锅炉炉膛中水冷壁的热流密度值。因为水冷壁热流密度等于火焰投到炉壁的热流密度和装有水冷壁的炉壁向火焰的反辐射热流密度之差。应用这种两面式热流计可测出这两种热流密度的差值。图 2-41 所示为一种单面式导热热流计的结构简图，主要用于测量局部地区的炉膛火焰投向炉壁的热流密度值。测量元件由 1Cr18Ni9Ti 不锈钢制成。探头中装有测温差的差值热电偶并利用测出的温差算出热流密度。图 2-42 所

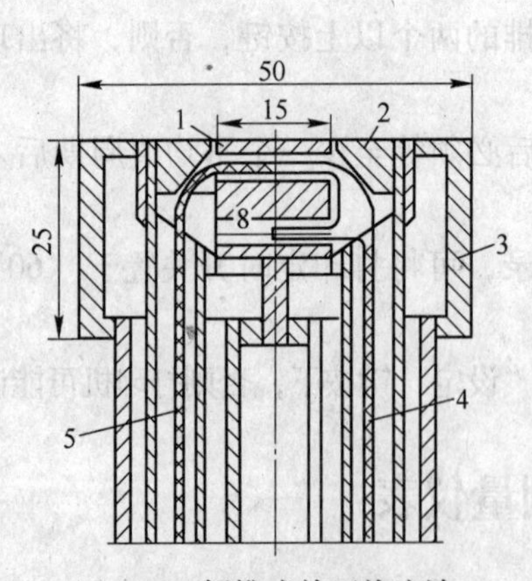

图 2-41 便携式单面热流计

1—测量元件；2—外盖；3—外壳；4—温差热电偶；5—热电偶导线

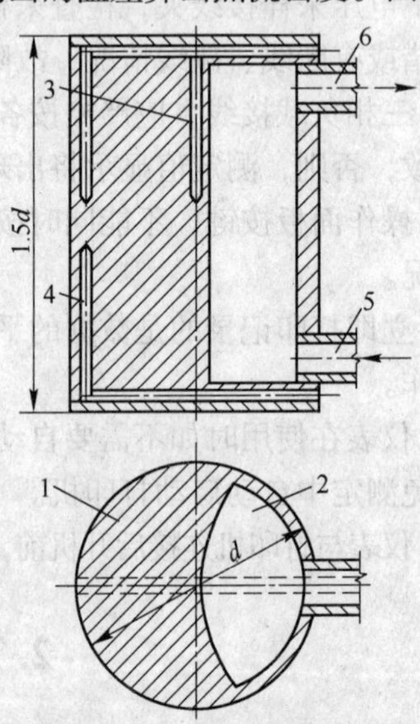

图 2-42 管式单面热流计

1—热流计管式探头；2—水冷却腔；3—温差热电偶；4—测壁温热电偶；5—冷却水进口；6—冷却水出口

示为一种管式单面导热热流计的结构。该热流计制成具有水冷壁管的外形，使用时由手孔将热流计伸入炉膛、置于被测水冷壁平面上。热流计中通水冷却。沿热流计壁厚钻有两孔，孔中装有测量不同壁温上温差的差值热电偶。热流计壁另有一孔装有测量金属壁温的热电偶。

这种热流计的外直径与被测管的外直径相同，高度为其外直径的1.5倍。管式热流计的测量误差约为±10%。

辐射式热流计的工作原理是：将投来的辐射能设法收集起来，再通过测量和计算求得热流密度值。图2-43所示为一种便携式椭球辐射热流计。其入射孔为一个薄边孔，通过入射孔的所有辐射线都无反射地进入空心椭球腔中。椭球空腔的偏心率 $e=1/2$，其表面上覆盖一薄层金，反射率接近1.0。进入空腔的辐射线均反射到球形吸热元件。球形吸热元件及其后面钢块均用不锈钢制成。吸热元件表面涂有混有炭黑膜，可吸收近乎98%的各种波长的辐射能。测温差的差值热电偶与不锈钢体在图示处相焊。差值热电偶产生的热电势与球形吸热元件接受的辐射能量成正比，因此根据此热电势可确定辐射热流密度的数值。

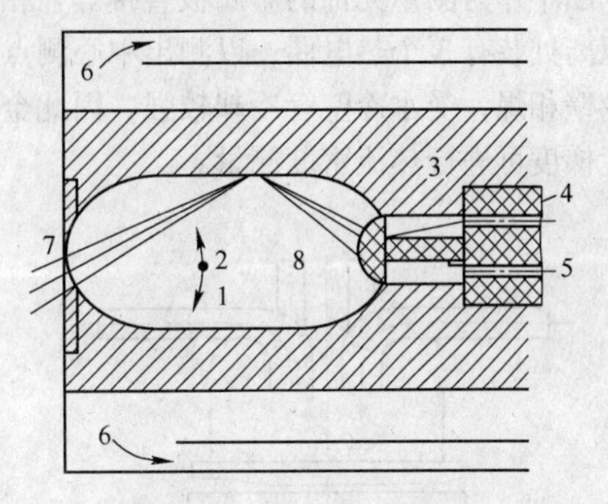

图2-43 椭球式辐射热流计

1—空心椭球；2—氮气孔；3—金属块；4—不锈钢块；5—温差热电偶导线；6—冷却水通道；7—入射孔；8—球形吸热元件

椭球式辐射热流计有水冷却，可测1600℃高温下的辐射热流密度。在椭球短轴平面上开有2~8个小孔，向腔内喷射干燥氮气以防飞灰、水蒸气等进入椭球空腔。这种热流计的测量误差一般小于±5%。

另一种辐射热流计的辐射能感受元件为硅光电池。辐射热流通过入射孔后反射到硅光电池上。硅光电池即产生一定电压信号，再据此换算出热流密度值。热流计测量的热流密度如在200~230kW/m^{2}以下，可在试验室中用电加热黑体炉中进行标定。如热流密度更高，则可用量热式热流计标定。

量热式热流计的结构如图2-44所示。量热式热流计的吸热元件内有一系列相互连通的槽，冷却水流过各槽并吸热后流出。在冷却水引入管和冷却水引出管中装有测温差的差值热电偶，可测出冷却水出口和进口之间的温差。当测出此温差和冷却水流量后，可按式(2-31)算出热流密度值：

$$q=\frac{Gc\Delta T}{F} \tag{2-31}$$

式中 q——热流密度，W/m^2；

G——冷却水流量，kg/s；

c——冷却水比热容，J/(kg·K)；

ΔT——冷却水出口和进口处的温差，K；

F——吸热元件表面积，m^2。

为减少吸热元件与外界热交换，热流计装有冷却水套，水套中水温应等于吸热元件的温度。此外，冷却水管应包有绝热材料，以减少冷却水管与外界的热交换。当用量热式热流计标定其他热流计时，应将这两种热流计的吸热面置于同一平面中，以使其吸热状况相同，然后用量热式热流计得出的热流密度值标定其他热流计的测定值。固定式热流计固定安装在被测热流密度处，以便随时记录和监控该处的热流密度值。

图 2-45 所示为一种测量锅炉炉膛水冷壁管等热流密度的固定式金属板热流计结构简图。图中作为测量元件的金属板直接焊在相邻的两水冷壁管上。金属板中心及两侧离中心等距离处装有 3 个热电偶，以测出中心测点和两侧测点之间的平均温度差。金属板两侧与水冷壁相焊，受水冷壁管冷却较强，因此金属板中心点温度最高而两侧温度最低；利用此温度梯度可进行热流密度测量。

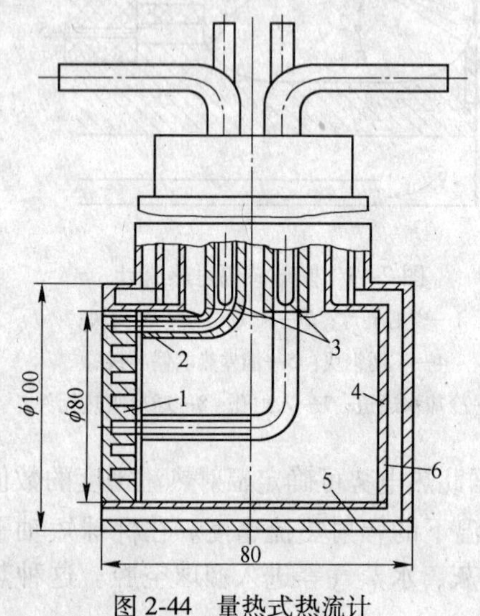

图 2-44　量热式热流计

1—吸热元件；2—冷却水引入管和引出管；
3—装设温差热电偶的套管；4—隔板；5—外壳；6—水套

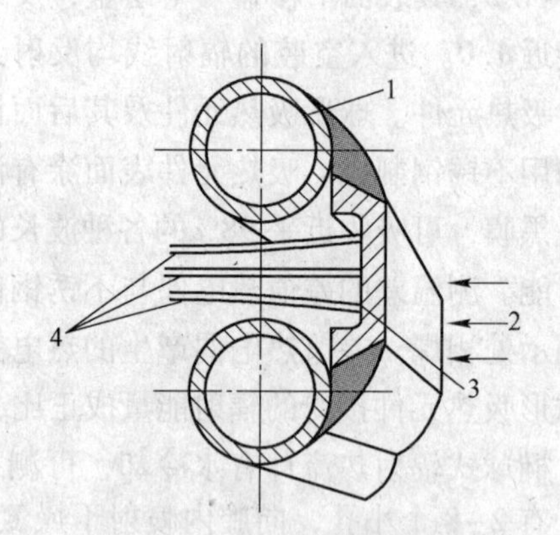

图 2-45　固定式金属板热流计

1—水冷壁管；2—热流；
3—金属板；4—热电偶引出套管

金属平板传给水冷壁管的热流密度可按式（2-32）计算：

$$q = \frac{2\lambda\delta\Delta T_1}{L^2} = \frac{2\lambda\delta\Delta T_2}{L^2} \tag{2-32}$$

式中　q——热流密度，W/m^2；

λ——金属板导热系数，$W/(m \cdot K)$；

δ——金属板厚度，m；

L——由金属板中心到两侧任一热电偶测点的距离，m；

ΔT_1，ΔT_2——分别为金属板中心点及左、右两测点测出的温度差，K。

金属板应采用导热系数受温度影响较小且有较高抗氧化性能的钢材，如低碳、高铬（14%）钢等，也可以用低碳钢和不锈钢，但精确度略差。这种热流计特点为价廉，易安装。试验表明：金属板厚度为 5mm 左右，中心点到两侧测点的距离 $L>7.6$mm 时测量较精确。如 L 小于此值，误差可达±10%及以上。金属板长度对测量精度影响不大，一般长度为38.2mm。金属板宽度与水冷壁管节距有关，一般为0.4~0.7倍管子节距，管径大时用低值。

为减少测量仪表，可将两侧热电偶的正极相连，并将三个热电偶的负极相连，以组成一个测量平均温差的差值热电偶。这样连接后可直接读出金属板中心测点与两侧测点之间的平均温度。

2.8 导热系数测量仪表

根据物体导热系数的定义，可得导热系数的计算式（2-33）：

$$\lambda = \frac{q\Delta x}{A(T_1 - T_2)} \tag{2-33}$$

式中 λ——导热系数，W/(m·K)；

A——导热面积，m^2；

Δx——沿导热方向的物体厚度，m；

T_1，T_2——沿导热方向的物体温度差，K；

q——导热量，W。

测量导热系数不高的非金属固体的导热系数时，可采用图2-46所示的测量系统。图中，主加热器布置在被测物体的中间，主加热器两端装设两个防止散热的加热器，其温度保持与主加热器的相同，以防热量从主加热器两端散失。在被测物体的外侧通以冷却剂以便将热量带走。通过用热电偶测定被测物体的高温端和低温端温度差后，即可用式（2-33）算得被测物体的导热系数。

金属的导热系数大，测量导热系数时可采用图2-47所示的简单测量方法。图中金属圆柱A的导热系数已知，金属圆柱B的导热系数为被测定值。将放热源和吸热源加于两圆柱的端部（如图2-47所示），并将两圆柱周围用绝热材料绝热。用一系列热电偶测出沿两金属圆柱长度方向的温度梯度。由于金属圆柱A的导热系数为已知值，所以可根据温度梯度$(T_1-T_2)/\Delta x$求出导热量q值。此导热率即等于通过金属圆柱B的导热率，所以在测定金属圆柱B的温度梯度后，即可算出金属圆柱B的导热系数值。这一测量方法曾被应用于600℃以下的金属导热系数测量试验。

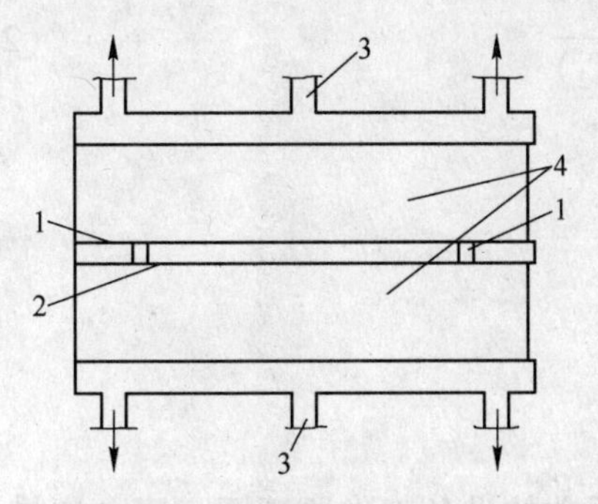

图2-46 测量非金属固体的导热系数方法

1—防止散热的加热器；2—主加热器；3—冷却剂入口；4—被测物体

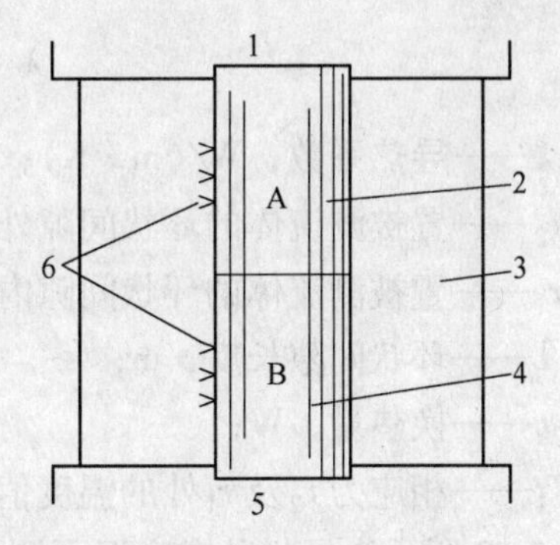

图2-47 金属导热系数测量方法

1—放热源；2—金属圆柱A；3—绝热物；4—金属圆柱B；5—吸热源；6—热电偶

测量液体导热系数比测固体导热系数复杂，还必须考虑减小液体自然对流的影响和防止液体泄漏等问题。图2-48所示为采用平板法测量液体导热系数的工作原理图。在此法中，加热平板置于试样平板上方，以减小被测液体的自然对流作用。图中，加热平板和防止散热平板均用电加热。被测液体层位于加热平板与冷却平板之间。通过测定导热率和液体两侧温度，即可算出液体导热系数。

测量液体导热系数时，液体层必须很薄以减少对流，在图2-49中液体层厚度约为0.05cm。也可用同心圆柱体法测液体导热系数。这一方法的工作原理如图2-49所示。应用此法时，被测液层也必须很薄以减少对流影响。图中内圆柱体用电阻加热器加热。圆柱体两端均有绝热层以防散热。被测液体层位于内外圆柱体交界的环状间隙中。用热电偶测出被测液体层的温差并测定导热率后，可算得液体导热系数。

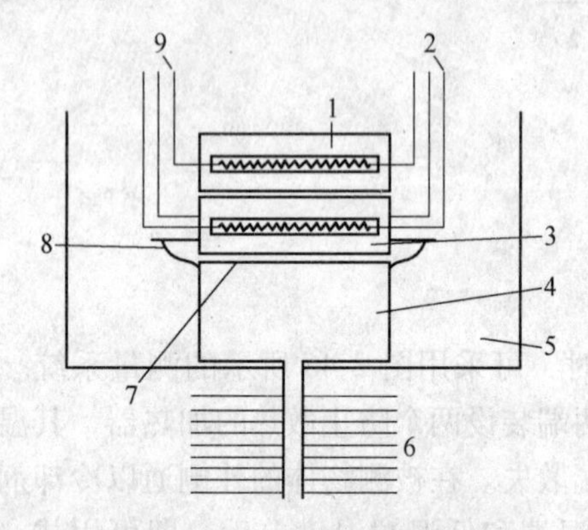

图2-48　用平板法测量液体导热系数

1—防散热的加热平板；2—热板电流及电位引线；3—热板；4—冷板；5—绝热层；6—散热器；7—被测液层；8—液体槽；9—防散热平板的引线

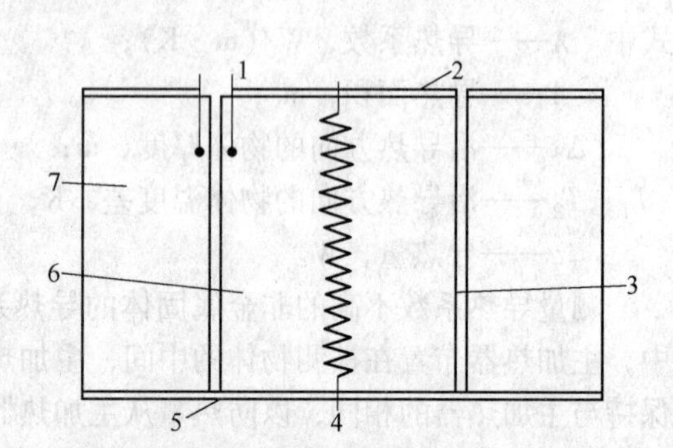

图2-49　用同心圆柱体法测量液体导热系数

1—热电偶；2，5—绝热层；3—环状被测液体层；4—内圆柱体电阻加热器；6—内圆柱体；7—外圆柱体

应用同心圆柱体法也可测定气体导热系数。曾用此法测定过水蒸气、氮气、氧气和其他气体的导热系数。测量时，内外圆柱体均用银制成，其长度为127mm，外圆柱体外直径为38mm，被测气体置于径向间隙尺寸为0.63mm的环状间隙中。当使用同心圆柱体法测量液体或气体导热系数时，可用式（2-34）计算导热系数：

$$\lambda = \frac{q\ln(r_2/r_1)}{2\pi L(T_1 - T_2)} \tag{2-34}$$

式中　λ——导热系数，W/(m·K)；

r_2——置被测流体的环状间隙外半径，m；

r_1——置被测流体的环状间隙内半径，m；

L——环状间隙长度，m；

q——换热量，W；

T_2，T_1——相应为r_2及r_1处的温度值，K。

图2-50所示为另一种在高温下测量气体导热系数的设备工作原理图。用电加热的热源内圆筒的外直径为6mm，长度为50mm，而外筒的内直径为10mm，长度为125mm，厚度为1mm。测试时气体置于内外圆筒之间的间隙中，一般测试时可保持内外圆筒的温差

为5~10℃。传热率用测量热源的输入电功率确定。装在内外圆筒上的热电偶用以测量被测气体两侧的温差。内圆筒两端置有防止散热的加热圆筒，外圆筒两端均用绝热塞头封住。

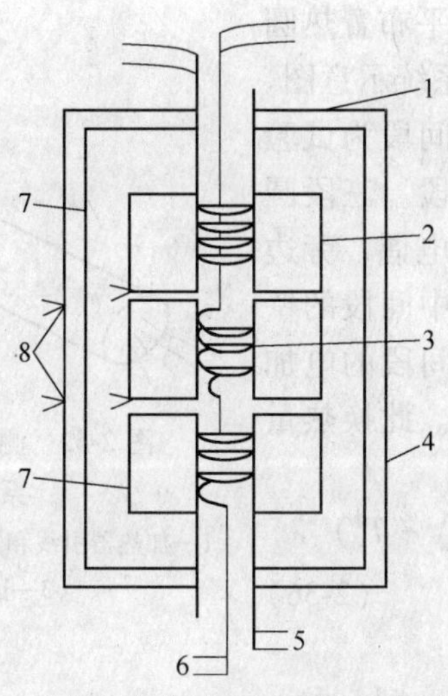

图2-50 高温下测量气体导热系数的设备工作原理图

1—塞头；2—内圆筒；3—电加热器；4—外圆筒；5—防散热加热圆筒电流引线；6—内圆筒电加热器引线；7—防散热加热圆筒；8—热电偶

2.9 对流换热系数测量仪表

对流换热系数测量设备的种类很多。这里只介绍一种强制对流换热系数的测量方法和另一种自然对流换热系数的测量方法。其他试验方法可参见有关传热学参考资料。

图2-51所示为测定光滑管中强制水流对流换热系数的试验设备系统图。图中，测试管段采用高电阻材料（如不锈钢）制成，管子采用电加热。管子壁温用焊于管子外表面的热电偶测定。测试管段的进、出口水温用温度计测定。输入管子的电功率用电流表和电压表测定。水流量由流量计测出。设水温沿测试管长度是直线增长的，则沿轴向任一断面上的壁温和水温均可算得。应用式（2-35）可算出任一断面上的对流换热系数：

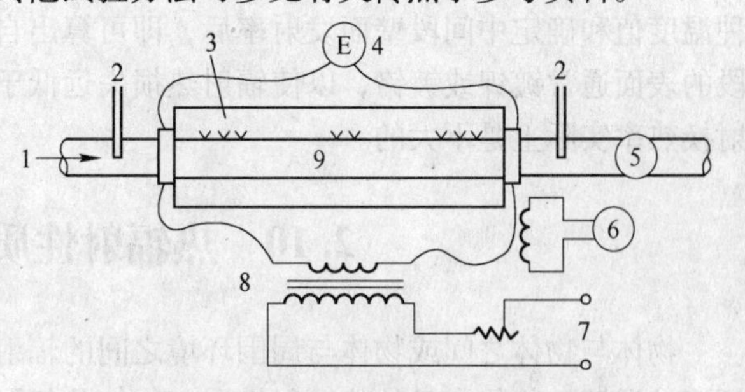

图2-51 测定强制对流换热系数的系统图

1—水；2—温度计；3—热电偶；4—电压表；5—流量计；6—电流表；7—电源；8—变压器；9—绝热层

$$q = \alpha A(T_w - T_f) \tag{2-35}$$

式中 q——管壁到水的总对流换热量，W；

A——换热面积，m^2；

T_w——管壁温度，K；

T_f——水流温度，K；

α——对流换热系数，$W/(m^2 \cdot K)$。

在式（2-35）中 q 等于量得的电流与电压的乘积，A 等于被测管段的内圆周与加热长度的乘积。

图 2-52 所示为测定一个水平布置热圆柱体的自然对流换热系数试验系统示意图。图中热圆柱体由三段组成，中间段为试验段，两端为防散热的加热圆柱段。三段圆柱段均用电加热并装有测温热电偶，旁边两段圆柱体的壁温应调整到和中间段的壁温相同。在热平衡条件下，中间段的电加热量全部传给周围空气或四壁。此换热量可按式（2-36）计算：

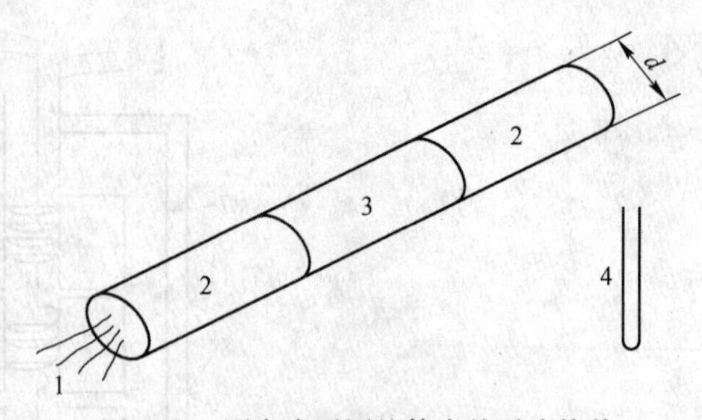

图 2-52　测定水平圆柱体自然对流换热系数试验系统示意图

1—加热器引线和热电偶引线；2—防散热加热圆柱段；3—试验段；4—空气温度计

$$q = \alpha A(T_w - T_\infty) + \sigma\varepsilon A(T_w^4 - T_s^4) \tag{2-36}$$

式中　q——总换热量，W；

α——对流换热系数，$W/(m^2 \cdot K)$；

A——换热面积，等于 πdL 的乘积，m^2；

T_w——中间段壁温，K；

T_∞——环境空气温度，K；

T_s——房间温度，K；

ε——壁面发射率；

σ——斯忒藩-玻耳兹曼常数 $W/(m^2 \cdot K^4)$。

在式（2-36）中，右面第一项为对流换热率，第二项为辐射换热率。当测得 q 值、各种温度值和确定中间段壁面发射率后，即可算出自然对流换热系数值。实际上，中间测试段的表面通常镀镍或镀铬，以使辐射热损失远低于对流热损失。因此，式（2-36）中的辐射换热率实际上是不大的。

2.10　热辐射性质测量仪表

物体与物体之间或物体与周围环境之间的辐射换热量主要与下列因素有关，即物体与环境的温度、物体本身的热辐射性质、物体几何形状以及物体在空间的相对位置。物体的热辐射性质包括发射率、吸收率、反射率和透过率。

发射率指的是物体表面发射的辐射能与同温度黑体所发射的辐射能之比。发射率中较重要的为光谱法向发射率和全波长半球向发射率。前者在应用光学高温计测表面温度时可用来确定表面真实温度，后者常用于工程辐射换热计算。光谱法向发射率可以用辐射计法进行测定，其测试系统如图 2-53 所示。由图可知，待测样品的法向辐射与样品温度相同的黑体辐射是按相同光路进入红外分光光度计的试样光路和参比光路的。为了减弱杂散辐射的影响，在光路上设置了水冷光栏。测试时，先利用分光光度计获得待测表面的发射辐射在不同波长处的单色辐射；用探测器测定其信号。然后用同样方法，对同温度的黑体的单色辐射测定其信号。再将试样加热炉从试样光路移去，测出杂散辐射的信号。然后按式(2-37)即可算出被测样品的光谱法向发射率值：

$$\varepsilon_{\lambda_n}=\frac{S_{\lambda_n}-S_{\lambda_L}}{S_{\lambda_b}-S_{\lambda_L}} \tag{2-37}$$

式中 ε_{λ_n}——光谱法向发射率；

S_{λ_n}——样品辐射输出信号；

S_{λ_L}——杂散辐射输出信号；

S_{λ_b}——黑体辐射输出信号。

对物体的全波长半球向发射率的测试方法如图2-54所示。图示的方法用于测定高温物体的全波长半球向发射率。当测量物体温度在1000~1800K范围内的发射率时，可采用对被测物体直接通电加热。在图2-54中，被测样品置于真空恒温腔内，对试样通电加热到待测温度。待试样达到稳定状态，测得加热电流值、电压值、试样表面温度和腔体内壁温度后，可按式(2-38)算得被测试样的全波长半球向发射率值：

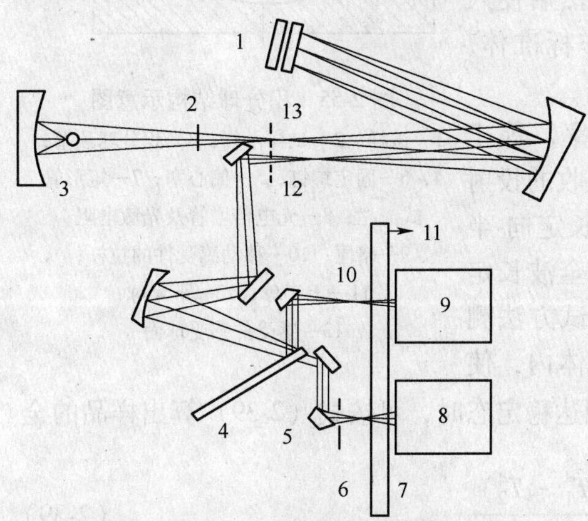

图2-53 光谱法向发射率测试系统

1—光栅；2—滤波器；3—热电偶探测器；4—调节装置；5—衰减器；6—冷却水进口；7—水冷光栏；8—试样加热炉；9—标准黑体炉；10—光楔；11—冷却水出口；12—进口狭缝；13—出口狭缝

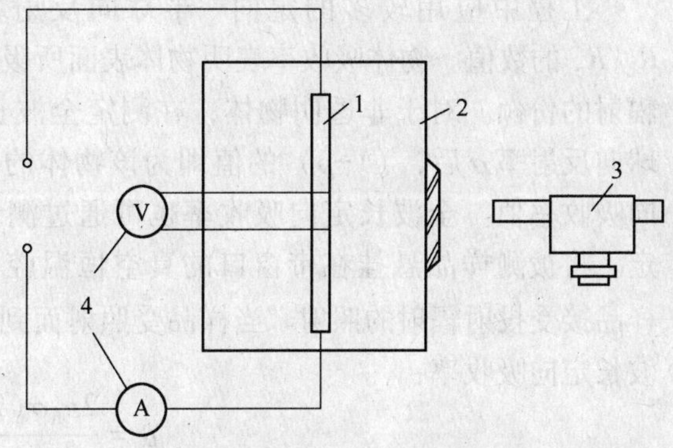

图2-54 高温全波长半球向发射率测试方法示意图

1—被测试样；2—恒温腔体；3—光学高温计；4—电流表及电压表

$$\varepsilon_b=\frac{0.86IV}{\sigma A_1(T_1^4-T_2^4)} \tag{2-38}$$

式中 ε_b——全波长半球向发射率；

I——流过试样的电流，A；

V——试样恒温段两端电压，V；

A_1——试样恒温段的表面积，m^2；

T_1——试样恒温段表面温度，K；

T_2——腔体内壁温度，K；

σ——斯忒藩-玻耳兹曼常数，$W/(m^2 \cdot K^4)$。

反射率表明表面所反射的投射辐射的份额。材料的反射率可以用积分球式反射率测定仪测定。积分球的结构示意图示于图 2-55。积分球用铝制成，内壁涂有 MgO 涂层，球腔内直径为 120mm。样品借样品吊杆吊在球腔内。样品吊杆和偏心塞相连，后者用螺钉固定在顶塞上。顶塞可绕积分球中心线自由转动。如松动固定螺钉，旋转偏心塞，可改变光束对样品的投射角。感受件光电倍增管及光敏电阻装在暗匣内以防外界干扰。感受件因受矩形管式光栏的限制，其感受面积只限于后半球下部的一小部分面积。测试时，将被测材料的样品置于球腔内，入射光束进入积分球后投射在样品上，经样品反射后的光束在积分球中经过多次反射，使球壁产生一个强弱与试样反射率成比例的发光密度。此发光密度值 R_b 由感受件测定。然后使入射光束再投射在标准体上，一般采用球壁作标准体，由此可由感受件测得另一发光密度值 R_c。

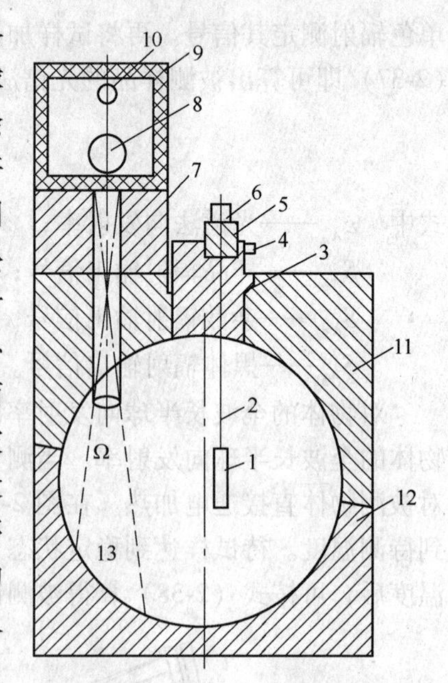

图 2-55　积分球结构示意图

1—试样；2—试样吊杆；3—积分球顶塞；4，6—固定螺钉；5—偏心塞；7—矩形管式光栏；8—光电倍增管及光敏电阻；9—暗匣；10—移动感受件的拉杆；11—上半球；12—下半球；13—感受件感受球面

工程中应用较多的定向一半球向反射率，等于 R_b/R_c 的数值。物体吸收率表明物体表面所吸收的投射辐射的份额。对于非透明物体，在测定全波长定向-半球向反射率 ρ 后，$(1-\rho)$ 的值即为该物体的全波长定向吸收率值。全波长定向吸收率也可通过测试方法测定。将被测样品悬挂在带窗口的真空恒温腔体内，使样品接受投射辐射的照射。当样品受照射而到达稳定态时，可按式（2-39）算出样品的全波长定向吸收率：

$$\alpha = \frac{2\varepsilon_h \sigma (T_1^4 - T_2^4)}{W} \tag{2-39}$$

式中　ε_h——样品的全波长半球向发射率；

σ——斯忒藩-玻耳兹曼常数，$W/(m^2 \cdot K^4)$；

T_1——样品表面温度，K；

T_2——腔体内壁温度，K；

W——辐照密度，W/m^2。

辐照密度值可用辐射热流计直接测定。透过率表明透过半透明体的投射辐射的份额。由于物体的反射率、吸收率和透过率之和等于 1，因而当测得物体的反射率和吸收率后即可算出物体的透过率。透过率也可采用前述的积分球测量系统测定。

2.11　黏度测定仪表

流体黏度分为动力黏度和运动黏度。动力黏度的测定是十分困难的。因为测定时要先使流体在细管中流动，并测出流体流动时在管壁上的切应力和流动剪切率，最后经对各种影响因素修正后，再用牛顿内摩擦定律算出动力黏度。

常见的水和空气运动黏度可直接查表。对于无表可查者，可进行测试。

由于流体的动力黏度不易测得，所以流体黏度常用各种特定的黏度计在规定条件下测得。用黏度计测得的流体黏度称为条件黏度。

2.11.1 细管型黏度计

这种黏度计的本体是一U形管。其右侧由两个容积为3~6立方厘米的测定泡和一根直径为0.2~3mm，长7~10mm的细管构成。其左侧由试料泡和直管组成（一种型号的黏度计常备有多支内径不同的细管以供测定不同黏度范围的液体使用）。

（1）工作原理。将一定体积的被测液体吸入或注入黏度计右侧的测定泡中，测定被测液体从标记1流到标记2时所需的时间，然后将已知黏度的参考液体在相同条件下测定其流过的时间，最后按式（2-40）确定被测液体的动力黏度值。

$$\mu = \mu_0 \frac{\rho\tau}{\rho_0\tau_0} \tag{2-40}$$

式中 μ，μ_0——分别为被测液体和参考液体的动力黏度，Pa·s；

ρ，ρ_0——分别为被测液体和参考液体的密度，kg/m^3；

τ，τ_0——分别为被测液体和参考液体的流过时间，s。

（2）测量范围：自重出流时动力黏度为0.001~100Pa·s，加压出流时动力黏度为$1 \sim 10^7$Pa·s。

（3）测量精度，一般为1%~2%。

（4）仪表特点。价廉，精度高，但清洗困难。

2.11.2 恩格勒黏度计

恩格勒黏度计的试料容器内直径为10.6cm，标针尖以下的圆筒部分高度为2.5cm，标针尖到短管出口高度为5.2cm，短管管长2cm，其上端内直径为0.29cm，下端内直径为0.28cm。

（1）工作原理。测量时，在温度控制点20、50、60、80和100℃上，容器内外温差应保持在0.5℃以内，将短管出口用木塞堵住。根据可调标针位置，往容器中注入$200cm^3$试料。拔出木塞并记录试料全部流出短管所需的时间。将测得的时间除以20℃的$200cm^3$蒸馏水流出时间，所得值即为表示试料黏度的恩格勒度的数值。蒸馏水流出的时间需在50~52s之间。

（2）测量范围：0.2~5Pa·s，广泛用于现场测量。

（3）测量精度，一般为2%~5%。

（4）仪表特点。价廉，精度较低。

2.12 大气参数测定仪表

在节能监测中，大气参数测定主要包括大气湿度、大气压力、风速和大气温度等。

2.12.1 湿度测定仪表

干湿球温度计用以测定气体中的湿度。它由两个液体温度计组成，一个为干式温度计，另一个在温度计温泡上覆盖一层用蒸馏水润湿的纱布（称为湿式温度计），湿式温度计纱布的一端放在一小容器中以借助容器的水不断得到润湿。

（1）工作原理。当被测气体同时冲刷这两个温度计时，干式温度计即显示被测气体温度值。湿式温度计由于纱布水分蒸发之故，所示温度值略低于被测气体温度值。被测气体的湿度愈小，则干湿两个温度计的显示值相差愈大。

测量空气和烟气时均可采用抽气式和非抽气式。当读得干湿球温度计上两个温度读数后，即可查表得气体的相对湿度。

（2）测量范围，一般在0%~100%。

（3）仪表特点。结构简单，价廉。

2.12.2 风向与风速的测定

测定风向与风速常用轻便三杯风向风速仪（如DEM6型），该仪器可用于测量风向和1分钟内的平均风速（测量范围为0~30m/s）。

（1）轻便三杯风向风速仪的基本结构和工作原理。风向风速仪由风向仪、风速表和手柄三部分组成。其工作原理是：风向仪借小套管将空心套管由上拉下时，方向盘落在方向顶上，方向盘周围有方位刻度和度数，内装有磁棒。当方向盘在顶针上稳定下来时，从箭头方向看去，指针指的方位即为所测风向。

利用风速表的感应元件（旋杯）的转速与风速的固定关系，从而测出1分钟内的平均风速（直接从表上读取数值）。

（2）测量方法：

1）先将仪器组装好并安置（或手持着）在四周开阔无高大障碍物的地方，安置高度以便于观测为限，保持仪器直立。

2）将小套管拉下并右转一角度，此时方向盘就可按地磁子午线的方向稳定下来，读出风向指针与方向盘所对应的读数即风向，如指针摆动可读其中值。

3）用手指压下启动杆（此时风速指针回到零），放开启动杆后，红色小指针（时间指针）和风速指针就开始走动。经30s后，指针停止转动，测量完成，风速指针所指示的读数即为风速，此时风速为指示风速。再从风速曲线图（由厂方或计量校准部门测校后确定）中查出实际风速值即为所测的平均风速（实际风速）。

4）如欲进行下一次测定时，只要再压下启动杆即可。

5）当测定完毕后，将小套管向左转一角度，使其恢复原来的位置，以固定方向盘，小心地将风向仪和风速仪按要求放入仪器盒内。

2.12.3 大气压力的测定

常用于测定大气压的仪器为空盒气压计。

空盒气压计又名无液大气压力计。它是由一个半真空并具有弹性的薄金属膜制成的圆形盒构成的。当大气压力降低时，空盒相对膨胀；大气压增加时，空盒就收缩。这种空盒的变形，影响与其相连的杠杆系统和齿轮等传动装置，传递到可沿刻度盘转动的指针，指针所指的刻度即为测量的大气压力值。

仪器工作时必须水平放置，防止由于任意方向倾斜而造成的仪器读数误差。

进行气压和温度读数时，应注意下列事项。

（1）为了消除传动机构中的摩擦，在读数时轻敲仪器外壳或玻璃。

（2）读数时观测者视线必须与刻度盘平面垂直。

（3）气压和温度的读数必须精确到小数点第一位。

思 考 题

2-1 国际上常用的温标有哪些？我国法定使用的温标有哪些？它们有何联系？

2-2 快速微型热电偶的结构特点有哪些？主要用在什么情况下的测温？

2-3 铠装热电偶和抽气热电偶在结构上有何区别？它们主要有什么用途？

2-4 红外温度计与全辐射温度计在测温原理上有什么不同，测温时应注意什么？

2-5 常用温度仪表的选用原则有哪些？

2-6 常用的压力（差）测量仪表有哪些？

2-7 常用的弹性元件压力仪表有哪些？它们的测量范围分别是多少？

2-8 压力（差）仪表一般选用的原则有哪些？

2-9 绘制出皮托管的简易结构示意图。

2-10 热线风速仪和热球风速仪的测速原理是什么？它们有何区别？

2-11 孔板、喷嘴和文丘里管在结构上有何区别？它们主要用在什么场合？

2-12 超声波流量计测量流量的方法主要有哪些？测量的原理是什么？

2-13 如何正确使用超声波流量计？

2-14 特种工况流量测量主要有哪些？它们分别采用哪些主要方法？

2-15 常用的流速测量仪表主要有哪些？

2-16 流速测量仪表的选择方法主要有哪些？

2-17 烟气成分分析仪器主要有哪些？奥氏气体分析器的工作原理是什么？

2-18 简述气相色谱仪的工作原理。

2-19 简述氧化锆测氧仪的工作原理。

2-20 电能参数的主要测量仪器（表）有哪些？它们在选用上有什么要求？

2-21 常用的液体黏度测定仪表有哪些？它们的工作原理是什么？

2-22 目前较成熟的测温仪表有哪几种？它们的测温范围各是多少？

2-23 常用的标准化热电偶有哪几种？写出它们的分度号和测温范围。

2-24 对热电偶的参比端温度进行补偿，补偿的方法有哪些？常用的热电阻有哪几种？写出它们的分度号、初始值及测温范围。

2-25 工业用热电阻常用几线制测量线路？其目的是什么？

2-26 什么叫流量？有哪几种表示方法？相互之间的关系是什么？

2-27 在火电厂中，常用的水位测量仪表有哪几种？各种水位计有哪些区别？

2-28 锅炉汽包水位测量为什么要进行压力校正？以单室平衡容器为例分析压差式水位计受汽包压力的影响情况，并设计一个汽包压力自动校正系统。

2-29 在火电厂中锅炉烟气成分分析的目的是什么？为什么用烟气中氧的含量来判断锅炉空气过剩系数的大小？

2-30 锅炉烟气成分分析的取样点应设置在什么地方？怎样才能取得具有代表性的气样？

2-31 氧化锆氧量计的工作原理是什么？使用时必须满足哪些条件？目前常用的测量系统是怎样组成的？各系统的特点是什么？

2-32 举例说明热工设备体系气体压力的测定，需要在哪些部位进行，测定管道内气体压力时，应注意什么问题？

2-33 概述高温温度计的测量原理和使用方法。

2-34 烟气成分分析，一般选用什么气体分析仪？

3 节能监测主要参数的测定方法

节能监测涉及诸多参数的测量，其中主要是电工和热工参数，电工参数，如电压、电流、功率因素、有功功率、无功功率等；热工参数，如温度、压力、真空度、压差、流速、流量、热量、热流、物位等。

测量的主要内容包括：设计组成测量系统；按要求选择成套仪表；设计监控盘台；安装测量元件及仪表，调试测量系统并使之对测量元件、仪表及系统进行校正、维修和改进等。

测试点的布局，通常是按照测试目的和要求，在确定测量项目或测量参数的基础上，根据工艺物料流向拟定。测试点的布局也和被测设备体系的控制条件分不开。在线测量，需要注意的是取样口是否妥当，传感器的接口能否与工控计算机连接上；而离线测量更要注意取样分析的代表性，注意日常设备运转是否已具备获取各被测参数的条件，必要时需临时添加测试仪表或设备。

为了知道某一量的大小，对此量至少要进行一次测量。因此，一次测量又叫做必需的测量。在一般要求不高的场合，常常对一个被测量或一组被测量（在间接测量中）进行一次测量。一次测量不能反映测量结果的准确度。多次测量是用测量仪表对一个被测量或一组被测量进行多次测量的过程。在多次测量中，只有一次是必要的，其余的测量都是多余的，所以叫多余测量。但是，依靠多余测量可以观察测量结果一致性的好坏，可以反映出测量结果的准确度。在要求高的精密测量中一般均进行多次测量。

保持测量条件不变（诸如：观测者细心程度，使用的仪器、测量方法，周围的环境等）时，对同一被测量或一组被测量进行多次测量，其中每一次都具有同样的可取性，即每一次测量结果的准确度都是相等的，这样的测量叫等准确度测量。一般测量中都要进行多次测量，大多数可被认为是等准确度测量。如果在每一次测量时，测量条件不同，显然其测量结果的可靠性会受到影响。

为了实现一定的测量目的，将测量设备按一定方式进行组合的系统称为测量系统（也称检测系统）。由于测量原理不同，测量准确度的要求不同，测量系统的构成会有很大的差别。

3.1 耗电设备主要电工参数的测定

3.1.1 主要电能参数概述

在电工测量中，电流和电压是两个基本的被测量，这不仅是因为测量它们本身很重要，而且许多非电量（如温度）也都是转换成电流或电压后才进行测量的。测量电流和电压大多采用直读式指示仪表，这种仪表的各项技术性能均能满足一般工程需要。测量时，电流表应与被测电路串联，电压表应与被测电路并联。由于电流表的内阻不等于零，电压表的内阻不等于无限大，所以当它们接入电路时，会对电路的工作状态产生影响，从而造成测量误差。电流表的内阻越小，或电压表的内阻越大，对被测电路的影响就越小，测量误差也就越小。

磁电系、电磁系和电动系测量机构都能用于电流表和电压表。直流电流表和直流电压表主要采用磁电系测量机构，交流电流表和交流电压表多采用电磁系测量机构，直、交流标准表则多采用电动系测量机构。开关板式电流表的量限不超过100A，电压表则不超过600V。经互感器连接的电表的量限是有规定的，电流表的量限为5A，电压表的量限为100V，但仪表的标尺则以互感器一次侧的电流或电压来刻度。测量电流也可以用间接测量法，如通过测量电阻两端的电压再经计算而求得电流。

电流表分为检验微小电流的检流计和测量较大电流的毫安表、安培表等。

磁电系测量机构不仅可以构成电流表，还可以构成电压表。用磁电系测量机构直接做成的电压表，由于测量机构本身允许通过的电流很小，两端所能承受的电压也就很小，所以这种电压表能测量的电压很低，只有几十毫伏，只能作为小量程的毫伏表。同时，由于测量机构的动圈、游丝等导流部分的电阻随温度变化，也会导致很大的温度误差。

采用附加电阻和磁电系测量机构串联的方法，不仅可以测量较高电压，还能构成串联温度补偿电路。

功率表，又称瓦特表，用W表示。功率表是测量某一时刻（瞬间）发电设备、供电设备、用电设备所发出、传送、消耗的电能（即功率）的指示仪表。功率表又分单相功率表和三相功率表。

电能表是用来测量某一段时间内发电机发出电能或负载消耗电能的仪表。电能表在电工仪表中是生产和使用数量最多的一种，凡是用电的地方几乎都有电能表。它是工农业生产及日常生活不可缺少的一种仪表。

电能表与功率表不同的地方是，它不仅能间接反映出功率大小，而且能够反映出电能随时间增长积累的总和。这决定了电能表需要有不同于其他仪表的特殊结构，即它的指示器不能像其他指示仪表一样停在某一位置，而应当随电能的不断增长而不断转动，随时反映出电能积累的总数值。所以电能都装有“积算机构”。通过计数器将电能的数值指示出来，因此，这种类型的仪表又叫“积算仪表”。

电能表可分为直流式和交流式，电力系统中广泛采用的是交流电能表。电能表按准确等级分类可分为普通电能表和专用电能表。普通电能表有3.0级、2.0级、1.0级、0.5级和0.2级；标准电能表包括0.5级、0.2级、0.1级、0.05级、0.02级和0.01级。

频率表是用来测量电路频率的仪表。相位表是测量电路中两个交变量之间相位的仪表，而功率因数表是测量交流电路中某一时刻功率因数高低的仪表，它实质上和相位表是同一种仪表，区别在于相位表的标度尺是按相位角进行分度的，而功率因数表的标度尺是按相位角的余弦值进行分度的。频率表、相位表和功率因数表的结构类型有多种，如电动式、铁磁电动式、电磁式、整流式以及数字式等。

在工农业生产中，所使用的电都是工频（我国为50Hz）交流电。

万用表又叫万能表，是一种多用途、多量程的仪表，可以测量直流电压、交流电压、直流电阻和音频电平等，有的万用表还可进行交流电流、电容、电感以及晶体管参数的简易测试等工作。常用的万用表有电子型和电工型两类。电工型万用表的工作原理基本相同，即都是采用磁电系测量机构做表头，配合一个或两个转换开关和测量电路以实现不同功能和不同量程的转换。数字式万用表是一种多功能仪表。它不仅能测量直流电流、直流电压，而且还能测量交流电压、交流电流、电阻等；带上微处理机和接口后，还能对被测数据进行存储和处理，还可用于自动测试系统。不过，数字式万用表的基础仍是直流数字电压表。

3.1.2 主要电工参数的测量方法

（1）充分利用所测电路系统中的在线监测和控制仪表。对绝大多数电路系统中的电流、电压、有功功率、无功功率、频率、功率因素等参数的测量，在节能监测时，应尽可能优先选用电路系统中已有的相关电能测试仪表来获得相关电工参数值，只是在使用相关电能测试仪表前，应首先确认相关电能测试仪表经过计量检定，检定合格且在检定周期内。

（2）临时接入电能参数单项测试仪表。如果被测定电路系统中没有安装符合要求的电工参数测定仪表，则应临时接入电流表、电压表、有功功率表、无功功率表、频率表、功率因素表等单项测试仪表，以测定相关电能单项参数。如果有电能综合测试仪，也可直接在电路中接入电能综合测试仪，全面测定电流、电压、有功功率、无功功率、频率、功率因素等参数。

（3）电能参数的测定次数。针对不同的耗电设备，除按照国家、行业和地方颁发的相关要求测定相应的次数外，对波动较大的参数，原则上应适当增加测定次数，以减小测定误差。

3.2 流体流量的测定

3.2.1 气体流量的测定

管内的气体流量可用皮托管配微压计，或者用热球微风速仪、热线风速仪、转杯风速仪等仪器来测定。

（1）测试孔和测试截面的选取。在测定气体流速时，为了取得有代表性的测试结果，应尽可能将测定截面选在气流平稳的直管段中，距弯头、阀门和其他变径管段上游方向大于6倍直径和在其下游方向大于3倍直径处，最少也不应少于管道直径的1.5倍。另外，还要考虑操作地点方便、安全，必要时应安装工作平台。

在选定的测定位置应开设测试孔，测试孔的内径应不大于80mm，测试孔的管长应不大于50mm，不使用时应用盖板、管堵或管帽封闭。当测试孔仅用于采集气态污染物时，其内径应不大于40mm。由于气流速度在管道断面上的分布不均匀，因此必须在同一断面上进行多点测量，再求出该断面平均流速。

（2）测点位置确定。对测试截面为圆截面、矩形截面等不同的截面，其测点位置有不同的确定方法。

1）圆形截面。如果测试截面为圆截面，则应采用圆形截面法，即将圆形截面划分成几个等面积的同心圆环，测点选择在管道水平轴、垂直轴与圆环的交点上，如图 3-1 所示。各测点的半径为：

$$r_i = R\sqrt{\frac{2i-1}{n}} \tag{3-1}$$

式中 r_i——第 i 个测点的半径，mm；

R——管道半径，mm；

i——由圆心算起的同心环序数；

n——等面积圆环数。管道圆环数 n 的选择见表 3-1。

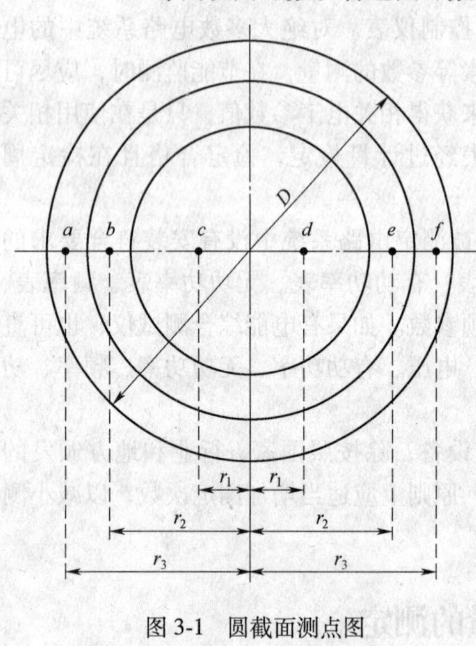

图 3-1 圆截面测点图

表 3-1 管道圆环数 n 的选择表

管道直径/mm	等面积圆环数 n	测定直径数	测点总数
300	3	1	6
400	4	1	8
600	5	2	20
800	6	2	24
1000	7	2	28
1200	8	2	32
1400	9	2	36
1600	10	2	40
1800	11	2	44
2000	12	2	48

2）矩形截面。矩形截面测点主要采用小矩形对角线法，即将矩形截面用水平线和垂直线分隔成若干个面积相等的小矩形，每个小矩形对角线的交叉点就是测点，如图 3-2 所示。分隔的小矩形数与矩形边长有关，矩形截面测点排数见表 3-2。

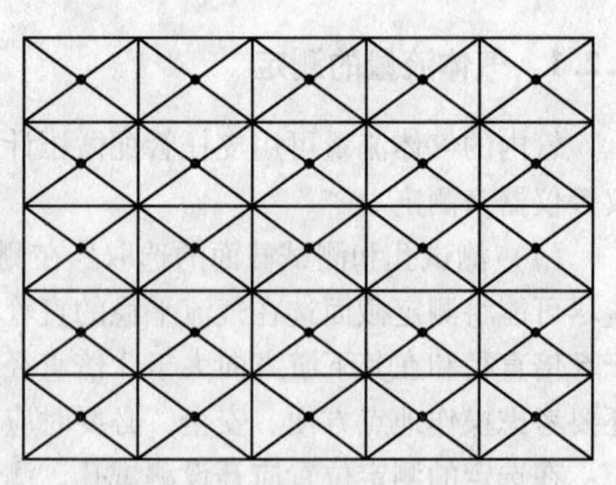

图 3-2 矩形截面测点示意图

使用各种风速仪测定时，可直接读出各测点速度数值。

使用皮托管测速时，可用式（3-2）计算流体的速度，即：

$$v_i = \sqrt{\frac{2\Delta P_i}{\rho}} \tag{3-2}$$

式中 v_i——第 i 测点的气流速度，m/s；

ΔP_i——第 i 测点测得的动压，Pa；

ρ——气体的密度，kg/m^3。

表 3-2 矩形截面测点排数表

矩形边长/mm	≤500	500~1000	1000~1500	1500~2000	2000~2500	>2500
测点排数	3	4	5	6	7	8

（3）气体流量的计算。采用速度场法测定管道气体流量时，可用式（3-3）计算所测截面的流量，即：

$$V = A\bar{v} \tag{3-3}$$

式中 V——气体流量，m^3/s；

A——测定截面的面积，m^2；

$\bar{v}$——测定截面的平均流速，m/s。

（4）气体流量测定与计算的步骤。测定与计算的步骤一般为：

1）测定截面位置及测定截面内测点位置与数量，均应依据气体管道的截面形状、尺寸按规定要求确定。

2）测定截面的平均静压、平均总压可按测定值的算术平均值计算。当所测各测点的动压值相差不大时，平均动压按测定值的算术平均值计算。如果各测点的动压值相差较大，则平均动压值须按均方根平均值计算。

3）气体流量由测定截面面积与流经该截面上的平均气流速度乘积求得。

3.2.2 液体流量的测定

液体泵的流量是随着扬程的变化而变化的，如果液体泵的转速不变，扬程越高，流量越小；扬程越低，流量越大。以 8Sh-13 型离心泵为例，其固定转速为 2950r/min，铭牌上的扬程是 43m，铭牌上的流量为 80L/s；当实际扬程为 35m 时，流量可达 95L/s；而实际扬程为 48m 时，流量只有 60L/s。可见，输送液体的泵尤其是二级泵站的液体泵，其扬程是经常变化的，所以只有考虑了泵的实际扬程变化，才能掌握不同时间的液体流量。

（1）使用管道中已安装的流量仪表测定流量。对管道中已安装有流量测量仪表的液体管道，在节能监测时应尽可能优先选用已有的相关流量仪表，来测量液体的流量。只是在使用相关流量仪表前，应首先确认相关流量仪表经过计量检定，检定合格且在检定周期内。

（2）使用超声波流量计临时测定流量。对于没有安装流量仪表的管道，在测定方便、安全的情况下，可找到尽可能长的直管段，然后用砂轮或砂纸将管道表面的污垢清除，再按超声波流量计的使用要求，安装好超声波流量计的换能头，正确操作超声波流量计，即可测定出管道中液体的流量。

（3）用堰的方法测量液体流量。对于有的液体流量的测量，如果有条件采用堰箱形式时，则可以用堰上水位按堰流公式计算，具体可用直角三角堰公式或矩形堰公式计算。

（4）编制液体泵流量表。用编制液体泵流量表的方法来推算液体泵的流量，就是在泵进口和出口装上真空表与压力表，利用真空表与压力表的读数，根据事先编制的液体泵流量表，查得泵每小时的液体流量，这样可以比较准确地推算出各个泵站每天的流量。其编制泵流量表的方法、步骤为：

1）估计液体泵总扬程。

2）计算并画出 Q-H 对应数值表。利用泵特性曲线（Q-H 曲线），选择几个扬程、流量比较准确的点，利用插入法原理，用相邻两点扬程的差去除流量的差，即得到该两点之间扬程每上升某一高度，流量则减少一定的数量，由此算得各种扬程下的流量。按扬程的大小顺序及对应的流量排列成表。同时，把各流量下测压点处的流速、流速水头及两测压点的流速水头差，也一一计算出来。

3）计算总扬程。泵进、出口测压点的流速水头和流速水头差，在不同扬程和流量下，有不同的固定值。同时，两测压表的安装高度对特定的泵来说是不变的。因此，只要把泵进口的真空表（或压力表）和出口的压力表可能出现的各种读数下的总扬程一一计算出来，即能得出在一定的真空度及出口表压力下的总扬程。

4）编制泵流量表。根据一定的真空度和出口表压力下的扬程，就可查出对应的流量，编成“液体泵流量表”。在泵运转期间，只要根据两测压点的读数，就可从表中直接查得泵的流量。

5）真空表与压力表的安装要求。为了使液体的流速和压力稳定，测压点的安装要求如下：

①测压点最好在距泵进口或出口为管径 2 倍、液体的流速呈直线方向的直管上。

②直管的长度不小于管径的 4 倍。直管的内壁应涂油漆或沥青以保持光滑。

③测压孔的内径为 3~16mm，应保证孔口与孔壁光滑，孔壁必须与管壁垂直。引压管的端面应齐平光滑，不得带有毛刺。

④如果出口压力波动太大，引压管应做成 U 形或盘香形，起缓冲作用，以消除压力指针的摆动。引压管上应装切断阀门，以备检修仪表时使用。

⑤真空表必须安装在吸液池最高水位以上，测量时真空表的引压管内应充满气体，不得残留水。而压力表引压管内应充满水，不得存有空气，否则会造成很大的误差。

3.3　炉窑烟气主要参数的测定

在节能监测中，炉窑烟气参数测定十分常见，炉窑烟气的主要测定参数有烟气温度、烟气湿度、烟气含尘量和烟气成分等。

3.3.1　烟气温度测量

对于大多数在 400℃以上的烟气温度，一般选用镍铬-镍硅铠装热电偶，它不仅测温快且可弯曲；当烟气温度低于 400℃时，为提高测试精度，可选用热电阻温度计或是相应量程的水银玻璃温度计。测量温度时一般采用以下步骤：

（1）接好仪器电源线，选择好适当的测孔位置；

（2）将温度传感器探头置于管道中心，并将开关置于“开”的位置；

（3）待温度显示器显示值稳定后，即可读数；

（4）测温结束后，将仪器开关关闭。

3.3.2　烟气湿度测量

（1）称重法。称重法是抽取一定体积的烟气使之通过装有吸湿剂的吸收管，使烟气中的水分全部被吸收，根据吸收管的增量来确定烟气的含湿量。常用的吸湿剂有无水氯化钙、硅胶等。其测量装置如图3-3所示，采样管的进口装有尘粒过滤器，并加有保温或加热装置以防水汽冷凝。其步骤为：

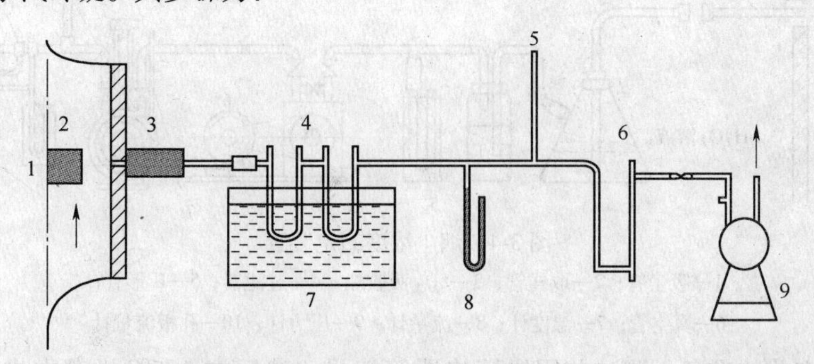

图3-3 重量法测定烟气含湿量装置示意图

1—烟道；2—过滤器；3—加热器；4—吸湿管；5—温度计；6—转子流量计；7—冷却器；8—压力计；9—抽气泵

1）检查系统是否漏气；

2）将采样管插入管道的采样点，停置几分钟，使管路温度达到平衡；

3）打开吸湿管阀门，并开始抽气（抽气时间由烟气含湿量决定，一般应使吸湿管增量不低于10mg）；

4）采样后，关闭吸湿管阀门；

5）记录采样温度、压力、流量和采样时间；

6）取下吸湿管，擦干外壁，称重；

7）按式（3-4）计算出烟气含湿量。

$$\varphi = \frac{1.24m}{\frac{273(P_a + P_r)}{101325(273 + t_r)}V_d + 1.24m} \times 100\% \tag{3-4}$$

式中 φ——烟气含湿量，%；

m——吸湿管吸湿质量，g；

V_d——测量条件下抽取干烟气的体积，L；

t_r——流量计前抽气温度，℃；

P_a——现场大气压力，Pa；

P_r——流量计前压力计指示压力，Pa。

（2）仪器法。测湿原理是通过环境湿度的变化引起传感器的特性变化，产生的电信号经过处理后，直接显示烟气的湿度。选用Testo454型VAC系统测量仪等测量仪表测量湿度时，按相关仪表正确操作方法操作即可。使用方法见相关仪器使用说明书。

3.3.3 烟气含尘浓度的测定

测定烟气中的飞灰、粉尘浓度，一般采用过滤称量法，其基本原理是：从含尘烟气管道中抽取一定量的含尘气体，用滤筒将气体中的粉尘分离，根据滤筒收集的粉尘质量和抽取气体的体积，计算出气体含尘浓度，如图 3-4 所示，其测定方法和步骤为：

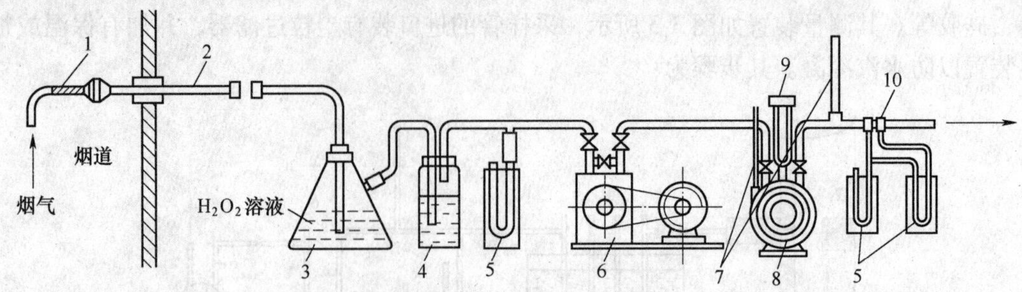

图 3-4 烟尘浓度测定装置

1—吸尘管；2—取样管；3—SO_2 吸收瓶；4—过滤器；5—U 形管；

6—真空管；7—温度计；8—流量计；9—压力计；10—孔板流量计

(1) 测定前的准备。测试前用铅笔将滤筒编号，然后在 105℃ 烘箱中烘 2h，取出后置于干燥器中冷却至室温，用测量 0.1mg 的天平称重并记录后，放入专用容器中保存备用。其次，向干燥瓶中加入约 3/4 体积的变色硅胶。

(2) 采样位置和测点的选择。在水平烟道中由于烟尘的重力沉降作用，较大的尘粒有偏离流线向下运动的趋势，而在垂直烟道中尘粒分布均匀，因此优先考虑在垂直管段上采样。测点选择同气体流量测量的测点选择。

(3) 烟气温度、湿度的测定。烟气温度、湿度测定可以采用前述方法测定，也可用 WJ-60B 型皮托管平行全自动烟尘采样器自动检测，分别接上温度传感器和含湿量传感器，仪器将自动监测烟气温度、湿度，并记录。

(4) 采样嘴的选择。为了达到等速采样的要求，要选择适当的采样嘴。一般根据仪器操作说明进行测定，仪器将自动根据动压值计算流速和采样嘴直径，根据测定结果选择相应的采样嘴。

(5) 烟尘采样。把已经烘干、冷却、称重、编号的滤筒用镊子小心装在采样枪的采样头内，再把选好的采样嘴装到采样头上。其次根据仪器烟尘采样操作方法进行采样。

(6) 烟尘浓度计算。采样结束后，将采样后的滤筒放入 105℃ 烘箱中烘 1h，取出置于干燥器中冷却至室温，用测量 0.1mg 的天平称重并记录，计算滤筒采样前后的重量差，即为粉尘样品重，将粉尘样品的质量输入对应的采样记录中，仪器将自动计算粉尘的含尘浓度。

3.3.4 烟气成分的测定

根据不同的测定对象，将球胆和取样管连接，用烟气冲洗球胆 2~3 次，然后取气进行分析。

取样管用内径为 6~8mm 的钢管或铜管制成，取样球胆的集气量一般为 500~1000mL。

烟气成分分析仪一般采用奥氏气体分析器，它用几种不同的药品配成不同的几种溶液，用来吸收几种不同的烟气气体，根据吸收的多少，就可得到各烟气成分。

一般测定 CO_2、CO 和 O_2，由此可求得燃烧比等主要节能监测参数。如前所述，一般 CO_2 用苛性钾溶液来吸收，1mL 吸收液可吸收 40mL 的 CO_2。CO 用氯化亚铜氨溶液吸收。O_2 用焦性没食子酸苛性钾溶液来吸收，通常 1mL 吸收液可吸收 8~12mL 氧。此外，烟气中 O_2 含量也可用氧化锆测氧仪测量。国产气体分析仪有 QF 型等，如 QF1901（三管）、QF1902（四管）、QF1904（六管）等。

3.4 炉窑热平衡的测定与计算

炉窑热平衡是评价炉窑运行好坏的重要方法，它是设计、运行炉窑不可缺少的依据，也是炉窑节能监测中的重要监测项目之一。通过炉窑热平衡的计算和编制，可比较精确地计算出炉窑的燃料或电能的消耗量，了解热支出的分配情况，以便采取措施减少燃料或电能的消耗。

对连续作业的炉窑，一般按单位时间来进行热平衡计算，对周期作业的炉窑，则按一个操作周期进行热平衡计算，也可以单位质量物料为基础来计算，只是单位不同，计算方法则完全一样。在进行炉窑热平衡数据的整理过程中，首先要确定计算基准，主要是基准温度和燃料发热量的取值问题。在我国，基准温度通常采用环境温度 20℃（即 20℃卡系），燃料的发热量取收到基低位发热量，热功单位换算系数取 4.1816；但也允许采用其他温度，如 0℃（热力学卡系），但与之对应的是燃料的发热量应取收到基高位发热量，且热功单位换算系数取 4.1868。

3.4.1 热收入计算

（1）燃料燃烧供热或电能转变的热 Q_1(kJ/h)：

1）对于燃料炉，由燃料燃烧供入的热为

$$Q_1 = BQ_{DW} \tag{3-5a}$$

式中 B——单位时间燃料消耗量，kg/h 或 m^3/h；

Q_{DW}——燃料的收到基低位发热量，kJ/kg（B 的单位为 kg/h）或 kJ/m^3（B 的单位为 m^3/h）。

2）对于电炉，由电能转变的热能为

$$Q_1 = 3600P \tag{3-5b}$$

式中 P——炉窑的电功率，kW。

（2）物料放热反应放出的热 Q_2(kJ/h)：

硫化物氧化、金属氧化及造渣等反应放出的热量

$$Q_2 = Gq \tag{3-6}$$

式中 G——每小时处理的物料量，kg/h；

q——单位物料反应放出热，kJ/kg。

（3）物料带入的物理热 Q_3(kJ/h)：

$$Q_3 = G(C_1 t_1 - C_{w0} t_0) \tag{3-7}$$

式中 t_1——物料入炉温度，℃；

C_1——入炉物料 t_1 下的平均比热容，kJ/(kg·℃)；

C_{w0}——入炉物料 20℃下的平均比热容，kJ/(kg·℃)；

t_0——环境温度，即 20℃。

（4）预热燃料带入的热 Q_4(kJ/h)：

$$Q_4 = B(C_f t_f - C_{f0} t_0) \tag{3-8}$$

式中　C_f——燃料的平均比热容，kJ/(kg·℃) 或 kJ/(m^3·℃)；

t_f——燃料入炉温度,℃

C_{f0}——燃料20℃下的平均比热容，kJ/(kg·℃) 或 kJ/(m^3·℃)。

（5）预热空气带入的热 Q_5(kJ/h)：

$$Q_5 = BV_0(C_a t_a - C_{a0} t_0) \tag{3-9}$$

式中　V_0——燃料燃烧的实际空气消耗量，m^3/m^3或m^3/kg；

C_a——入炉空气温度下的平均定压比热容，kJ/(m^3·℃)；

t_a——预热空气的入炉温度,℃

C_{a0}——空气20℃下的平均比热容，kJ/(m^3·℃)。

（6）燃油雾化剂带入的热 Q_6 (kJ/h)：

$$Q_6 = G_w(C_w t_w - C_{w0} t_0) \tag{3-10}$$

式中　G_w——雾化剂耗量，kg/h 或 m^3/h；

C_w——雾化剂入炉温度下的平均比热容，kJ/(kg·℃) 或 kJ/(m^3·℃)；

t_w——雾化剂的入炉温度,℃

C_{w0}——雾化剂20℃下的平均比热容，kJ/(kg·℃) 或 kJ/(m^3·℃)。

3.4.2　热支出计算

（1）出炉物料带走的热 Q_1'(kJ/h)：

$$Q_1' = G_m(i_m - i_1) \tag{3-11a}$$

式中　G_m——每小时出炉或处理的物料量，kg/h；

i_m——出炉物料的焓，kJ/kg；

i_1——物料在20℃下的焓，kJ/kg。

特殊地，对于熔化的物料，则有：

$$Q_1' = G_m[C_1(t_r - t_1) + q_r + C_2(t_2 - t_r)] \tag{3-11b}$$

式中　t_1，t_r，t_2——分别为物料的入炉、熔化及过热温度,℃；

C_1，C_2——分别为物料在t_1至t_r及t_r至t_2的平均比热容，kJ/(kg·℃)；

q_r——物料的熔化潜热，kJ/kg。

（2）物料吸热反应及脱水所需的热 Q_2'(kJ/h)。物料中碳酸盐分解、氧化物还原等反应吸收的热，物料干燥脱水吸热。其吸热量为：

$$Q_2' = G_m q \tag{3-12}$$

式中　q——单位物料完成吸热反应及脱水所需的热，kJ/kg。

（3）出炉烟气带走的热 Q_3'(kJ/h)：

$$Q_3' = V_g(C_g t_g - C_{g0} t_0) \tag{3-13}$$

式中　V_g——出炉烟气量，m^3/h；

C_g——烟气在0~t_g℃下的平均比热，kJ/(m^3·℃)；

t_g——出炉烟气温度,℃；

C_{g0}——烟气在0~20℃下的平均比热，kJ/(m^3·℃)。

（4）烟尘带走的热 Q_4' (kJ/h)：

$$Q'_4 = G_c(C_c t_c - C_{c0} t_0) \tag{3-14}$$

式中　G_c——每小时产生的烟尘量，kg/h；

t_c——烟尘出炉时的温度，℃；

C_c——烟尘在 $0 \sim t_c$℃下的平均比热，kJ/(kg·℃)；

C_{c0}——烟尘在 0~20℃下的平均比热，kJ/(kg·℃)。

（5）燃料机械不完全燃烧的热损失 Q'_5(kJ/h)：

$$Q'_5 = kBQ_{DW} \tag{3-15}$$

式中　k——机械不完全燃烧系数。一般来说，对于固体燃料，k=0.03~0.05；对于气体燃料，k=0.02~0.03；对于液体燃料，k=0.01~0.02。对于特殊的炉窑，可视具体情况进行选取。

（6）燃料化学不完全燃烧损失 Q'_6（kJ/h）：

$$Q'_6 = BV_n(126.4\varphi_{co} + 108.0\varphi_{H_2} + 358.2\varphi_{CH_4}) \tag{3-16}$$

式中　φ_{co}——出炉废气中 CO 的体积含量，%；

φ_{H_2}——出炉废气中 H_2的体积含量，%；

φ_{CH_4}——出炉废气中 CH_4的体积含量，%；

V_n——单位燃料燃烧的实际烟气量（以标准状态计），m^3/kg 或 m^3/m^3。

（7）通过炉壁的散热损失 Q'_7(kJ/h)。根据炉壁外表面温度确定的炉壁散热损失为

$$Q'_7 = 3.6\alpha A(t_w - t_a) \tag{3-17}$$

式中　α——外表面对空气的总换热系数，W/（m^2·℃）；

t_w——炉壁外表面温度，℃；t_W一般实际测定，无法实测时可近似按相关规定选取；

t_a——炉壁周围空气的温度，℃；

A——散热面积，m^2。

炉壁对空气的散热损失及总传热系数与炉壁外表面温度的关系见表 3-3。利用该表，还可以近似计算黑度为 0.8 的水平炉壁的散热，以及黑度为 0.4（相当于炉壳钢板涂铝漆

表 3-3　炉壁对空气的总传热系数和散热损失（炉壁黑度为 0.8）

炉壁外表面温度/℃	在静止空气中的垂直炉壁				在流速 2m/s 流动空气中的垂直和水平炉壁	
	空气温度（0℃）		空气温度（20℃）		空气温度（20℃）	
	α_Σ /W·(m^2·℃)$^{-1}$	q_Σ /W·m^{-2}	α_Σ /W·(m^2·℃)$^{-1}$	q_Σ /W·m^{-2}	α_Σ /W·(m^2·℃)$^{-1}$	q_Σ /W·m^{-2}
50	11.75	287.32	11.40	341.92	19.89	596.62
60	12.21	732.69	20.10	483.81	20.24	809.45
70	12.68	887.37	12.68	633.84	20.47	1023.44
80	13.26	1060.66	13.37	802.47	20.70	1244.41
90	13.45	1244.41	13.96	976.92	21.05	1477.01
100	14.42	1442.12	14.54	1163.00	21.40	1721.24
120	15.35	1837.54	15.58	1558.42	22.10	2209.70
140	16.40	2291.11	16.75	2000.36	22.79	2733.05

的炉壁）的炉壁散热，换算关系是 $K=\dfrac{\alpha_{\Sigma'}}{\alpha_{\Sigma}}$，$K$ 称为换算系数，其值如表 3-4 所示。

表 3-4　炉壁散热换算系数 K

空气流速/m·s⁻¹	静止									2
空气温度/℃	0				20					
炉壁黑度	0.8		0.4		0.8		0.4			
炉壁散热面的方向	水平炉壁向上	水平炉壁向下	水平炉壁向上	垂直炉壁	水平炉壁向下	水平炉壁向上	水平炉壁向下	水平炉壁向上	垂直炉壁	垂直和水平炉壁
换算系数 K	1.16	0.58	0.93	0.78	0.81	1.14	0.57	0.90	0.76	0.82

（8）通过炉底的散热损失 Q'_8(kJ/h)。炉底分为架空炉底和实炉底两种基本形式，架空炉底相当于传热面向下的水平炉底，计算方法如同上述。这里介绍计算通过实炉底散热损失的方法。

所谓实炉底，是指耐火材料层直接砌筑在地基上并且没有通风孔道的炉底。对于炉底内表面高于地面的实炉底，稳定后通过炉底的散热损失近似为

$$Q'_8 = 3.6\xi\psi\frac{\lambda}{D}A(t_b - t_a) \tag{3-18}$$

式中　t_b——炉底内表面温度，℃；

t_a——周围大气温度，℃；

λ——炉底材料的热导率，W/(m·℃)；

D——炉底直径或矩形炉底短边的长度，m；

ξ——炉底形状系数，对于圆形炉底其值为 4.0，方形炉底为 4.4，长条形炉底为 3.73；

ψ——考虑到炉墙厚度影响的系数，黏土砖砌的墙厚为 $D/4$ 时 $\psi=0.96$；$D/6$ 时 $\psi=1$；$D/8$ 时 $\psi=1.08\sim1.10$。其他材料的炉墙厚度取当量值 B_e，即 B_e 按下式计算

$$B_e = \sum_{i=1}^{n}\frac{\delta_i}{\lambda_i}$$

式中　δ_i——第 i 层的厚度，m；

λ_i——第 i 层的热导率，W/(m·℃)。

B_e 算出后再按 B_e/D 的比值求 K。对于用黏土砖砌的炉底，其热导率近似计算时可取 1.163W/(m·℃)。对于用几种材料分层砌筑的实炉底，计算时取热导率的当量值，即：

$$\lambda = \frac{\delta}{\sum_{i=1}^{n}\frac{\delta_i}{\lambda_i}}$$

式中　δ——炉底厚度，m；

δ_i——炉底第 i 层厚度，m；

λ_i——炉底第 i 层的热导率，W/(m·℃)。

以上关系式适用于炉底上表面与地平面距离为 $D/6$。距离在 $D/6\sim D/2$ 范围内，炉底

散热损失变化不大。但距离小于 $D/6$ 时，热损失显著减小。

（9）通过炉门炉孔的辐射热损失 Q'_9（kJ/h）：

$$Q'_9 = 20.41A\phi\tau\left(\frac{T}{100}\right)^4 \tag{3-19}$$

式中　T——炉内温度，K；

A——炉墙上炉门、孔或缝隙面积，m^2；

ϕ——遮蔽系数，取决于炉门、孔的形状和尺寸。粗略计算时，对大的炉门取0.7~0.8，小的孔或缝取0.2~0.5；若孔缝不是敞开而是用金属隔板遮盖时，则式中用 $\phi/(1+\phi)$ 代替；

τ——每小时内孔、口敞开时间，h/h。

（10）炉门炉孔溢气热损失 Q'_{10}（kJ/h）：

$$Q'_{10} = V_y C_g t_g \tau \tag{3-20}$$

式中　C_g——溢气的平均比热容，kJ/(m³·℃)；

t_g——溢气的温度，℃；

V_y——炉门或炉孔的溢气量（以标准状态计），m³/h；

τ——每小时内孔、口敞开时间，h/h。

（11）炉窑砌体的蓄热损失 Q'_{11}（kJ/h）。对于连续工作的炉窑，不考虑这项热损失。对于周期性操作的炉窑，每个周期炉窑砌体的蓄热损失为

$$Q'_{11} = \rho V_1(C_2t_2 - C_1t_1)/\tau_z \tag{3-21}$$

式中　V_1——砌体的体积，m^3；

ρ——砌体的密度，kg/m³；

t_2——砌体加热终了时内外两表面的平均温度，℃；

t_1——砌体加热开始时的平均温度，℃；

τ_z——每个周期的作业时间，h；

C_1，C_2——砌体在 t_1 和 t_2 时的比热容，kJ/(kg·℃)。

（12）水冷部件的热损失 Q'_{12}（kJ/h）：

$$Q'_{12} = G_s(C_2t_2 - C_1t_1) \tag{3-22}$$

式中　G_s——流过水冷部件的水量，kg/h；

t_1，t_2——冷却水流入和流出的温度，℃；

C_1，C_2——冷却水在 t_1 和 t_2 的比热，kJ/(kg·℃)。

（13）电热体引出端或电极的散热 Q'_{13}（kJ/h）：

$$Q'_{13} = 3.6n\lambda\frac{A}{L}(t_1 - t_a)\frac{L\sqrt{\frac{4\alpha_\Sigma}{\lambda d}}}{1 + L\sqrt{\frac{4\alpha_\Sigma}{\lambda d}}} \tag{3-23}$$

式中　n——引出端或电极的个数；

λ——引线或电极的热导率，W/(m·℃)；

A——引线或电极的截面积，m^2；

L——引线或电极的炉墙中长度，m；

t_1——电热体或电极的炉内端温度，℃；

t_a——炉外空气温度，℃；

d——引线或电极的直径，m；

α_Σ——引线外端对空气的总的换热系数，W/(m^2·℃)，其计算式为：

$$\alpha_\Sigma = \frac{5.67\varepsilon\left(\frac{273 + t_1}{100}\right)^4 + 0.173(t_1 - t_a)^{1.25}}{t_1 - t_a}$$

式中　t_1——引线外端的温度，℃；

ε——引线的黑度。

（14）伸出炉外的工件或炉管的散热 Q'_{14}（kJ/h）：

$$Q'_{14} = 3.6n(t_1 - t_a)\sqrt{\lambda\alpha_\Sigma SA} \tag{3-24}$$

式中　t_1，t_a——分别为工件和周围空气温度，℃；

λ——工件或炉管的热导率，W/(m·℃)；

α_Σ——工件或炉管对空气的总换热系数，W/(m^2·℃)；

S——工件或炉管的横断面周长，m；

A——工件或炉管的横断面积，m^2。

3.4.3　热平衡方程与热平衡表

按能量守恒原则，可列出热平衡方程

$$\sum_{i=1}^{6} Q_i = \sum_{i=1}^{14} Q'_i \tag{3-25}$$

热平衡表见表3-5。

表3-5　炉窑热平衡表

热收入	kJ/h	%	热支出	kJ/h	%
燃料燃烧供热或电能转变的热	Q_1		出炉物料带走的热	Q'_1	
			物料吸热反应和脱水需热	Q'_2	
物料放热反应放出的热	Q_2		出炉烟气带走的热	Q'_3	
物料带入的物理热	Q_3		烟尘带走的热	Q'_4	
预热物料带入的物理热	Q_4		燃料机械不完全燃烧的热损失	Q'_5	
预热空气带入的热	Q_5		燃料化学不完全燃烧的热损失	Q'_6	
燃油雾化剂带入的热	Q_6		通过炉壁的散热损失	Q'_7	
			通过炉底的散热损失	Q'_8	
			通过炉门、炉孔的辐射热损失	Q'_9	
			通过炉门、炉孔的溢气热损失	Q'_{10}	
			炉窑砌体的蓄热损失	Q'_{11}	
			水冷部件的热损失	Q'_{12}	
			伸出炉外导体散热	Q'_{13}	
			伸出炉外工件或炉管的散热	Q'_{14}	
热收入总和	ΣQ	100	热支出总和	$\Sigma Q'$	100

在节能监测测算出炉窑热平衡具体数值后，可根据热平衡表中的数值，画出炉窑的热流图。

3.5　炉窑外表面温度及热流的测定

炉窑外表面常见的形状主要有二类，一是矩形，二是圆柱形。在节能监测时，要测定炉窑外表面的温度，应首先对测定表面进行区块划分，然后再进行表面温度的测定，进而计算或测定表面热流。

3.5.1　炉窑外表面温度测定

各面炉墙和炉顶的炉体表面温度测定应分别进行。可按每平方米面积一个测点布置，在窥视孔、看火门、加料门等近边距离300mm范围内可不布置测点。

（1）对矩形表面。矩形炉体表面一般应分成$N\times M$个小区块，每个小区块的面积控制在一平方米左右，每个区块的中心点就是测点，但如果此中心点处有炉门、热电偶孔、观测孔、燃烧室等，应予避开，一般在其边距离300mm范围外选点进行测定。取$N\times M$个点的平均温度作为炉体此表面的平均温度。

（2）圆柱形表面。对于圆柱形炉体表面，一般沿圆周方向分为四等份，在等分线上测温。这四条线的方位可任意确定，只要相差90°即可。在高度方向上则分N等份，通常将每个区块的面积控制在一平方米左右，每个区块的中心点就是测点，但如果此中心点处有炉门、测试孔、观测孔等，应予避开，一般在其边距离300mm范围外选点进行测定。取$4\times N$个点的平均温度作为炉体此表面的平均温度。

3.5.2　炉窑外表面热流的测定

根据传热学理论，热工设备表面总的散热损失可由式（3-26）计算

$$Q = qS \tag{3-26}$$

式中　S——设备总散热外表面积，m^2；

q——总平均热流密度，W/m^2。

显然，计算散热损失的根本问题就是如何获取总平均热流密度q的值。总平均热流密度的计算在理论上有热流测试法、导热传热法和对流传热法三种方法。

（1）热流测试法。热流测试法指直接用热流计测出设备表面不同部位或不同温度区域的热流值，然后取平均值作为最终结果。由于工程实际中某些装置有许多无法用热流计测试的部位，而且测试得到的结果又有很大的片面性。所以该方法准确性不高，仅适于现场粗略测算时采用。

（2）导热传热法。导热传热法是根据傅里叶导热定律，在已知内外壁温度及保温层热阻的情况下（设备外表面钢板壁面热阻很小，可忽略），计算出热流值。其计算公式为

$$q_i = \frac{\lambda}{\delta_z}(t_{ni} - t_{wi}) \tag{3-27}$$

式中　q_i——局部区域i的平均热流密度，W/m^2；

δ_z——该局部区域保温层的折算厚度，m；

λ——保温材料的导热系数，W/(m·℃)；

t_{ni}——局部区域 i 对应的内壁温度,℃；

t_{wi}——局部区域 i 对应的外壁温度,℃。

这里，我们认为造成设备外表面温度场非均匀分布的原因是保温层受到损坏，导致热阻减小。而一般情况下材料的导热系数是基本上恒定的，故理论上可认为热阻减小的原因是保温层受到损坏而减薄了。但是，实际情况保温层并不是均匀减薄，而是局部的各种情形的损坏，这里仅以保温层的折算厚度来表示损坏的程度。δ_z值通过局部热流测试，然后利用上式反算得出。

总平均热流密度由式（3-28）计算

$$q = \frac{\sum_{i=1}^{n} S_i q_i}{\sum_{i=1}^{n} S_i} \tag{3-28}$$

即局部热流以局部面积 S_i加权的平均值。

该方法由于需要通过局部热流测试反算 δ_z，故其准确性也要受到一定的影响。

（3）辐射对流传热法。对流传热法以设备外表面与环境空间的自然对流传热为理论基础，在一已知设备外表面温度 t_{bi}及环境温度 t_0、气流速度 w(m/s) 时，可由式（3-28）及式（3-29）计算出局部区域 i 的平均热流 q(kJ/(m^2·h))。

$$q_i = 20.41\varepsilon\left[\left(\frac{273 + t_{bi}}{100}\right)^4 - \left(\frac{273 + t_0}{100}\right)^4\right] + \alpha(t_{bi} - t_0) \tag{3-29}$$

式中 ε——炉体外表面的黑度；

t_{bi}——炉体外表面的温度,℃；

t_0——距炉体外表面 1m 处的环境温度,℃；

α——设备外表面与环境间的对流换热系数，kJ/(m^2·h·℃)，α 的计算公式为：

1）环境无风时

$$\alpha = 4.1816A\,(t_b - t_0)^{\frac{1}{4}}$$

式中 A——系数，散热面向上时 A=2.8；垂直时 A=2.2；散热面向下时 A=1.5。

2）当环境风速 w_f小于 5m/s 时

$$\alpha = 22.16 + 15.05w_f$$

3）当环境风速 w_f大于 5m/s 时

$$\alpha = 27.05w_f^{0.73}$$

4）对于石油化工的塔器等设备

$$\alpha = 1.163(10 + 6\sqrt{w_f})$$

式中 w_f——环境风速，m/s。

通过红外热像测试，也可以得到准确的设备外表面温度场分布结果，即已知 t_b值，于是可以计算出设备表面的总平均热流密度 q 的值。显然，计算的核心是求表面温度用面积加权的平均壁温。

3.6 耗能设备运行状况的测定

设备状况是指耗能设备及其紧密相关的附属设备设计、制造、安装和运行情况，在实际节能监测中，着重了解与节能有关的设备配置和运行情况。

3.6.1 查阅耗能设备技术档案资料

(1) 耗能设备技术档案的主要内容。耗能设备技术档案的主要内容包括：

1) 目录；

2) 安装使用说明书，设备制造合格证及压力容器质量证明书，设备调试记录等；

3) 设备履历卡片、设备编号、名称、主要规格、安装地点、投产日期、附属设备的名称与规格、操作运行条件、设备变动记录等；

4) 设备结构及易损件图纸；

5) 设备运行累计时间；

6) 历年设备缺陷及事故情况记录；

7) 设备检修、试验与技术鉴定记录；

8) 设备润滑记录；

9) 设备状态监测和故障诊断记录；

10) 设备技术参数变更记录；

11) 设备技术特性；

12) 建立企业管网图、地下管网图、电缆图和密封档案。

(2) 耗能设备技术档案管理制度。耗能设备技术档案管理制度主要包括：

1) 相关部门应建立耗能设备档案，详细填写设计、制造部门、安装技术文件、图纸、计算书等记录。

2) 有特殊要求的设备应建立特殊要求设备档案，建立工业建筑物、构筑物技术档案。

3) 耗能设备检修后必须有完整的交工资料，装订成册，由检修单位交设备所在单位，一并存入设备档案，内容主要包括交工资料目录、各种试验测量记录、缺陷及修复记录、隐蔽工程记录、设计变更记录、理化检测记录、主要配件合格证、特殊工程记录、单体试车记录、联动试车合格记录及其他必要的资料等。

4) 新购置的耗能设备及基建措施等新项目投产后，竣工图、安装试车记录、说明书、检验证、隐蔽工程试验记录及制造厂家试验检查记录和鉴定书（电气设备）等技术文件，交档案处保管，档案处做抄件，分别转给耗能设备所在单位，装入设备技术档案。

5) 在用耗能设备的技术档案由管理部门与设备所在单位按分管范围妥善保管，耗能设备迁移、调拨时其档案随设备调出，主要设备报废后，档案及时交公司档案处存查。

6) 管理部门专业管理员与专区管理员填写分管专业、专区的主要耗能设备及专业技术档案，由统计员统一保管，管理部门领导定期检查，并做出评语，作为管理部门人员工作职能考核的主要内容之一，设备所在单位由设备员、电气技术员按规定填写、整理、保管设备技术档案。

7）耗能设备技术档案必须齐全、整洁、规范化，及时整理填写。

3.6.2 现场观察

对耗能设备来说，一般要求耗能设备按相关要求应配备物料计量仪表、电能计量仪表、热工计量仪表和成分分析仪器等，同时要求所配备的仪表应齐全并在检定周期内。节能监测时主要观察：

（1）耗能设备的整体状况，即整体应完整，没有残缺处；设备炉门、闸门等应使用灵活、密封性好、安装可靠、系统要通畅，不允许有积水、漏风的孔洞存在；

（2）耗能设备的燃烧装置应完好，燃烧性能要好；

（3）耗能设备炉底的残渣必须及时清除，保持炉底平整无渣等；

（4）耗能设备内炉压必须适当控制，随热负荷的变化及时进行调节。

3.6.3 监测的方法

监测的方法是：现场观察并做记录，对重要事项应予以拍照或摄像，并妥善保管相关资料。

3.7 高温液体温度的测定

对高温液态的铁水、钢水和其他高温炉渣等高温液态物质等进行温度测定，不能用普通热电偶对其进行温度测定，一般可采用下述方法进行温度测定。

3.7.1 采用浸入式热电偶温度计

高温液体温度测量的常用方法之一是采用浸入式热电偶温度计。这种热电偶可直接插入钢水、铁水、铜水等液体中测量温度；热电偶用钨铼铂-铂或其他耐高温热电偶。这种热电偶的特点是耐高温、耐浸蚀，在结构上易于安装和更换，常用的有铂铑系列和钨铼系列的热电偶等。

热电偶的保护套管应具有耐高温、耐浸蚀、抗热振性好、导热性好等特点。常采用耐高温的硼化锆、陶瓷或其他高级耐火材料制成保护套管。

对需要经常测高温液体温度的地方，可在靠近炉底的炉墙中嵌入一个热电偶，但应考虑延长热电偶保护管的寿命并改进更换方法。

3.7.2 采用快速微型热电偶测温

采用快速微型热电偶测量，每测量一次就需更换一支热电偶，但应操作轻便，响应速度快。

快速微型热电偶的结构如图 3-5 所示。

金属保护帽起保护 U 形石英管不被碰伤的作用。U 形石英管内穿直径 0. 05 ~ 0. 1mm、长 25 ~ 40mm 的一对热电极（通常为铂铑-铂或双铂铑），通过相应的补偿导线接到塑料插件上的接触点上，热电势由此引出，经测温枪内导线接至快速电子电位差计（或自动记录仪表）或数字显示仪表上。

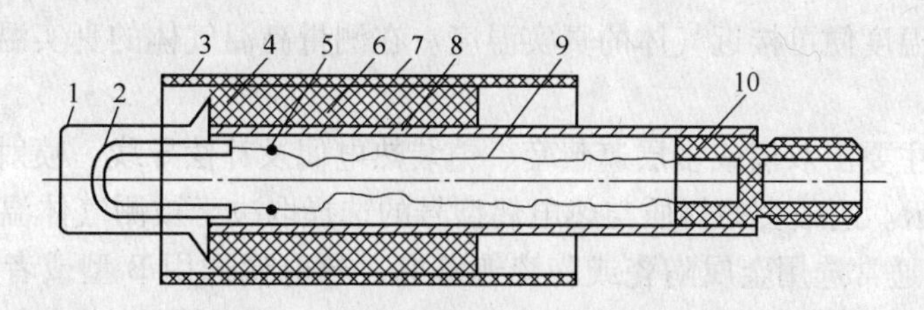

图3-5 快速微型热电偶

1—外保护帽；2—U形石英管；3—外纸管；4—绝热水泥；5—热电偶冷端；6—棉花；
7—绝热纸管；8—小纸管；9—补偿导线；10—塑料插件

测温时，操作者通过测温枪把热电偶插入高温液体中，金属保护帽迅速熔化，U形石英管和热电极暴露于高温液体中，瞬时被烧毁。不过这时已把高温液体温度产生的热电势信号输送到快速电子电位差计上指示、记录下高温液体温度。

因为一只热电偶只使用一次，故又称消耗式热电偶。由于这种热电偶所用材料大多廉价，即使是贵金属热电偶，但因铂铑-铂丝极细，用量不大，总的来说价格还是便宜的，这就是快速微型热电偶被广泛使用的原因。

3.7.3 采用非接触式测温

对高温液体温度的测定可采用各种非接触式测温方法，如红外测温仪、光电温度计、光学温度计和全辐射温度计等进行测温。但最好在大量测定前用快速微型热电偶进行对比测量，并进行校验以保证测定的精度。

红外测温仪也可用于被测部位处于旋转、带电或过热、空间狭窄等特殊情况下测温。

3.8 高温气流温度的测量

高温气流的温度测量通常又可分为低速气流温度的测量和高速气流的温度测量。

3.8.1 低速气流温度的测量

在测量工业炉窑的火焰温度或锅炉烟道中高温气流（如烟气）温度时，往往在热电偶保护管附近有温度较低的受热面，如炉壁、被加热物料等，使保护管表面有辐射散热，因而造成测量误差。被测介质温度越高，误差越大，有时误差达几百摄氏度，使介质温度测量工作完全失去意义。

为了减少测量误差，首先应选择适宜的安装位置。选择的原则是，使火焰或烟气能经过装在炉内或烟道内的保护管整个部分，并使火焰或烟气通过装有保护管的炉壁或烟道壁，以提高壁温。其次，为了减少导热损失，在装有保护管的外壁应敷以较厚的保温层。

(1) 抽气热电偶测气体的温度。用一般热电偶测量的是炉窑的平衡温度，它是热电偶与气流间对流传热，与炉壁、工件、炉气间辐射传热以及沿热电偶导线的传导传热等因素综合作用的结果。然而用抽气热电偶却可近似测量气体的真实温度。因为当抽气用喷射介质（压缩空气或高压蒸汽）以高速经由拉瓦尔管喷出时，在喷射器始端造成很大的抽力，使被测高温气体以高速流经铠装热电偶的测量端，极大地增加了对测量端的对流传热量；同时又由于遮蔽套的作用，相当大地减少了周围物体与测量端间的辐射传热，所以抽气热电偶测得的温度便可接近气体的真实温度。在测量高温气体的真实温度时一般应采用抽气热电偶。

抽气热电偶主要由双层或多层遮蔽套、铠装热电偶及补偿导线、喷射器、水冷管等组成，如图3-6所示。遮蔽套的材质与热电偶型号的选择取决于被测气体温度。当被测气体高于1350℃时，通常选用金属陶瓷或陶瓷遮蔽套，热电偶选用B型或者S型热电偶；当温度低于1300℃时，可用耐热钢、不锈钢等遮蔽套及K型（镍铬-镍硅）热电偶。

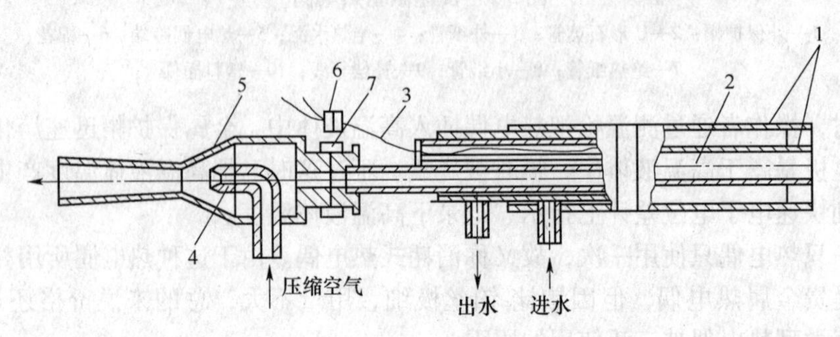

图3-6　抽气热电偶示意图

1—双层金属陶瓷遮蔽套；2—铠装热电偶；3—补偿导线；4—喷射器；5—拉瓦尔管；6—接线插座；7—连接螺母

（2）采用热电偶动态法进行测量。应用普通热电偶采用动态测温法，可测出比热电偶本身材料熔点温度高得多的气流温度。测量时用弹射器将热电偶测量端迅速插入高温气流。在规定时间内，当热电偶测量端温度升高，但未达其允许使用最高温度之前，再用弹射器自动收回。由于测量时间很短，可以认为在测量时间内，气流速度和温度是恒定的，由式（3-30）可计算得气流温度。

$$t = t_1 + (t - t_0)e^{-\frac{\tau}{\tau_0}} \tag{3-30}$$

式中　t——气流真实温度，℃；

t_1——热电偶测量端的瞬时温度，℃；

t_0——热电偶测量端的初始温度，℃；

τ——从热电偶插入气流到其测量端温度升高到t_1所经历的时间，s；

τ_0——热电偶的时间常数，即热电偶测量端温度升高值与所需时间的比值，℃/s。

在式（3-30）中t_1、t_0和τ_0均可从记录所得热电偶输出曲线中得到。τ可用计时器测得。因此气流真实温度可由式（3-30）算得。

在动态测温中，所用热电偶温度计最好具有线性输出特性，应用镍铬-镍硅热电偶比铂铑-铂热电偶更符合此要求。

应用热电偶温度计进行动态测温的工作原理如图3-7所示。

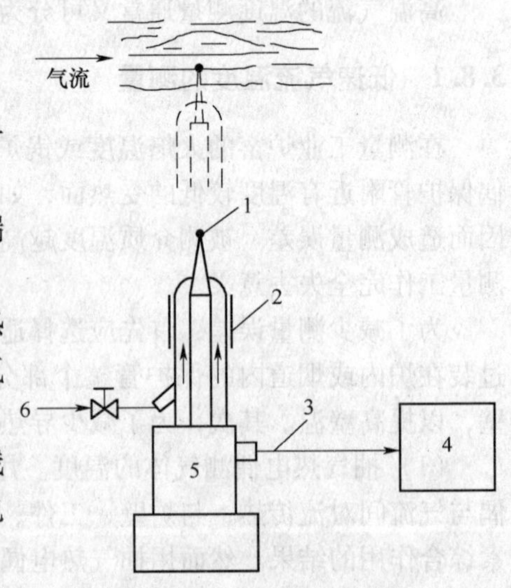

图3-7　热电偶动态测温图

1—热电偶测量端；2—导向器；3—热电偶输出端；4—信号处理记录仪；5—弹射器；6—压缩空气

图3-7中的压缩空气是用来将热电偶在测温收

回后冷却至规定温度用的。

3.8.2 高速气流的温度测量

由于插入高速气流中的温度计对气流产生制动作用，则在感温元件处，受滞止气流的动能变为热能，并使感温元件测得的气流温度值升高。气流因分子热运动产生的平均动能一般称为静温（即在低速和静止状态下气流本身所具有的温度），而将因气流滞止而增加的温度称为动温。静温和动温之和称为总温。

测量表明，气速为 80m/s 时，接触式温度计测得的动温约 2℃，当气速增加到 195m/s 时，动温可升高到 20℃。

实际上，由于到达感温元件处的气流不可能完全被制动，所以实际测得的温度要比理论总温低一些。如将实际测得的气流温度称为有效温度，则可得：

$$T_a = T_0 + rT_D \tag{3-31}$$

式中 T_a——有效温度，K；

T_0——静温，K；

T_D——动温，K；

r——复温系数，按式 $r = \dfrac{T_a - T_0}{T_T - T_0}$ 计算（其中 T_T 为气流总温，K）。复温系数对各种感温元件是不同的，一般用试验方法确定。复温系数愈接近 1.0，则测得的有效温度愈接近理论总温。

当用热电偶温度计测量高速气流总温度时，常采用带滞止罩的热电偶温度计，以使复温系数接近 1.0。图 3-8 为部分带滞止罩热电偶温度计的结构示意图。

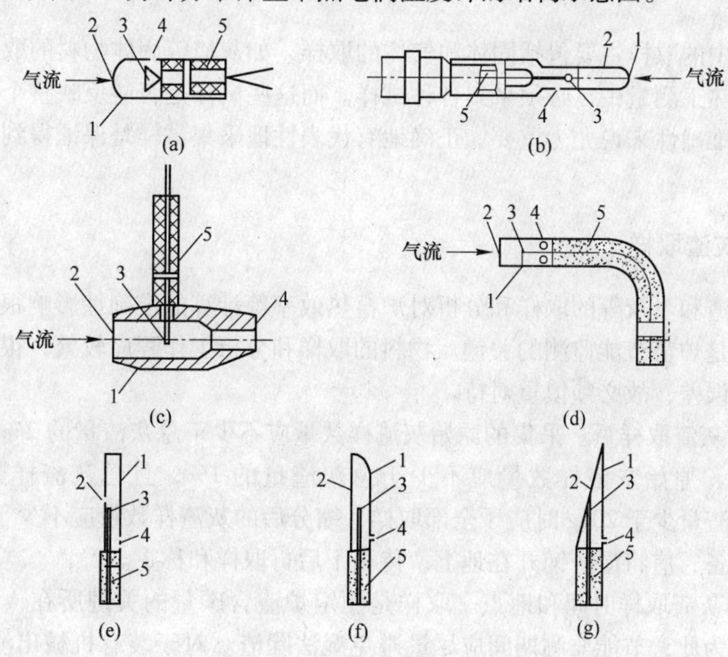

图 3-8 部分带滞止罩的热电偶温度计结构示意

1—滞止罩；2—气流进口；3—热电偶工作端；4—排气口；5—热电偶套管

在图 3-8（a）型中的气流从前方小孔进入，再从侧后方两小孔流出。（b）型的滞止罩与热电偶测量端作垂直布置。（c）型的气流进出口均在滞止罩侧面。（d）型滞止罩呈圆筒形，前端为进气口，出气口在热电偶测量端后面的圆筒周边上。（e）型、（f）型和（g）型均具有半屏状滞止罩，进气口及排气口见图示。这些热电偶的复温系数均可达到 0.95~0.98。

在进行高速气流温度测量前应知道所用热电偶温度计的复温系数 r 值。当气流有效温度被测得后，即可按式（3-32）和式（3-33）算出气流的静温 T_0 和总温 T_T。

$$T_0 = \frac{T_a}{1 + \frac{r(K-1)}{2}Ma^2} \tag{3-32}$$

$$T_T = \frac{T_a\left(1 + \frac{K-1}{2}Ma^2\right)}{1 + \frac{r(K-1)}{2}Ma^2} \tag{3-33}$$

式中　K——气体绝热指数，等于气体的定压比热容与定容比热容之比；

Ma——马赫数，等于气流速度与当地声速之比。

复温系数可在风洞中测得。取两支同型号的热电偶，一支装在风洞内部，测得的为气流总温，一支装在风洞出口处，测得的为气流有效温度，将测得值代入式（3-32）和式（3-33），由于 K 及 Ma 值已知，可算出被校热电偶温度计的复温系数 r 值。

3.9　节能监测常用取样方法

节能监测中的取样主要包括固体和气体的取样，如灰渣等固体物料的取样，烟气等气体的取样。在热工测量中，必须采集各种试样。而这些试样是否能反映整个工况期间的情况，对测量的准确性来说尤为重要。正确地有代表性地采集试样是保证得到正确结果的前提条件。

3.9.1　固体灰渣取样

燃料、炉渣和飞灰等的取样和分析对炉窑热效率等计算的准确性影响很大，因而取样是否有代表性是炉窑节能监测的关键。物料的取样和分析工作程序较繁，很容易引入系统性或偶然性的误差，故必须慎重对待。

（1）固体灰渣取样量。采集的原始灰渣样数量应不少于总灰渣量的 2%；当煤的灰分不小于 40%时，原始灰渣样数量应不少于总灰渣量的 1%，且总灰渣样数量应不少于 20kg。当总灰渣量少于 20kg 时应予全部取样，缩分后的灰渣样数量应不少于 1kg。对湿法除渣的热工设备，应将湿渣铺开在地上，待稍干后再取样和称重。

（2）固体灰渣取样时间和地点。取样是测定炉渣含碳量的关键所在，应注意其均匀性和代表性。为此，节能监测期间应尽量避免湿法除渣。对于装有机械出渣设备的炉窑，可在出渣口定期（间隔 15~20mm）取样，对于人工出渣的炉窑，可在每次放渣时从出渣小车的四个角和中心位置等量拣取，并适当考虑渣块的大小和残碳分布。

(3) 燃料、炉渣及飞灰的取样方法:

1) 燃料的取样。在链条炉、抛煤机炉以及带直吹式制粉系统的煤粉炉等的节能监测中，需要采取入炉煤试样。在带中间储藏制粉系统的煤粉炉监测中就需要采取进入磨煤机的原煤试样。采集试样应能够代表监测期间所采用燃料的平均品质。为此必须注意以下几个关键问题：取样地点和取样时间；取样工具；每份样品量；取样份数。

①取样地点和起止时间。对机械化加煤炉的煤，取样应在炉前小煤斗或下煤管的中间煤斗内进行。因沿煤斗宽度方向上颗粒分布不均匀，故需沿煤斗宽度均匀布置3~5个取样点同时进行取样。煤粉炉进入磨煤机的原煤取样，应在给煤机处进行。

手燃炉入炉煤的取样应在炉前煤堆上进行。而且沿着煤堆周围和上下同时采取。时间适当提前，提前的时间应等于煤流由取样点移到炉内燃烧中心区域所经过的时间，对于链条炉及抛煤机炉等，此点尤为重要。

②取样工具。人工取样时需要的工具是铲子及贮样桶。取样铲子应根据煤的粒度确定，其宽度应为最大粒度（少于5%的最大粒度不予考虑）的3~4倍，铲子容积应按每份样品量考虑。当装满时最好是每份样品容积的1.25倍左右。在实际取样时不应让它装满。贮样桶应由金属或塑料制成，带有严密的盖子。每个桶的容积以能盛下15~20kg试样为宜。在采样和保存过程中贮样桶必须盖好盖子，使样品保持密封状态以避免水分蒸发。

③每份煤样量。每份煤样品的最小采集量与原煤粒度有关。颗粒越大则样品量也应随之增加，以缩小采样的误差。每份样品的最小采集量可参照表3-6。

表3-6 每份煤样量与原煤粒度的关系

粒度范围/mm	0~25	0~50	0~75	0~100
每份样品量/kg	1	2	3	4

④取样份数。节能监测中，燃料取样份数一般为2份，其中一份用于样品分析，另一份保存备用。

根据上式计算出的采样份数，要均匀分配给各样点，并均匀分配在规定的整个采样时间内。

2) 飞灰取样。在节能监测时，采集飞灰样并分析其可燃物含量是基本测量项目之一。在各种燃烧方式的炉窑上，应在尾部烟道的适宜部位安装一套或数套专用的取样系统，连续抽取少量的烟气流，并在系统中将其所含的飞灰全部分离出来作为飞灰试样。采样点及取样系统的数量随烟道宽度及分支烟道数量而定。在节能监测中最常采用的飞灰取样器系统如图3-9所示。它主要由取样管和旋风捕集器构成。如果炉窑装有效率较高的干式除尘器，也可以采取其排灰的样

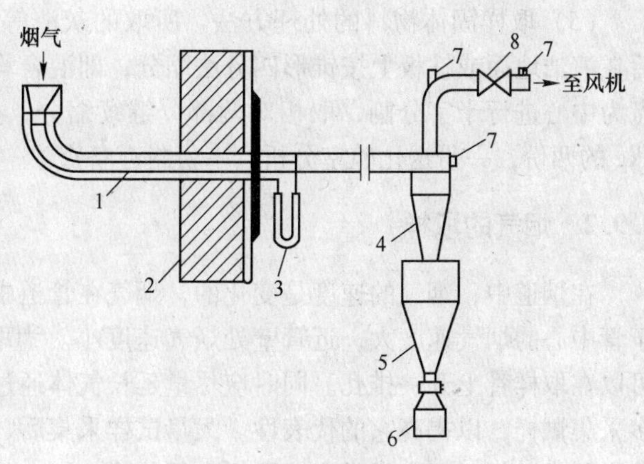

图3-9 常用飞灰取样系统图

1—取样管；2—炉墙；3—U形管压差计；4—旋风捕集器；5—中间灰斗；6—取样瓶；7—吹灰孔；8—调节闸阀

品作为飞灰试样。

飞灰取样管从烟道内抽取飞灰样品也应遵守等速取样原则，这是因为不同粒径的飞灰颗粒含有可燃物量不尽相同。一般来讲，粒径越粗，可燃物含量也越大。如果取样嘴的吸入速度与周围烟气流速相差过大，抽取的灰样粒度分布与实际飞灰有较大的偏离时，就会引起飞灰可燃物含量的测量误差。

一般取样管有固定式飞灰取样管及可移动的便携式飞灰取样管。它们的干管和管嘴的直径都较大，以增加取样量并减少堵塞的可能性。

取样管嘴的内径应根据采样点的烟气流速、灰的最大粒径以及等速取样的原则选择。干管内的速度，则应保持在12~18m/s。如果速度过低，则在水平管管内发生飞灰沉积。为减少管嘴的磨损和腐蚀，管头材料应使用不锈钢制作。

用于飞灰取样系统的旋风捕集器，在入口速度为18~22m/s时捕集效率最高。在固定安装的系统中，旋风捕集器可以直接安装在取样管出口端，这样可以降低系统阻力，并避免烟气冷却。

烟气在系统内如遇到低于其凝结点温度的冷表面，则所含的硫酐和水蒸气将会凝结在上面，因而发生飞灰黏附现象，这是造成取样器系统堵塞的主要原因。为避免这类事故，应将系统设备全面妥善保温。

（4）测点选择。在选择飞灰采样的测点时，应考虑以下各因素。

1）在测量截面之前，烟气最好经过充分扰动混合，使从一点抽取的样品能有更好的代表性。

2）在测量截面处的烟气流速和飞灰浓度尽量均匀、烟流平稳。因此需尽量远离烟道的转弯和挡板。取样管不要距离炉窑部件过近，在水平烟道上设置采样点时，须考虑到沿烟道高度可能产生的粒度分层现象，应尽量在垂直管段上取样。

3）测量截面希望越小越好。因为小截面烟气及颗粒混合好，同时测点数量可以减少；而且烟速高，等速取样情况易于保持。

4）固定安装式取样系统的数量取决于烟道数量及宽度。取样管嘴应伸入到烟道中心的部位。

（5）取样固体物料的处理方法。所取的灰渣等固体样首先应破碎到10mm以下，然后在清洁地面或铁板上按锥形四分法缩分，即混合均匀后用人工自然堆积成圆锥体，以顶点为中心进行十字分割，取相对两部分继续缩分，直至剩下2kg为止；再将其分为各为1kg的两份，一份送化验室分析，一份封存备查。

3.9.2 烟气的取样

在烟道中，烟气的速度是变化的，烟气在管道中流动时，也不是完全均匀的状态。位于管中心的烟气速度大，近管壁处烟气速度小。为取得平均试样，对于截面较大的烟道，可以在取样管上开一排孔。同时应尽量延长气体通过采样瓶的时间。在不同地点不同时间多采集试样，以提高它的代表性。大量试样采集后，稍等片刻，使之混合后取出分析。在炉窑平常运行时，也常常定期取样进行分析。

烟气取样时，先经过一条装在气体管道中的取样管，再用橡皮管与盛试样的容器连接，开启旋塞后烟气因本身压力或借一种抽气的方法而进入试样容器或直接进入烟气分析器中。

（1）取样管。在取样地点插入玻璃瓷管或金属管。此金属应不与烟气起作用，而且烟气的温度不高于600℃，应插至管道直径的1/3处。当烟气温度太高时（高于600℃），为防止烟气通过取样管时由于高温而使烟气中可燃物燃烧，使得烟气成分发生变化，此时必须在取样管外装冷却装置；同时取样管应向取样容器倾斜，以使烟气中水蒸气凝结后流入取样容器中。取样管不应有凹处和弯处，以免聚积冷凝水而堵塞取样管。连接用的橡皮管应尽可能短，并保证连接处的密封性。

（2）常用取样法：

1）用排水吸气法取样。图3-10是常用的一种取样方法，瓶1是取样容器，瓶2是用来产生真空的容器，为了防止容器中水吸收烟气中的二氧化碳等气体，在容器中装入氯化钠或硫酸钠溶液。首先将瓶1充满溶液，然后使溶液慢慢流入瓶2，烟气自3吸入。此时被吸入的烟气中还含有部分空气（取样管及连接管中的空气），必须提高瓶1的高度把烟气排走，然后开始正式取样。用阀门调节瓶内流体的流出速度，使取样过程在规定时间内进行。在取样完后关闭旋塞。将取样瓶从取样管上取下，送至实验室进行分析。在送往实验室的过程中，为了不因阀的不严密而漏进空气，一般常使瓶2高于瓶1。这样只能烟气往外漏而不会漏入空气。

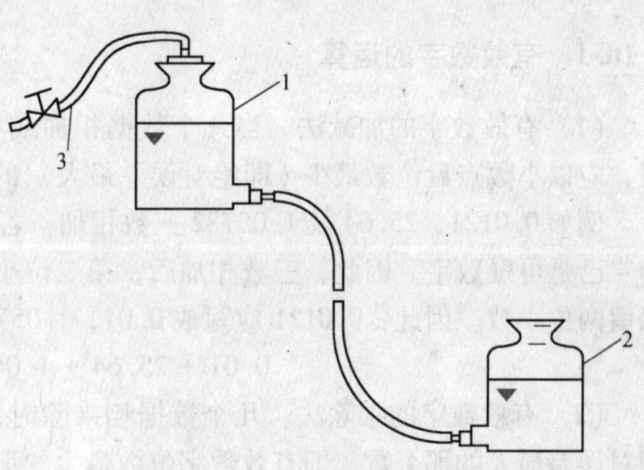

图3-10　烟气取样装置示意图

1—取样容器；2—产生真空的容器；3—连接管

2）用取样泵取样。当取样处负压很大，不容易把烟气取出时，常用取样泵（或真空泵）抽取烟气。一般在取样泵前必须加装过滤器和干燥器，以免灰尘和水分进入取样泵，如图3-11所示。

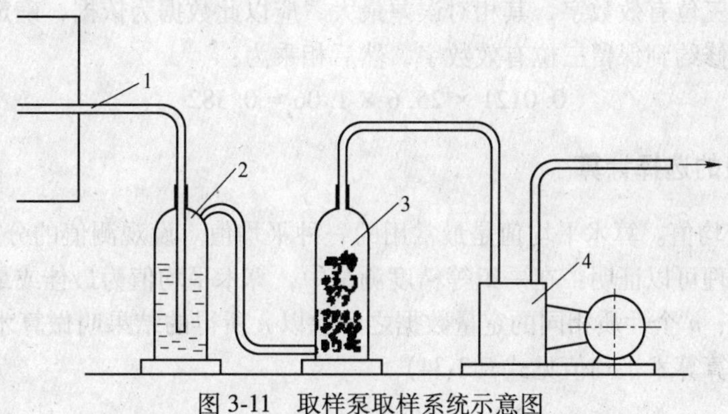

图3-11　取样泵取样系统示意图

1—取样管；2—过滤瓶；3—干燥瓶；4—真空泵

3.10　节能监测数据的处理方法

一个有效的测量数据，既要能表示出测量值的大小，又要能表示出测量的准确度。在节能监测数据处理中，为了得到准确的测量结果，不仅要准确地测定各种数据，还必须要正确地记录和计算。记录的数字不但表示样品中被测组分含量的多少，而且也反映了测定的准确度。

有效数字是指在分析工作中实际能测量到的数字。其最末一位是估计的、可疑的，是“0”也得记上。这一规定明确地决定了有效数字应保留的位数，而不应该随意增多或减少有效数字的位数。

3.10.1 有效数字的运算

（1）有效数字的加减法。当几个数据相加或相减时，它们的和或差的有效数字的保留，应以小数点后位数最少（即绝对误差最大）的数据为依据。

例如0.0121、25.64及1.05782三数相加，若各数最后一位为可疑数字，则25.64中的4已是可疑数字。因此，三数相加后，第二位小数已属可疑。其余两个数据可修约到只保留两位小数。因此，0.0121应写成0.01，1.05782应写成1.06，三者之和为：

$$0.01 + 25.64 + 1.06 = 26.71$$

（2）有效数字的乘除法。几个数据相乘除时，积或商的有效数字的保留，应以其中相对误差最大的那个数，即有效数字位数最少的那个数为依据决定结果的有效位数。

例如，求0.0121、25.64及1.05782三数相乘之积。设此三数的最后一位数字为可疑数字，且最后一位数字都有±1的绝对误差，则它们的相对误差分别为：

$$0.0121,\quad \frac{\pm 1}{121} \times 100\% = \pm 0.8\%$$

$$25.64,\quad \frac{\pm 1}{2654} \times 100\% = \pm 0.04\%$$

$$1.05782,\quad \frac{\pm 1}{105782} \times 100\% = \pm 0.0009\%$$

第一位数是三位有效数字，其相对误差最大，应以此数据为依据，确定其他数据的位数，即将各数都修约到保留三位有效数字，然后相乘为：

$$0.0121 \times 25.6 \times 1.06 = 0.382$$

3.10.2 平均值的选择计算

（1）算术平均值。算术平均值是最常用的一种平均值。设观测值的分布为正态分布，用最小二乘法原理可以证明：在一组等精度测量中，算术平均值为最佳或最可信赖值。

算术平均值：n个性质相同的定量数据之和除以n所得的结果叫做算术平均值。利用全部原始数据计算算术平均值见式（3-34）。

$$\bar{x} = \frac{1}{n}\sum_{i=1}^{n} x_i \tag{3-34}$$

式中 x_i——第i个观测值；

n——样本大小（或样本含量，即全部数据的个数）。

算术平均值的两个重要性质：1）算术平均值使偏差之和为零；2）算术平均值使偏差平方和最小。

算术平均值适用于一组性质相同的、单峰的、且近似服从对称分布的（最好是服从正态分布的）数据。

为了减小和消除随机误差影响，通常采用算术平均值，算术平均值是最常用的一种平均值，用于绝大多数的统计场合。

（2）加权平均值。设对同一物理量用不同方法测定，或对同一物理量由不同人测定，计算平均值时，常对比较可靠的数值予以加重平均，称为加权平均值。加权平均值的定义为：对同一待测量 x，在不同条件下（不同人、仪器、次数、环境等）进行的 m 组测量，测得 m 个测量结果 $\bar{x}_1, \bar{x}_2, \bar{x}_3, \bar{x}_m$，则：

$$\bar{x} = \frac{n_1\bar{x}_1 + n_2\bar{x}_2 + \cdots + n_m\bar{x}_m}{n_1 + n_2 + \cdots + n_m} \tag{3-35}$$

各组测量结果对最后结果的贡献并不是一律平等的，而由各自“权”的大小来决定，称为加权平均值。加权平均值用于不同方法（或不同人员）测定时的加重平均计算。

（3）几何平均值。几何平均值是将一组 n 个观测值连乘并开 n 次方所求得的值，即：

$$\bar{x} = \sqrt[n]{x_1 x_2 \cdots x_n} \tag{3-36}$$

式中　x_i——观测值。

当对一组观测值取对数所得图形的分布曲线为对称时，常用几何平均值。几何平均值适用于一组性质相同的、单峰的且服从正偏态分布的（最好是服从对数正态分布的，即数据取对数变换后服从正态分布）定量资料。

不难看出，当 $x_1, x_2, \cdots, x_n$ 数值接近时，几何平均值即转变为算术平均值，可见，取几何平均值作为待测量的最佳估值，大都用在待测量的对数为正态分布情况下，目的是为了减小和消除系统误差，因此，无需多次测量。

（4）调和平均值。调和平均值：对 n 个性质相同的定量数据分别取倒数变换后，按算术平均值计算，然后再求其倒数所得的结果，叫做调和平均值。利用全部原始数据计算调和平均值见式（3-37）。

$$\bar{x} = \frac{n}{\sum_{i=1}^{n} \frac{1}{x_i}} \tag{3-37}$$

式中　x_i——观测值；

　　　n——全部数据的个数。

调和平均值可应用于表达一组性质相同的呈极严重正偏态分布（即高峰出现在全部数据取值范围的中心点左边）的定量资料的平均水平。

（5）均方根平均值。均方根平均值常用在计算分子的平均动能以及周期性变化的电流等参数中，其计算式为

$$\bar{x} = \sqrt{\frac{x_1^2 + x_2^2 + \cdots + x_n^2}{n}} \tag{3-38}$$

式中　x_i——观测值；

　　　n——全部数据的个数。

均方根平均值用于某些特定（如周期性变化的电工参数）的计算中。

3.10.3 粗大误差的判断准则

在一系列重复测量所得数据中，经修正系统误差后如有个别数据与其他数据有明显差异，则这些数值很可能含有粗大误差，称其为可疑数据，记为 X_d。根据随机误差理论，粗大误差出现的概率虽小但不为零，因此必须找出这些异常值，给以剔除。然而，在判别某个测得值是否含有粗大误差时要特别慎重，需要作充分的分析研究，并根据选择的判别准则予以确定，因此要对数据按相应的方法作预处理。

预处理并判别粗大误差有多种方法和准则，有 3σ 准则、罗曼诺夫斯基准则、狄克松准则和格罗布斯准则等。其中，3σ 准则是常用的统计判断准则，罗曼诺夫斯基准则适用于数据较少的场合。

（1）3σ 准则。首先假设数据只含有随机误差，再对它进行处理，计算得到标准偏差，按一定概率确定一个区间，凡超出这个区间的误差，就不属于随机误差而是粗大误差，含有该误差的数据应予以剔除。这种判别处理原理及方法仅局限于对正态或近似正态分布的样本数据处理。

3σ 准则又称拉依达准则，作判别计算时，先以测得值的平均值 X_i 代替真值，求得残差 v_i，再以贝塞尔（Bessel）公式计算得的标准偏差的 3 倍为准，与各残差作比较，以决定该数据是否保留。如某个可疑数据 X_d，若其残差 v_d 满足式（3-39）：

$$|v_d| = |X_d - \overline{X}| > 3\sigma \tag{3-39}$$

则为粗大误差，应予剔除。

每剔除一次粗大误差后，剩下的数据要重新计算 σ 值，再以数值变小的新 σ 值为依据，进一步判别是否还存在粗大误差，直至无粗大误差为止。

应该指出：3σ 准则以测量次数充分大为前提，当 $n \leqslant 10$ 时，用 3σ 准则剔除粗大误差是不够可靠的。因此，在测量次数较少的情况下，最好不要选用 3σ 准则，而用其他准则。

（2）罗曼诺夫斯基准则。当测量次数较少时，用罗曼诺夫斯基准则较为合理。这一准则又称 t 分布检验准则。它是按 t 分布的实际误差分布范围来判别粗大误差的。其特点是，首先剔除一个可疑的测量值，然后按 t 分布检验被剔除的测量值是否含有粗大误差。

设对某量作多次等精度独立测量，得 X_1，X_2，…，X_n。若认为测得值 X_d 为可疑数据，将其预剔除后计算平均值（计算时不包括 X_d）为

$$\overline{X} = \frac{1}{n-1}\sum_{i=1,\ i \neq d}^{n} X_i \tag{3-40}$$

并求得测量列的标准差估计量（计算时不包括 $v_d = X_d - \overline{X}$）

$$\sigma = \sqrt{\frac{\sum_{i=1}^{n-1} v_i^2}{n-2}} \tag{3-41}$$

根据测量次数 n 和选取的显著度 α，即可由表查 3-7 得 t 分布的检验系数 K。若有

$$|X_d - \overline{X}| \geqslant K\sigma \tag{3-42}$$

则数据 X_d 含有粗大误差，应子剔除；否则，予以保留。

表 3-7　t 分布检验系数 K 值

α \ n	4	5	6	7	8	9	10
0.05	4.97	3.56	3.04	2.78	2.62	2.51	2.43
0.01	11.46	6.53	5.04	4.36	3.96	3.71	3.54
α \ n	11	12	13	14	15	16	17
0.05	2.37	2.33	2.29	2.26	2.24	2.22	2.20
0.01	3.41	3.31	3.23	3.17	3.12	3.08	3.04
α \ n	18	19	20	21	22	23	24
0.05	2.18	2.17	2.16	2.15	2.14	2.13	2.12
0.01	3.01	3.00	2.95	2.93	2.91	2.90	2.88
α \ n	25	26	27	28	29	30	
0.05	2.11	2.10	2.10	2.09	2.09	2.08	
0.01	2.86	2.85	2.84	2.83	2.82	2.81	

（3）粗大误差的消除：

1）合理选用判别准则。在上面介绍的准则中，3σ 准则适用于测量次数较多的情况。一般情况下测量次数都比较少，因此用此方法判别，可靠性不高，但由于它使用简便，又不需要查表，故在要求不高时经常使用。对测量次数较少，而要求又较高的数列，应采用罗曼诺夫斯基准则。

2）采用逐步剔除方法。按前面介绍判别准则，若判别出测量数列中有两个以上测量值含有粗大误差时，只能首先剔除含有最大误差的测量值，然后重新计算测量数列的平均值及其标准差，再对剩余的测量值进行判别，依此程序逐步剔除，直至所有测量值都不再含有粗大误差时为止。

在实际测量过程中，为保证尽量预防和避免粗大误差，测量者应做到：

①加强测量者的工作责任心，以严格的科学态度对待测量工作；

②保证测量条件的稳定，应避免在外界条件发生激烈变化时进行测量；

③根据粗大误差的判别准则剔除粗大误差。

思 考 题

3-1 主要电工参数的测定方法有哪些？

3-2 气体流量测定时，其测试截面和测试孔如何选取？

3-3 气体流量测定与计算的步骤主要有哪些？

3-4 液体流量的测定一般采用什么方法？如何具体情况正确采用？

3-5 烟气湿度的测定方法如何选取？烟气含尘浓度如何测定与计算？

3-6 炉窑热平衡的测定与计算一般都有哪些收入和支出项目？各项目如何正确测定与计算？
3-7 炉窑热流图一般如何绘制？
3-8 炉窑外表面温度及热流一般如何合理地测定？在方法选用上应注意什么？
3-9 高温液体温度的测定一般应注意些什么？如何更合理地选用有关测定方法？
3-10 高温气流温度的测量一般选用哪些测定方法？它们有什么区别？
3-11 固体灰渣取样、制样和化验应注意些什么？
3-12 烟气取样常用的设备有哪些？如何合理地选取不同的取样方法？
3-13 有效数字的位数如何确定？如何正确地进行有效数字的运算？
3-14 常用的平均值有哪几种？如何根据测定数据的不同选用合理的平均值计算方法？
3-15 原始测定数据中含有粗大误差数字时，如何科学地进行数据处理？

4 通用机电设备的节能监测

对工业企业来说，电是不可缺少的能源。电气、机械耗能设备的数量也很多。对机电设备的监测也是十分必要的。

本章主要介绍变压器、电动机、风机、水泵、空气压缩机和企业供电系统等通用机电设备的监测项目及其监测方法，同时介绍相应的设备概况与节能方法。

4.1 变压器的节能监测

4.1.1 变压器概述

电力变压器是一种应用较为广泛的电气设备。通常从发电、供电到最后用电要经过三次到四次变压器的变压过程。因此，变压器的台数和容量大大超过了运行发电机的台数和容量，而且也超过了运行电动机的总容量。正是由于它容量大、台数多，所以在发电、供电、用电的整个系统中，变压器的电能损失约占整个电力系统损失的30%。因而，大力加强对供电、用电的科学管理，全面开展变压器的经济运行，是节约电能的一个重要环节。

变压器按用途可分为电力变压器（又可分为升压变压器、降压变压器、配电变压器等）、特种变压器（电炉变压器、整流变压器等）、仪用变压器（电压互感器和电流互感器）、调压变压器和试验变压器等。

4.1.2 变压器的节能监测项目及其监测方法

企业中使用的变压器大部分是电力变压器中的降压变压器和配电变压器。根据变压器国家相关节能监测标准，变压器的监测项目确定为变压器的负荷率、功率因数、负载系数、运行方式和规格型号。

（1）变压器负荷率。变压器负荷率指一定时间间隔内，用电企业平均有功功率与最大有功功率之比的百分数，它是表示变压器带动的用户用电均衡情况的一个指标。

负荷率的现场节能监测采取每小时记录一次有功电能表数字的方式，其监测时间不少于24h（一般正常情况下监测24h即可），分别计算每小时的有功功率和监测时间内的平均有功功率。用式（4-1）计算变压器的负荷率。

$$\eta = \frac{\overline{P}}{P_{max}} \times 100\% \tag{4-1}$$

式中 η——变压器在监测期间内的负荷率，%；

$\overline{P}$——变压器在监测期间的平均有功功率，kW；

P_{max}——变压器在监测期间的最大有功功率，kW。

（2）变压器的功率因数。为测算变压器的功率因素，一般记录24h的有功电量和无功电量，并统计一个月或一个季度的有功电量和无功电量，用式（4-2）分别计算现场监测期和统计期的平均功率因数。

$$\cos\phi = \frac{W_P}{\sqrt{W_P^2 + W_Q^2}} \tag{4-2}$$

式中 $\cos\phi$——变压器的平均功率因数；

W_P——变压器的有功电量，kW · h（1kW · h = 3.6MJ）；

W_Q——变压器的无功电量，kV · A · h。

提高变压器的平均功率因数可减少线路和变压器损耗。

（3）变压器的负载系数。变压器的负载系数指变压器的输出视在功率与额定容量之比的百分数。它有一个最佳值，称为变压器最佳负载系数，是指变压器运行中损耗率最低时的视在功率与额定容量之比。一般变压器负载系数用β表示，最佳负载系数用β_m表示。

变压器负载系数的监测可采用现场记录电能表和查阅运行记录的方式进行，现场记录时间应不少于24h，查阅运行记录的统计期为一个月或一个季度。

1）单台变压器的平均负载系数。单台变压器在时间t内的平均负载系数β_t用式（4-3）计算。

$$\beta_t = \frac{W_t}{tS_e\cos\phi_t} \times 100\% \tag{4-3}$$

式中 β_t——单台变压器时间t内平均负载系数，%；

t——监测期或统计期时间，h；

W_t——单台变压器时间t内的总有功电量，kW · h；

S_e——变压器额定容量，kV · A；

$\cos\phi_t$——单台变压器时间t内的平均功率因数。

2）n台变压器并联的平均负载系数。对于n台并联运行的变压器，在时间t内的平均负载系数β_{nt}由式（4-4）计算。

$$\beta_{nt} = \frac{W_{nt}}{t\cos\phi_{nt}\sum_{i=1}^{n} S_{ei}} \times 100\% \tag{4-4}$$

式中 β_{nt}——n台变压器时间t内的平均负载系数，%；

t——监测期或统计期时间，h；

W_{nt}——n台变压器时间t内的总有功电量，kW · h；

S_{ei}——第i台变压器额定容量，kV · A；

$\cos\phi_{nt}$——n台变压器时间t内的平均功率因数。

3）单台变压器的最佳负载系数。变压器的负载系数按其最佳负载系数考核，单台运行变压器综合功率损耗最小的最佳负载系数的计算公式如式（4-5）所示。

$$\beta_{max} = \sqrt{\frac{N_{0z}}{N_{kz}}} \times 100\% \tag{4-5}$$

式中 β_{max}——单台变压器最佳综合功率损耗负载系数，%；

N_{0z}——变压器空载综合损耗，kW；即 $N_{0z}=N_0+k_QN_1$（其中 N_0 为变压器的空载损耗，kW；k_Q 为无功经济当量，kW/(kV·A)；N_1 为变压器的励磁功率，kV·A）；

N_{kz}——变压器短路综合损耗，kW；$N_{kz}=N_k+k_QN_k$（其中 N_k 为变压器的短路损耗，kW；k_Q 为无功经济当量，kW/(kV·A)；N_k 为变压器的额定负载漏磁功率，kV·A，其计算式为 $N_k=\frac{U_k}{U_e}\cdot S_e\cdot\frac{I_0}{I_e}$（其中，$U_k$ 为短路电压，U_e 为额定电压，I_0 为空载电流，I_e 为额定电流，S_e 为变压器的额定容量）。

4）n 台变压器并联的最佳负载系数。对 n 台变压器并联，其最佳负载系数的计算公式为：

$$\beta_{n\max}=\sqrt{\frac{\sum_{i=1}^{n}N_{0zi}}{\sum_{i=1}^{n}N_{kzi}}}\times 100\% \tag{4-6}$$

式中 N_{0zi}——第 i 台变压器的空载综合损耗，kW；

N_{kzi}——第 i 台变压器的短路综合损耗，kW。

4.1.3 变压器节能监测实例

某企业变压器部分节能监测结果见表 4-1。

表 4-1 某企业部分变压器节能监测结果

规格型号	额定容量/kV·A	负荷率/%	效率/%	功率因数
SF7-10000/110	10000	66.96	99.3	0.96
SJ-1000/10	1000	34.60	97.9	0.79

4.1.4 变压器节能的途径

变压器是一种高、低电压之间的转换设备，降低其损耗，提高其效率的方法主要有：

（1）合理选择变压器容量和台数，减少空载现象。变压器空载运行时，虽然副方没有功率输出，但原方仍要从电网吸取一部分有功功率来补偿由于磁通交变在铁芯内引起的铁耗和由于空载电流在原线圈内流过而引起的铜耗。对电力变压器来说，空载损耗不超过额定容量的1%，空载电流约为额定电流的2%~10%，空载损耗随变压器容量增大而下降。

（2）根据负荷变化的实际情况，力求实现变压器经济运行。

（3）负荷不均衡的变压器应并联运行。因为负荷不均衡的两台或两台以上的变压器并联运行后有很多优点，主要体现在：1）并联后的变压器负荷可以合理分配，使变压器的总损耗降低；2）由于合理分配负荷，原来未并联而温升高的变压器温度可降低，温升低的升高不大，这样变压器绝缘不易老化，运行寿命相应延长；3）可以改善变压器的电压调整率，提高电压质量，稳定电压，可使补偿电容的投入率提高，无功补偿效果好；4）对负荷逐渐增长的变电所，可以节省初建时的投资，即变压器先投入一台，随着负荷增长再根据需要投入第二台、第三台。需要注意的是，在实现并联以前，要考虑变压器的高、低压开关容量是否能承受变压器并联后的断路容量，以确保电网运行安全。

（4）提高变压器的功率因数。通过改善负荷的功率因数，可减少变压器的电能损耗及变压器内的电压降，增加变压器的负荷能力。

4.2 三相异步电动机的节能监测

电动机在工业企业中应用非常广泛。许多设备如机床、风机、水泵、吊车等都需要电动机提供原动力。据统计，我国电能总消耗量中，60%以上是电动机所消耗的，而目前企业中电动机大多处于轻载、低效、高损耗的运行状态。

造成这种状况的因素很多，有电动机种类、容量选择上的问题；有运行管理的问题；也有电动机老化等问题。在目前能源紧张尤其是电力紧张的情况下，制定电动机运行的监测标准，开展对电动机的节能监测，是非常必要的。

国家节能监测标准体系规划中，电动机不单列监测标准，现已修订发布的《三相异步电动机经济运行》（GB 12497—1995）可作为主要监测依据之一。

4.2.1 三相异步电动机概述

电动机的种类很多。按电源电压的不同来分，有多种电压等级的电动机。按电源的电流形式可分为直流电动机和交流电动机。交流电动机又分为同步电动机和异步电动机。异步电动机又分为单相异步电动机和三相异步电动机。本书中所讲的电动机的监测是指工业企业中应用最广泛的各种容量、型号的三相异步电动机的监测。

三相异步电动机由固定部分（定子）、转动部分（转子）及其他零部件组成。定子由定子铁芯、定子绕组和机座组成，是产生电磁转矩的部件；转子由转子铁芯、转子绕组和转轴组成。

4.2.2 电动机的监测项目及其监测方法

三相异步电动机的监测项目有规格型号、运行状况、负载率和效率。

（1）规格型号。规格型号是决定电动机电能转换为机械能效率高低的基础，因此，对于电动机的选型是很重要的。

在工业企业实际生产过程中，电动机的拖动设备千差万别，生产工艺要求也各不相同。因此，对电动机类型的选择是相当复杂的事情。一般来说，对电动机类型的选择可以从电动机的电流形式、额定电压、额定容量及结构形式等几个方面来考虑。

三相异步电动机结构简单、制造方便，运行可靠、价格低廉，一般应优先选用。直流电动机具有优良的调速性能和启动转矩大等特点，所以对调速要求高的生产机械（如龙门刨、轧机）或要求启动转矩大的生产机械（如起重机、电力牵引机等），往往采用直流电动机拖动。

从额定电压方面来考虑，对于大容量的交流电动机，应选用电压为 3kV、6kV 甚至 10kV 的高压电动机。这样就可以少增设降压变压器或降低变压器的容量，减少变压器的损耗。当然，选择高压电动机要考虑企业现有的配电电压等级。合理选择电动机的容量是少花钱甚至不花钱，从而达到节能目的的一条重要途径。

电动机的选择除应满足生产技术上的要求外，其本身还存在新与老、优与劣、先进与落后等性能方面的问题。

1982年以来，原机械工业部和原国家经委下达了十几批关于淘汰耗能高的落后产品的通知，同时相对应地推荐了节能型新产品。JO系列电机1984年1月1日起，JO_2系列电机1985年1月1日起，除少量维修用外，一律停止生产，2014年2月已公布了部分Y系列电机淘汰目录。建议使用符合国家节能要求的三相异步电动机。对于正在运行的属于国家公布淘汰的电动机，要求在更换时一律改为符合国家要求的节能型电动机，或已进行了磁性槽泥（CC材料）改造。总之，这一监测项目的目的就是确保电动机设备本身的高效节能。

规格型号的监测方法是察看电动机铭牌和随机资料。

（2）运行状况。电动机的运行状况是影响其电能利用率的重要因素，从广义上讲，电动机的运行还包括传动装置和拖动设备的运行状况。

对100kW以上的大功率电动机，在安全条件允许的情况下，应进行就地补偿无功功率以提高其功率因数。

加强对电动机传动装置、拖动设备的维护和保养是提高电动机及其拖动设备电能利用率最简单易行的途径，而在实际工作中却又往往最容易被忽视。对电动机应经常进行适当润滑，经常清除电动机机壳上的油污，保证通风流畅，从而减少电动机的机械损耗，减轻电动机的温升，提高电动机的效率，延长电动机的使用寿命。对电动机要定期进行检修，检修时一定要按照电动机的原有标准，保证检修的质量。

电动机是电能转换为机械能的设备。这种机械能要做功，达到生产目的，就必须通过传动装置，通过所拖动的各种机械装置才能实现。从合理利用能源的角度出发，提高电能利用率，也应当考虑传动装置，拖动设备的效率问题。

电动机的空载就是输入的电能全部变成损耗、输出功率为零。电动机的铁损是固定的，与负载无关，且在整个损耗中占有一定的比例。特别是中小型电动机，铁损所占的比例更大。况且电动机要与相应的机械设备相连接，这时空载运行消耗的电能为电动机空载时的2~3倍。因此需要采取措施避免这种空载损耗。因此，在工作周期反复出现空载且空载运行时间超过5min的中小型电动机，应安装空载自停装置。

运行状况的监测方法是现场观察和查阅有关技术资料，对于功率因数，在测定负载率和效率时能够同时得到。

（3）负载率。电动机的负载率指其运行中的实际输出功率与额定功率之比，可用式(4-7)计算。

$$\beta = \frac{P_2}{P_e} \times 100\% \tag{4-7}$$

式中 β——负载率，%；

P_2——电动机的轴输出功率，kW；

P_e——电动机的额定功率，kW。

电动机的运行效率和异步电动机的功率因数都是随负载率变化而变化的。一般来说，电动机负载率在70%~100%时为最佳效率区，对于不同的电动机有不同的经济运行区。

一般说来，如果电动机的负载率小于 40%，则其效率和异步电动机的功率因数就会急剧下降。为防止这种情况的发生，一般电动机负载率不应低于 40%。否则，就应以较小容量的电动机代替轻负载运行的电动机。

需要强调的是，通过节能监测，对负载率低于 40%的电动机提出更换处理意见之前，必须对其节能效果进行考核，一定要做到合理更换。

电动机的负载率有两种测定、计算方法。

1）当电动机的线电流大于 $0.7I_N$时，可采用实测线电流法确定负载率，其计算公式为：

$$\beta = \sqrt{\frac{I_x^2 - I_0^2}{I_N^2 - I_0^2}} \times 100\% \tag{4-8}$$

式中　β——电动机的负载率,%；

I_x——电动机运行时的线电流，A；

I_N——电动机额定线电流，A；

I_0——电动机空载时的线电流，A。

2）当电动机的线电流小于 $0.7I_N$时，应用实测输入功率法确定负载率，其计算式为式（4-9）。

$$\beta = \frac{-1 + \sqrt{1 + 4\frac{1}{P_N^2}\left[\left(\frac{1}{\eta_N} - 1\right)P_N - P_0\right](P_1 - P_0)}}{2\frac{1}{P_N}\left[\left(\frac{1}{\eta_N} - 1\right)P_N - P_0\right]} \times 100\% \tag{4-9}$$

式中　β——电动机的负载率,%；

P_N——电动机的额定功率，kW；

η_N——电动机额定效率,%；

P_0——电动机空载时的输入功率，kW；

P_1——电动机负载时的输入功率，kW。

在节能监测中，可直接使用电动机经济运行测试仪进行测定。

（4）效率。电动机的效率是指电动机的轴输出功率与输入功率之比的百分数。其计算式为：

$$\eta_x = \frac{P_2}{P_1} \times 100\% \tag{4-10}$$

式中　η_x——电动机的效率,%；

P_2——电动机的轴输出功率，kW；

P_1——电动机负载时的输入功率，kW。

由于电动机在电能转化为机械能的过程中，内部将产生损耗，使电动机的输出功率总是小于输入功率，即电动机的效率总是小于 1。因此，电动机的损耗是影响电动机效率的最重要的因素。电动机的损耗包括恒定损耗、负载损耗、励磁损耗和杂散损耗等。所以降低电动机的损耗是提高电动机效率的有效途径。

电动机的效率还与其负载率及功率因数有关，若负载率由小变大，则电动机的效率也随之增大。若负载率继续增大到一定程度，电动机铜损及杂散损失会大幅度增大，电动机效率就要下降。理论计算证明，当电动机的铜损及杂散损失之和等于铁损损失之和时，电动机的效率达到最大值。

电动机效率的测定计算根据负载率的测定计算方法而不同。

1）当采用实测线电流法确定负载率时，电动机效率的计算公式为：

$$\eta_x = \frac{\beta P_N}{\beta P_N + \left[\left(\frac{1}{\eta_N} - 1\right) P_N - P_0\right] \beta^2 + P_0} \times 100\% \tag{4-11}$$

2）当采用实测输入功率法确定负载率时，电动机效率的计算公式是：

$$\eta_x = \frac{\beta P_N}{P_1} \times 100\% \tag{4-12}$$

当采用电动机经济运行测试仪进行监测时，可从仪表上直接得到电动机的效率。

4.2.3 三相异步电动机的节能途径

三相异步电动机的节能途径主要就是节电，即提高其运行效率，要做到经济运行，主要应该：

（1）在选型上要注意选用高效节能型电动机；

（2）选用电动机的功率要与拖动设备所需要的轴功率相匹配，提高电动机运行的负载率；

（3）对无功功率进行就地补偿，提高其功率因数；

（4）尽可能使电动机在经济运行区运行；

（5）加强电动机、传动装置和拖动设备的维护保养；

（6）对某些经常变化的负荷、有可能的情况下，实行变速调节；

（7）对部分电动机使用磁性槽泥（CC 材料）进行改造，减少其损失；

（8）在过载时及时停机。

4.3 风机的节能监测

风机是国民经济各部门不可缺少的用于气体输送和提高气体压力的机械设备，它把外界输入的能量转换为气体的压力能和动能，使气体的能量得到提高。风机广泛应用于煤炭、冶金、轻工、化工、纺织等各个领域，数量不断增加，总用电量日益增大。据调查资料，风机用电量约占全国发电量的 10%。因此，对风机运行的耗能情况进行节能监测是非常必要的。

4.3.1 风机概述

风机是一种能量转换设备，由叶轮、转子、壳体及一些辅助部件组成，风机机组由原动机（电动机、热机等）、联轴器（耦合器）和风机本体组成。

风机可按其构造、出口压力、用途等分类，即：

（1）按构造分类。按构造风机可分为叶轮式（叶片式）风机和容积式风机两大类，其中前者有离心式风机、轴流式风机、混流式风机和涡轮式风机等，后者包括活塞式风机和旋转式风机（罗茨风机）等。

（2）按出口压力分类。按出口压力风机可分为低压风机（风压小于10kPa）、中压风机（风压10～30kPa）和高压风机（风压大于30kPa），或者分为通风机、鼓风机和压缩机。

（3）按用途分类。按风机的用途可分为鼓风机和引风机（抽风机、排风机）。

风机的基本参数有流量、全压、转速、有效功率和轴功率、效率。

4.3.2 风机及其机组的监测项目与监测方法

根据风机的能耗特点，风机机组的节能监测包括检查项目和测试项目两部分。检查项目为风机机组运行状况、管网布置和仪表配置。测试项目为电动机负载率和风机电能利用率。

4.3.2.1 节能监测检查项目

（1）风机机组运行状态正常，系统配置合理，主要检查：

1）风机本体、驱动电动机、连接器等是否完好、清洁；是否是国家明令的淘汰产品；

2）支承部分润滑脂是否正常，各部位轴承温度是否符合温升标准；

3）平皮带和三角带松紧度是否符合要求；平皮带压轮压力是否符合要求；三角带是否配齐，是否全部工作正常。

（2）管网布置和走向合理，应符合流体力学基本原理，减少阻力损失。

（3）系统连接部位无明显泄漏，送、排风系统设计漏损率不超过10%，除尘系统不超过15%。对管网系统应作如下检查：通过听声、手感、涂肥皂水等办法，判断漏风位置和漏风程度；自身循环的空气调节系统，要检查是否在设计条件下运行。

（4）功率在50kW及以上的电动机应配备电流表、电压表和功率表，并应在安全允许条件下，采取就地无功补偿等节电措施，控制装置完好无损。

（5）流量经常变化的风机应采取调速运行方法。

4.3.2.2 节能监测方法

（1）测试应在风机机组正常运行状态下进行。正常运行状态指生产工艺流程的实际运行工况。风机长期在稳定的负荷下运行，则将该工况视为正常运行状态；风机负荷在一定范围内变化，应将最经常出现的负荷工况视为正常运行状态。

（2）每次监测连续测试时间不少于30 min，每一被测参数的测量次数应不少于3次，以各组读数的算术平均值作为计算值。

（3）测量截面应分别选在距风机进口不少于5倍、出口不少于10倍管径（当量管径）的直管段上，矩形管道以截面长边的倍数计算。如风机无进口管路，出口管道又没有平直长管段时，可在风机进口安装一段直管进行测量。

（4）若动压测量截面与静压测量截面不在同一截面时，动压测量值应按静压测量截面的条件进行折算。

（5）通风管道测量截面测点应按前述相关内容选取。

（6）测试所用仪器仪表应满足测试项目的要求，仪表准确度要求见表4-2。

表 4-2 仪表准确度要求

仪器仪表	准确度	仪器仪表	准确度
交流功率表	不低于1.5级	微压计	不低于1.0级
电能表	不低于2.0级	大气压力表	最小分度值不低于1hPa（100Pa）
温度表	分辨力1℃		

4.3.2.3 节能监测测试项目

A 风机效率

风机效率是表示风机对供入能源利用情况好坏的指标，是风机节能监测的最主要项目。风机效率包括风机本体效率、风机机组效率和风机机组电能利用率。

a 风机本体效率

风机本体效率指风机有效能（风机功率）与风机轴功率的百分比。有些资料上称为风机轴效率。

$$\eta_{bt} = \frac{pV}{1000P_z} \times 100\% \tag{4-13}$$

式中 η_{bt}——风机本体效率,%；

p——风机全压，Pa；

V——风机流量，m^3/s；

P_z——风机的轴功率；kW；测算方法如式（4-17）所示。

b 风机机组效率

风机机组效率指风机有效能与原动机输入功率的百分比，对于以电动机为原动机的风机也叫电能利用率。计算公式如式（4-14）所示。

$$\eta_{jz} = \frac{pV}{1000P_1} \times 100\% \tag{4-14}$$

式中 η_{jz}——风机机组效率,%；

p——风机全压，Pa；

V——风机流量，m^3/s；

P_1——原动机（或电动机）的输入功率，kW。

c 风机机组电能利用率

风机机组电能利用率是指包括风机管网在内的整个系统的效率，指管网出口与进口的压力差作为全压计算的有效能与风机原动机输入功率的百分比。即：

$$\eta_{xt} = \frac{(P_2 - P_1)V}{1000N_1} \times 100\% \tag{4-15}$$

式中 η_{xt}——风机系统效率,%；

P_1——风机管网进口压力，Pa；测算方法如 d 中的（1）部分。

P_2——风机管网出口压力，Pa；测算方法如 d 中的 1）部分。

V——风机流量，m^3/s；测算方法如 d 中的 2）部分。

N_1——原动机（或电动机）的输入功率，kW；测算方法如 d 中的 3）部分。

风机机组电能利用率的考核指标为：电机容量在 45kW 以下的风机机组电能利用率不

小于55%，电机容量在45kW及以上的风机机组电能利用率不小于65%。

d 风机效率主要参数的测算方法

(1) 风机风压（静压）的测定方法。风机风压又称风机全压，是单位体积的气体经过风机后能量（压力）的增加值，即风机出口全压与进口全压之差。而风机进（出）口全压是风机进（出）口静压与动压之和。

1) 静压测定截面的选择。当风机进口和出口有风管时，风机进口和出口静压应靠近风机进口和出口处直接测定，亦即静压测定截面应靠近进口和出口，若不能满足上述要求时，可在风机进口上游和出口下游的其他位置（不可包括节流装置）测定，但必须将测定截面与风机进口、出口截面间可能产生的动压转换效应和压力损失一并计算在内，包括风管摩擦损失、系统部件和风管面积变化等产生的损失。

2) 静压的测点。采用压力测孔测定静压时，应采用4个测孔，其位置相隔90°。如果是矩形截面，则其压力测孔必须在接近每一侧壁的中心处。压力测孔的直径为2~3mm，最大不超过5mm，压力测孔处的风管内表面必须光滑，无凹凸不平等缺陷。压力测孔可以不校准。四个测孔可单独测定，也可连通在一起取压测定。

采用皮托管测定静压时，测点应和动压测点一致。

3) 静压的测定仪表。风机静压测定可采用垂直或倾斜式液体式压力计。

(2) 风机流量的测定：

1) 风机流量的测定方法。气体管道某一截面的流量可由两种方法测定，即压差法和速度场法。

压差法：是指由孔板、文丘里管、喷嘴等压差装置测得压力差，然后计算出流量的方法。在节能监测中，采用差压装置测定风机流量不是很多，一般在风机运行现场配备标准或非标准差压装置且在检定期内的情况下，可直接利用现场仪表读取其数据。

速度场法：是指测量管道截面各点的速度，而后计算出截面的平均速度，最后再计算出流量的方法。速度场法是节能监测中经常使用的流量测定方法。

2) 速度场法对测试仪表测定仪器测试截面的要求。速度场法对测试仪表测定仪器测试截面的要求有：①应尽可能使用高精度仪表，以确保测量精度和计算出的平均速度的精度较高。②流量测定截面应位于直管段，气流基本上是轴向的、对称的，且无涡流或逆流。这样可排除由弯头、突然扩张或收缩、障碍物或风机自身所引起的流动干扰。③如有可能，流量测定截面应选在距风机进口至少1.5D处（在风机进口侧测定流量时，D为管道内直径），或距风机出口至少5D处（在风机出口侧测定流量时）。④考虑到管壁影响及中心区域的不规则性，应在截面上应按有关要求选取足够数量的测点。⑤在整个测定过程中，流量应保持恒定，并采取措施以保持风管的当量直径和阻力、风机转速、系统内气体的压力和温度尽可能稳定。⑥如果气流存在不规则脉动，如有可能所采用的测定仪表的最小阻尼应是对称和线性的，使其易于获得读数（如从气体压力计上获得读数时，使用长度足够的毛细管即可）；在每个测点应重复若干次（至少5次）读数，其时间间隔应避开周期脉动的影响；如果阻尼状态使瞬时读数在一个足够的时间周期（例如：观测5个最大值和5个最小值）内的变化不超过±2%时，可以目测确定平均值。⑦由不规则脉动所产生的流量读数的最终误差，依据所测得的读数总数而定。如果测点总数多，则每个测点的读数次数可少些，否则读数次数应多些。⑧对能提供精确时间平均值功能的仪器仪表，则不需要上述⑥、⑦两条所述的仪器和操作，但建议每个测定值至少要测定2次，同时应确保仪表功能持续有效，并保持对流量不正常脉动进行连续检查。⑨仪器仪表在各测点上应保持静止（不包括连续扫描法）。⑩测定工作人员和辅助设备不应影响到流场。

3）测定仪表的选择和使用。当风速较高时，一般应选择皮托管；如果风速过低，可采用其他仪表，如热线风速仪、热球风速仪等。

4）测点位置确定。对于不同形状的截面，确定测点位置有不同的方法，详见第3章相关部分，即等圆环面积法和矩形法等。

选择风机测点位置时，应依据风机类型、工作方式，结合送排风系统具体情况进行选择。一般可掌握下列原则：①风机前后均装有管道时，风量、风压测点可选择在吸气管道或排气管道的直管段上。但直管段长度至少应大于4~5倍的管道直径（或当量直径）。如现场无此条件，只能选择在较短的管道上时，应增加测点的数量。②如风机只装吸气管道，测点均应安排在吸气管道上；如风机只装排气管道，则测点均安排在排气管道上。③静压测点的位置应设在靠近风机进出口气流较平稳的直管段上，通风机进口静压测点一般选在导流器前，出口静压一般选在风机出口法兰盘附近。④当风机进出口直管段长度较短，不能满足测量精度时，则可越过1~2个弯头，选择适当的直管段安装测压管。而弯头的能量损失可按局部阻力公式计算确定。直管沿程能量损失，则按摩擦阻力公式计算确定。此外，还应选择好必要的测量仪表。测试用各种仪表的精度、量程应按测试相对误差±2%和测量范围选择。

5）流量的计算。采用速度场法测定风机流量时，可用有效截面的平均流速乘以截面面积，即可得到所测截面的流量。

（3）风机输入功率的测定。风机机组输入功率一般就是电动机的输入功率，可以使用电动机经济运行测试仪、电力综合测试仪等直接测定。也可先测定输入电机的电流、电压和功率因数单项参数，再用式（4-16）计算得到电动机的输入功率。

$$P_1 = \sqrt{3} IU\cos\phi \times 10^{-3} \tag{4-16}$$

式中　P_1——电动机的输入功率，kW；

I——输入端的线电流，A；

U——输入端的电压，V；

$\cos\phi$——输入端的功率因数。

（4）风机轴功率的测定。风机轴功率的测定主要通过测定电机输入功率、电动机效率，用有关数据（包括传动装置的传动效率等）计算，即：

$$P_z = P_1 \eta_x \eta_{cd} \tag{4-17}$$

式中　P_1——电动机的输入功率，kW；

η_x——电动机的效率，%；

η_{cd}——电动机与风机间传动装置的传动效率，%；若是直联，$\eta_{cd} = 100\%$，若是皮带连接，$\eta_{cd} = 98\%$。

B　电动机负载率

电动机负载率按式（4-18）计算。

$$\beta = \frac{P_2}{P_n} \times 100\% \tag{4-18}$$

式中 P_2——电动机输出功率，kW；

P_n——电动机额定功率，kW。

电动机负载率的考核指标是：要求不小于45%。

4.3.3 风机节能的途径和方法

根据风机原理及生产实践，风机基本的节能方法有加强管理，减少不必要的运行时间；采用高效设备（电动机、传动装置、风机本体及控制装置），减少空气动力（包括风量调节和调速控制）等。

（1）加强管理，减少不必要的运行时间。风机的用途很多，有些需要连续运转，有些则可根据生产需要确定是否运行。对于不需要连续运行的风机，在生产不需要时，应及时停止运行。

在风机运行中，应注意维护保养，及时加注润滑剂。

目前，风机使用中存在着很多问题，需要注意解决。这些问题主要有：风机选型不当，对需要的风量与压力“层层加码”，一般风压选择过大，有时风机全压选择又过小；风机无检测仪器仪表，无调节装置或调节装置不完善；风机管网布置不合理，包括管网上存在多余的管件（如多余的管接头、弯头、三通、阀门等）和流动的急变（如突然扩大、突然缩小、突然分流、变向或急转弯等），进出口布局不合理，漏风；风机品种、规格少等。

加强风机运行的科学管理，就要密切注意风机的运行状况，重视解决上述问题。另外，还应注意建立健全风机的技术档案和运行规程。

（2）采用高效设备。风机机组由几个设备组成，包括原动机（一般为电动机）、传动装置、变速装置、风机本体及控制装置等。这些设备本身的效率综合起来决定了风机整体效率，每一个装置的效率都对风机机组效率有相应的影响。

对于风机本体和电动机，国家公布了多批淘汰产品和推荐产品，因此在风机和电动机选型中要首先选用国家推荐产品，决不允许选用淘汰产品。对于风机，则还可在可能的情况下，选用轴流式风机等。

（3）减少空气动力，进行适当方式的风量调节。在生产过程中，有时所需要的风量是变化的。以前，风量的调节多数是在进口风管或出口风管上加装节流阀门或风门来实现，属于节流调节。这种方式因结构简单，操作方便，目前仍在采用。虽然实现了流量的调节，但增加了管道阻力，输入功率随着风量的降低并不明显，也就是说这种方法是以人为附加压力损失、能量浪费的代价换取风量调节的。这也是改变风机管网特性曲线的方法，是不经济的，不可取的。

风机风量调节的另一类方法是改变风机性能曲线，其中又分为恒速调节和变速调节，恒速调节和变速调节又有很多种形式。恒速调节方式有：小叶轮换大叶轮；截短对轮外径；减少级数，拆摘叶片；前（中、后）导叶控制，静叶可调；改变动叶安装角，动叶可调；台数组合控制，串-并联；进口节流；出口节流；变叶片宽度；变扩压器安装角；联合调节；微机控制及其他方式。变速调节方式有：变频调速；调压调速；电磁调速；变极对数调速；串级调速（或转子串电阻）；无换向器电动机调速；蒸汽轮机或燃气轮机等原动机的变速；液力耦合器；液力调速离合器（利用液体黏性）；机电一体化装置（如微机控制等）及其他方式（如带传动等）。

（4）风机应做到经济运行。国家标准《通风机系统经济运行》（GB/T 13470—2008）提出了交流电气传动的通风机系统经济运行基本要求、系统经济运行评价及系统技术改造要求，企业相应的通风机应遵照执行。

4.3.4 风机节能监测实例

某矩形风管截面尺寸为800mm×600mm，选择Ⅰ、Ⅱ、Ⅲ三个测孔，每个测孔各3个测点，选用斜管式液体压力计（工作液体为酒精，斜管式压力计常数$K=0.4$，刻度标尺基数为零）和皮托管，测得风管截面上各测点的动压值原始数据，详见表4-3，试确定该矩形风管截面上的平均动压值、平均风速和风量。

表4-3 风管截面动压测定原始数据

测孔号	测点序号	斜管式液体压力计读数/mm			测点动压/Pa	动压开方
		第一次读数	第二次读数	平均值		
Ⅰ	1	16	16	16	62.8	7.92
	2	14	15	14.5	56.9	7.54
	3	6	8	7	27.5	5.24
	4	0	−1	0	0	0
Ⅱ	1	15	14	14.5	56.9	7.54
	2	12	14	13	51	7.14
	3	5	3	4	15.7	3.96
	4	0	0	0	0	0
Ⅲ	1	16	17	16.5	64.7	8.04
	2	13	15	14	54.9	7.41
	3	5	6	5.5	21.6	4.65
	4	−2	−5	0	0	0

按算术平均值计算测定截面的动压值，表中实测读数出现零值和负值，表明测定截面上的气流不稳定，产生了涡流。计算平均动压时可将负值当做零值计算，测点数目仍保持不变。

按算术平均计算的截面上的平均动压为：

$$p_{动}=\frac{62.8+56.9+27.5+0+56.9+51+15.7+0+64.7+54.9+21.6+0}{12}=34.33(\mathrm{Pa})$$

按算术平均值计算的平均风速为：

$$w=\sqrt{\frac{2p_{动}}{\rho}}=\sqrt{\frac{2\times 34.33}{1.2}}=7.56(\mathrm{m/s})$$

按均方根平均值计算的截面动压值为：

$$p_{动}=\left(\frac{\sqrt{62.8}+\sqrt{56.9}+\sqrt{27.5}+\sqrt{56.9}+\sqrt{51}+\sqrt{15.7}+\sqrt{64.7}+\sqrt{54.9}+\sqrt{21.6}}{12}\right)^2$$

$$=24.54(\mathrm{Pa})$$

按均方根动压值计算的平均风速为：

$$w = \sqrt{\frac{2p_{动}}{\rho}} = \sqrt{\frac{2 \times 24.54}{1.2}} = 6.39(\mathrm{m/s})$$

计算结果表明，在气流不稳定的测量截面上，按算术平均动压值计算的风速大于按均方根动压值计算的风速，且两者相差较大。为计算精确起见，应采用均方根动压值来计算风速，即取截面平均风速 w=6.39m/s，因此，矩形截面流过的风量为：

$$V = Aw = 0.8 \times 0.6 \times 6.39 = 11052(\mathrm{m^3/h})$$

该计算风量与流量仪表测定值吻合较好，误差为1.19%。

4.4 水泵的节能监测

水泵在国民经济各部门占有很重要的地位，它广泛应用于冶金、化工、纺织、石油、煤炭、电力、国防、轻工、农业及生活中。泵和风机的总耗电量几乎占工业用电的一半。因此，对泵类特别是使用最多的水泵进行节能监测是十分必要的。

4.4.1 水泵概述

水泵是输送液体（水）的设备，和风机一样，水泵是能量转换设备，也可把它作为终端用能设备。

水泵的具体结构因其种类不同而不同，一般由叶轮、转子或往复部件（如活塞等）、壳体及一些辅助部件组成，水泵机组由电动机、传动机构和水泵本体等组成，水泵系统由水泵机组和管网组成。

水泵的主要参数有流量、扬程、转速、有效功率、轴功率和效率等，基本与风机相同。水泵的扬程与风机的全压是一个参数的两种不同的表示方法。

4.4.2 水泵的监测项目与监测方法

水泵的节能监测包括节能监测检查项目和节能监测测试项目两部分，检查项目有泵与电动机规格型号、仪表配置和运行状况等。水泵的监测项目为泵的运行效率、电动机的运行效率和吨·百米耗电量。

4.4.2.1 节能监测检查项目

（1）泵与电动机规格型号。泵与电动机不应是国家明令淘汰的产品。

（2）泵的运行状况。要求测试时系统应在正常状态下运行。泵的运行工况和输送管道应符合 GB/T 13469 的要求。运行时泵的轴密封正常。多级泵的平衡水用管路引回泵的吸入端。液体输送系统应有完整的运行台账、性能曲线、改造记录等技术档案。

（3）仪表配置。泵的进口压力表、出口压力表、泵与电动机的铭牌应齐全、完好。额定功率大于45kW 的电机应配置电流表、电压表和电能表。

4.4.2.2 节能监测测试项目

拖动电动机额定功率大于100kW 的泵类液体输送系统每年应监测一次，拖动电动机额定功率在5~100kW 的泵类液体输送系统每两年应监测一次。

效率是反映水泵供入能源利用情况的指标，是水泵监测的主要项目。依据所划分的不同体系，水泵效率也可分为三种，即水泵（运行）效率、水泵机组（运行）效率和水泵系统（运行）效率。

（1）水泵效率：

1）水泵（运行）效率。水泵在运行时输出的有效功率与水泵输入功率（水泵的轴功率）的百分数称为水泵（运行）效率。可用式（4-19）计算。

$$\eta_x = \frac{1000VH}{P_z} \times 100\% \tag{4-19}$$

式中 η_x——水泵效率,%；

V——水泵流量，m^3/s；

H——水泵扬程，MPa；

P_z——水泵输入功率（轴功率），kW。

2）水泵机组（运行）效率。水泵机组（运行）效率是指水泵在运行时输出的有效功率与水泵机组输入功率（电动机输入轴功率）的百分比。可用式（4-20）计算。

$$\eta_{jz} = \frac{1000VH}{P_1} \times 100\% \tag{4-20}$$

式中 η_{jz}——水泵机组效率,%；

V——水泵流量，m^3/s；

H——水泵扬程，MPa；

P_1——水泵机组输入功率（即电动机输入功率），kW。

3）水泵系统（运行）效率。水泵系统（运行）效率是指水泵系统运行时管网末端输出的有效功率与电源开关输出端的有功功率的百分比。可用式（4-21）计算。

$$\eta_{xt} = \frac{1000V_{gw}H_{gw}}{P_0} \times 100\% \tag{4-21}$$

式中 η_{xt}——水泵系统效率,%；

V_{gw}——水泵系统管网末端输出的流量，m^3/s；

H_{gw}——按水泵系统管网末端参数计算的扬程，MPa；

P_0——电源输出的有功功率，kW。

泵的运行效率的合格指标为大于等于泵额定效率的85%。

（2）电动机的运行效率。电动机的运行效率按以下三种方式之一获得：即用被测电动机的特性曲线查取；按《三相异步电动机经济运行》（GB/T 12497—2006）的规定测试计算；按《三相异步电动机试验方法》（GB/T 1032—2012）的规定测试计算。电动机运行效率的合格指标为不小于电动机额定效率的85%。

（3）吨·百米耗电量的计算。吨百米耗电量由式（4-22）计算。

$$e = \frac{0.27233}{\eta_{xt}} \tag{4-22}$$

式中 e——液体输送系统吨·百米耗电量，kW·h/(t·hm)；

η_{xt}——液体输送系统总效率。

吨·百米耗电量的合格指标应小于电动机与泵型能耗指标修正系数乘积的0.5倍。电动机与泵型能耗指标修正系数见表4-4。

表 4-4　电动机与泵型能耗指标修正系数

泵型能耗指标修正系数	单级泵	$Q_e<5$	$5<Q_e\leqslant 20$	$20<Q_e\leqslant 60$	$60<Q_e\leqslant 200$	$200<Q_e\leqslant 800$	$Q_e>800$
		1.446	1.246	1.157	1.080	1.000	0.953
	多级泵	$Q_e<15$	$15<Q_e\leqslant 80$	$80<Q_e\leqslant 200$	$200<Q_e\leqslant 500$	>500	
		1.400	1.185	1.100	1.000	0.939	
电动机能耗指标修正系数		$5\leqslant P_e\leqslant 11$	$11<P_e\leqslant 55$	$55<P_e\leqslant 315$	>315		
		1.106	1.044	1.000	0.979		

注：表中 Q_e为额定流量，m^3/h；P_e为额定功率，kW。

4.4.3　监测项目主要参数的测定方法

（1）水泵流量的测定方法。水泵流量的测定可采用超声波流量计、节流法、水堰法、容器法、涡轮流量计法等测定方法。对于节能监测来说，应用最多的还是超声波流量计（管外测定）和涡轮流量计（有出口）测定两种方法。

容器法测定流量的方法是：在一定的时间内，用一个容器收集水泵排出的水，然后用称量法或容积法计量水的质量或体积后，计算出水泵的流量。使用容器法测定流量时要求所用容器有足够大的容积，水不应溢出容器外面，同时向容器内注水和注完后撤离的动作应尽可能快一些，两次切换时间之差不得超过 0.02s。

水泵运行现场具有标准孔板、标准喷嘴或标准文丘里管等流量测定节流装置时，应审查节流装置和其安装是否符合相应国家标准中的有关规定，并查看其是否在检定周期内。如果以上问题的答案都是肯定的，则可直接采用现场仪表显示的流量。

（2）水泵扬程的测定与计算。水泵的扬程是水泵产生的总水头，即水泵的出口总水头与入口总水头之差。

水头的含义是单位质量的流体具有的能量并以水柱高度表示的值，水泵的总水头由压力水头、位置水头和速度水头所组成。

水头的单位是 m，看起来是国家法定计量单位，但由于它是与液体种类（水）有关的，其全称应是米水柱，实际上它不是国家法定计量单位，因此，在本书中，水头和扬程的单位改为使用国家法定计量单位 MPa，其计算公式也有相应的改动。

扬程可通过测定水泵前后的压力、速度和位置高度差后计算得到。可用公式（4-23）计算。

$$H=(p_2-p_1)+10^{-6}\left[\rho g(Z_2-Z_1)+\frac{1}{2}\rho(w_2^2-w_1^2)\right] \tag{4-23}$$

式中　H——水泵的扬程，MPa；

p_2——水泵出口压力，MPa；

p_1——水泵入口压力，MPa；

ρ——水的密度，kg/m^3；

g——重力加速度，m/s^2；

Z_2——水泵出口压力测试截面距基准面的高度，m；

Z_1——水泵进口压力测试截面距基准面的高度，m；

w_2——水泵出口水的流速，m/s；

w_1——水泵进口水的流速，m/s。

水泵进出口压力的测点应尽可能靠近水泵本身的进出口。流速可根据测得的流量和水泵进出口管道截面面积计算。

4.4.4 水泵的节能方法

水泵和风机同属于流体机械，风机的节能方法基本适用于水泵，但出于水泵输送的水的密度比风机输送的气体的密度大得多，压力也比风机高得多，因此也存在着一些不同的特点。

水泵节电的基本方法有三大要素，即减少不必要的流量、减少管路阻力和用高效的方法控制流量。

4.5 空气压缩机的节能监测

空气压缩机是工业企业中常用的一种机械设备，用来生产压缩空气。

4.5.1 空气压缩机概述

（1）空气压缩机工作原理。空气压缩机按工作原理可分为速度型和容积型两大类。速度型是气体在高速旋转轮的作用下获得巨大的动能，随后在扩压器内急剧降速，使气体的动能转变为压力能；容积型是通过气缸内做往复运动的活塞或做回转运动的螺杆、转子、滑片，将气体的容积缩小，从而提高气体的压力。

（2）往复活塞式压缩机工艺流程。工厂企业通常采用两级压缩的活塞式压缩机，其工艺流程如图4-1所示。

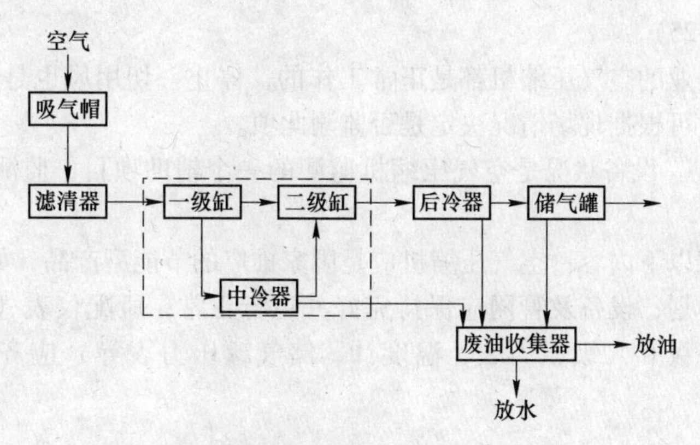

图4-1 压缩空气生产工艺流程

4.5.2 空气压缩机的监测项目及其监测方法

根据空气压缩机及其运行特点，可确定空气压缩机监测项目为单位产气量、电耗、泄漏率和设备状况。

（1）单位产气量电耗。单位产气量电耗是直接反映空气压缩机机组能源消耗水平的指标，可用式（4-24）计算。

$$K = \frac{Q}{V} \tag{4-24}$$

式中　K——单位产气量电耗，kW · h/m³；

Q——测定期空气压缩机耗电量，kW · h；

V——测定期空气压缩机产气量，m³。

1）耗电量测定。如果单台空气压缩机配备有电能表并在检定周期内，可直接读取，也可使用电平衡测试仪、电动机经济运行测试仪测定，注意应扣除空气压缩机停止工作电机空载时所消耗的电量。

2）产气量测定。产气量测定可采用容积法，即将空气压缩机储气罐放空后关闭罐后阀门，记录罐内压力 p_1，测定罐内温度 T_1；开机充满储罐后空气压缩机停止工作，记录罐内压力 p_2，测定罐内压缩空气温度 T_2，如此反复进行多次测定。

空气压缩机的产气量用式（4-25）计算（已换算为20℃，101325Pa 状态）：

$$V = 2.89V_0\left(\frac{p_2}{T_2} - \frac{p_1}{T_1}\right) \tag{4-25}$$

式中　V——测定期空气压缩机产气量，m³；

V_0——储气罐容积，m³；

p_1——空气压缩机工作前储气罐压力，kPa；

p_2——空气压缩机停机后储气罐压力，kPa；

T_1——空气压缩机工作前储气罐温度，K；

T_2——空气压缩机停机后储气罐温度，K。

（2）泄漏率。泄漏率是表示空气压缩机管道系统漏气情况的指标。测定时可停止一切用风，使储气罐达到正常压力，经过一段时间后记录储气罐的压力，即可计算出结果，计算公式为式（4-25）。

实际上很多企业的空气压缩机都是正常工作的，停止一切用风也是不现实的，因此，在实施节能监测时可根据现场情况决定是否监测此项。

（3）设备状况。设备状况是空气压缩机监测的一个辅助项目，监测方法是现场观察和查阅有关资料。

监测时应注意以下内容：空气压缩机应是国家推广的节能型产品，如系淘汰型号，应有近期更新改造计划；设备及管网应保持完好并运行正常；所配仪表（包括电能表、电流表、电压表、一级和二级压力表、温度计、储气罐压力表等）应齐全，并在检定周期内。

4.5.3　空气压缩机的其他能耗指标

除单位产气量电耗外，空气压缩机的能耗指标还有热效率（等温效率）、实际容积比能和实际质量比能。

（1）压缩机的等温效率。往复式空气压缩机在工矿企业中通常由电动机驱动。压缩机功能转换的特点是用来压缩气体的机械功被视为全部转化为热量，这些热量被冷却水带走，当冷却不完善时、部分热量由排出气体带走而消失在通往用户的沿途管路中。因此，压缩机工作所需的理论功率（即有效部分）以等温功率表示，压缩机热效率用等温效率表示。

1）等温功率。当视空气为理想气体且各级回冷完善时，等温功率可按式（4-26）计算。

$$P_{\mathrm{dw}}=\frac{1}{60}p_{\mathrm{x}}V_{\mathrm{x}}\ln\frac{p_{\mathrm{p}}}{p_{\mathrm{x}}} \tag{4-26}$$

式中 P_{dw}——等温功率，kW；

V_{x}——工程状态下（即20℃，101325Pa下）的排气量，$\mathrm{m^3/min}$；

p_{x}——平均吸气绝对压力，kPa；

p_{p}——平均排气绝对压力，kPa。

2）压缩机的轴功率。驱动机（电动机）通过传动机械（如皮带、联轴器等）抵达压缩机主轴的实际功率。

$$P_{\mathrm{z}}=\frac{k_u k_I Q}{\tau}\eta_{\mathrm{c}} \tag{4-27}$$

式中 P_{z}——压缩机主轴实际功率，kW；

k_u——电压互感器变压比；

k_I——电流互感器变流比；

τ——测定时间，h；

Q——电能表在测试时间内显示的数值，kW·h；

η_{c}——电动机至压缩机主轴的传动效率，一般为85%~95%。

3）压缩机等温效率。压缩机等温效率约为60%~75%，其计算式为式（4-28）。

$$\eta_T=\frac{P_{\mathrm{dw}}}{P_{\mathrm{z}}}\times 100\% \tag{4-28}$$

等温效率与单位产气量电耗指标实质是一样的，二者均可作为监测项目，但前者更为直观、简单一些，所以未将等温效率列入监测项目。

（2）实际容积比能、实际质量比能。压缩单位容积气体或单位质量气体空气压缩机驱动轴所需的能量，分别称为实际容积比能或实际质量比能。

二者与单位产气量电耗的区别只差电动机效率和传动效率。实际容积比能又称比功率。

4.5.4 空气压缩机的节能途径

空气压缩机的节能主要是通过加强管理来实现的。如开展防泄漏检查，尽量杜绝风、油、水等的跑、冒、滴、漏等现象，加强维护保养，提高运行判断能力，以保证运行工况的良好。具体做法如下。

（1）注意对空气滤清器的清理。

（2）提高用气的负荷率。

（3）对压力要求不同的用气单位分别供气。

（4）加强对管网的定期排水工作。

（5）压缩机气缸的吸气阀和排气阀采用自动型。

（6）加强空气压缩机的冷却效果和热能利用。

4.6 电焊设备节能监测方法

4.6.1 电焊机概述

根据基本原理，电焊机可分三类：焊接发电机、焊接变压器和焊接整流器。

根据结构特点和电路特点，各类焊机又可分几个品种：焊接发电机分为温差复激式，并激差复激式、裂极式、换向极去磁式、多站式；焊接变压器分为分离式、同体式、动铁芯式、动圈式、抽头式、多站式；焊接整流器则包括动芯式、动圈式、无反馈磁放大器式，部分内反馈磁放大器式，外反馈放大器式交直流两用式、多特性式、高压引弧式、多站式、可控硅整流式等。

各类电焊的基本原理与普通电源的基本原理相同。例如焊接发电机和普通发电机都是依靠导体在磁场中运动，切割磁力线而发电；焊接变压器和普通变压器都是利用绕组磁路内的交变磁场，在绕组上感应出电动势，建立了次级电压；焊接整流器与普通的整流器都是利用整流元件的单向导电性，把交流变成单向的直流电流，向负载输出直流电能。但是，电焊机的负载是电弧，它虽然也呈电阻性，却不像一般电阻遵守欧姆定律，而普通电源的负载（电阻、电感、电容）遵守欧姆定律。由于这点不同，就使各类电焊机与普通电源在其工作过程、构造形式、性能方面存在着很大差别，其差别主要体现在：

（1）电焊机外特性曲线形状是下降的，也就是电焊机输出端的输出电压随着输出电流的增加而逐步降低。而普通电源的外特性曲线是平直的或接近平直的，也就是电源输出电压的高低与输出电流大小基本无关。

（2）焊接变压器自身具有很大的电感，焊接发电机和焊接整流器本身具有良好的电源动特性。

（3）由于电源外特性曲线是下降的，因此，当改变外特性曲线陡降程度或使其在坐标中平移时，就能达到调节焊接的目的。

（4）由于手弧焊机的外特性曲线是下降的，因此，在焊接中若出现输出短路，输出回路内的电流只能加到某一个数值，不会因短路电流过大而将电焊机烧坏。

4.6.2 电焊设备节能监测要求与方法

（1）节能监测要求：

1）监测应在电焊设备正常生产实际运行工况下进行。

2）测试用仪表必须检定合格并在检定周期内，精确度不低于 1.5 级。

（2）节能监测方法：

1）测试参数。测试参数有：在焊接设备输出端测量的焊接时电压 U；在焊接设备输入端测量的焊接时功率因数 $\cos\phi$；在焊接设备输入端测量的测试期间的供给电量 E_x；测试期的熔化焊芯（丝）质量。

2）测试数据。各参数的测试数据原则上不少于 3 组。

3）平均值选取。每组数据的电压 U、功率因数 $\cos\phi$ 应同时进行测量，并取其 3 个瞬时值的算术平均值。

4）焊芯（丝）测试用量。测试每组数据所熔化的焊芯（丝）规定如下：手工电弧焊熔化 3 根；气体保护焊熔化不少于 0.05kg；埋弧焊熔化不少于 0.2kg。

4.6.3 电焊设备节能监测项目

电焊设备节能监测项目为设备运行状况和电能利用率。

（1）设备运行状况。设备运行状况为电焊设备的节能监测检查项目，主要检查：1）不得使用国家规定淘汰的电焊设备。2）设备完好，仪表及零配件齐全。3）接线符合电气安全运行的技术要求。

（2）电焊设备电能利用率：

1）测试期有效电量。测试期有效电量按式（4-29）计算。

$$E_y = \frac{GU\cos\phi}{S} \times 10^{-3} \tag{4-29}$$

式中 E_y——测试期有效电量，kW·h；

G——测试期焊芯（丝）熔化实际质量，kg；

U——电焊设备输出端电压，V；

$\cos\phi$——电焊设备功率因数；

S——焊条（丝）熔化系数（如 J506 焊条可查表 4-5 等相关资料）。

表 4-5 J506 焊条熔化系数

序 号	单位名称	熔化系数/kg·（A·h）$^{-1}$
1	东风电焊条厂	0.00911
2	集宁电焊条厂	0.00944
3	株洲电焊条厂	0.00817
4	兰州电焊条厂	0.00933
5	常州电焊条厂	0.00868
6	青岛电焊条厂	0.00839
7	泰州电焊条厂	0.00873
8	上海电焊条厂	0.00864
9	淄博电焊条厂	0.00886
10	沈阳电焊条厂	0.00877
11	天津电焊条厂	0.00883
12	丹东电焊条厂	0.00840
13	保定电焊条厂	0.00904
14	自贡电焊条厂	0.00945
15	锦州电焊条厂	0.00891

2）电焊设备电能利用率。电焊设备电能利用率按式（4-30）计算。

$$\eta = \frac{E_y}{E_x} \times 100\% \tag{4-30}$$

式中 η——电焊设备电能利用率,%；

E_x——测试期供给电能量，kW · h。

（3）电焊设备节能监测合格指标。电焊设备电能利用率合格指标见表 4-6。

表 4-6　电焊设备电能利用率合格指标　（%）

项　目	手工电弧焊	气体保护焊	埋弧焊
交流弧焊机	≥45	—	≥55
直流弧焊机	≥50	≥55	≥55

（4）电焊设备节能监测结果评价：

1）电焊设备节能监测检查项目和测试项目合格指标是监测合格的最低标准。监测单位应以此进行合格与不合格的评价（见国家相关标准），全部监测指标同时合格方可视为“节能监测合格电焊设备”。

2）对监测不合格者，监测单位应做出能源浪费程度的评价报告和提出改进建议。

4.7　热力输送系统节能监测方法

热力输送系统节能监测包括节能监测检查项目和节能监测测试项目两部分。

4.7.1　节能监测检查项目

热力输送系统节能监测检查项目为：

（1）热力管道及附件不得有可见的漏气或漏水现象。

（2）热力管道及附件的保温应符合下列要求：

1）外表面温度不低于 50℃的管段及公称直径不小于 80mm 的阀门、法兰等附件应进行保温。

2）保温材料的选用应符合《设备及管道保温技术通则》（GB 4272—92）的规定。

3）保温结构不应有严重破损、脱落等缺陷。

4）室外热力管道保温必须有防雨、防湿及不易燃烧的保护层。

5）地沟内敷设的热力管道不得受积水浸泡。

（3）热力输送系统中产生凝结水处无凝结水回收装置的都必须安装疏水阀，并保持完好。

4.7.2　节能监测测试项目

节能监测测试项目为热力输送管道保温结构的表面温升。

（1）表面温升的测试方法。

1）保温结构表面温升测试参数：

①保温结构外表面温度；

②测点周围的环境温度；

③测点周围的风速。

2）测试要求：

①测试应在热力输送系统正常运行工况下进行。

②测试应在管道投入运行后不少于8h，且管道内介质参数基本保持稳定1h后开始。

③室外测试应避免在雨、雪天气下进行；应避免日光直接照射或周围其他热源的辐射影响，否则必须加遮阳装置，且稳定一段时间后再测试。

④测试时测点周围风速不应大于3.0m /s。

3）测点布置：

①在热力主干管道上选择具有代表性的管段作为测试区，每个测试区段其长度不得少于20m，沿测试区长度均匀布置5个测试截面，其中1个测试截面应布置在弯头处，否则应增加1个弯头测试截面。

②每个测试截面在管道外表面沿周长均匀布置4个温度测点。

③环境温度测点布置：对架空管道，测试应在距离测试截面保温结构外表面1m处。对敷设在地沟中的管道，测试应在测试截面的管道与沟壁之间的中心处。

④风速测点位置与环境温度测点相同。

4）测试仪表：

①测试保温结构外表面温度和环境温度的仪表精度不得低于2.0级，并在检定周期内。

②测量风速的仪表准确度不低于±5%，并在检定周期内。

5）测试记录与数据处理：

每个测点应测量记录3次，按算术平均法求取平均值。

6）热力输送系统的保温结构表面温升最大允许值。根据管内介质温度和测试环境下的风速范围，用表4-7和表4-8的数值，进行线性内插确定。

表4-7　常年运行的热力输送系统的保温结构表面温升最大允许值

测点附近风速/m·s⁻¹ \ 管内介质温度/℃	50	100	150	200	250	300	350
<0.5	8.3	13.3	16.6	20.1	23.4	26.7	30.0
0.5~1.0	6.1	9.8	12.3	14.8	17.3	19.7	22.1
>1.0~1.5	5.5	8.9	11.1	13.4	15.6	17.8	20.0
> 1.5~2.0	5.2	8.3	10.3	12.4	14.5	16.5	18.6
>2.0~3.0	4.9	7.8	9.7	11.8	13.7	15.6	17.5

注：在不能准确确定测试区管内介质温度时，可采用系统进口介质温度。

表4-8　季节运行的热力输送系统保温结构表面温升最大允许值

测点附近风速/m·s⁻¹ \ 管内介质温度/℃	50	100	150	200	250	300
<0.5	16.6	23.4	29.1	35.0	40.0	44.1
0.5~1.0	12.3	17.3	21.5	25.8	29.5	32.6
1.0~1.5	11.1	15.6	19.4	23.3	26.7	29.4
1.5~2.0	10.3	14.5	18.0	21.7	24.8	27.4
2.0~3.0	9.7	13.7	17.0	20.5	23.4	25.9

（2）节能监测合格指标。保温结构表面温升应不超过表4-7或表4-8规定的允许最大表面温升。

（3）节能监测结果的评价。

1）相关标准规定的热力输送系统节能监测测试项目合格指标是监测合格的最低标准，监测单位应以此和检查项目的情况进行合格与不合格的评价。即全部监测指标同时合格方可视为“热力输送系统节能监测合格”。

2）对监测不合格者，监测单位应作出能源浪费程度的评价报告和提出改进建议。

4.8 企业供电系统的节能监测

电力是大多数工业企业使用非常广泛的二次能源。为了正常使用供电部门送来的电能，大多数工业企业必须经过一次或者多次降压，才能将降压后的电能供给企业内部的各用电部门或设备使用，这就要求企业内部要有相应的企业供电系统。根据企业用电容量的大小、引入电压的高低，企业可设置一次降压变电所、二次降压变电所或配电所等，以承担企业内部的供、配电任务。

4.8.1 企业供电系统概述

（1）企业用电负荷的分类及其供电方式。根据用电设备对供电可靠性的要求，工业企业电力负荷分为三类，即：

1）一类负荷。一类负荷是指对负荷停止供电时，将造成人身伤亡、设备损坏或引起生产混乱的负荷；

2）二类负荷。二类负荷是指对负荷停止供电时，将产生大量废品、造成大量原材料报废或引起大量减产的负荷；

3）三类负荷。三类负荷是指短时停止供电所造成的损失不大的用电负荷，凡是不属于一类负荷和二类负荷的用电负荷均列为三类负荷。

根据各类负荷对供电可靠性的要求，结合各地区的供电条件进行供电。

（2）企业供电系统的构成。企业供电系统主要由两部分组成，即降压、配电变压器和供电线路。具体来说，包括以下内容：一次降压变压器、二次降压变压器、配电变压器等设备、高压架空线路、低压架空线路、电缆线路、车间（室内）配电干线及母线等配电线路和补偿电容、测量仪表等电气元件。

企业配电线路的电压等级一般在10kV以下（少数为35kV）。

4.8.2 企业供电系统的监测项目及其监测方法

根据企业供电系统的组成和节能监测的目的，可确定企业供电系统的监测项目为设备选型、仪器仪表配置及运行记录、日负荷率、功率因数、供电质量和线损率。

（1）设备选型。企业供电系统使用高效节能型设备是企业节约电力的基础。

设备选型的监测方法是：

1）现场观察巡视设备并查阅有关资料，应特别注意仪器仪表、导线截面积，变压器的选型应经济合理，选用国家推广的节能型设备。

2）正在运行的设备中，属于淘汰型号的设备应有近期更新或改造规划。

3）两台或两台以上变压器并列运行时，应有经济运行方案。

企业内部配的无功补偿设备应装置在负荷侧；对于100kW以上的异步电动机应就地补偿无功功率；企业变、配电所的位置应接近负荷中心，缩短供电线路半径，按经济电流密度选择导线截面。

（2）仪器仪表配置及运行记录。仪器仪表是企业供电系统安全、经济运行所必须配置的仪器仪表。

仪器仪表配置及运行记录的监测方法是：依靠现场观察和查阅有关资料。在这一项目的监测中，应特别注意：

1）在企业总变、配电所内，对变、配电设备要配置相应的电气测量和计量仪表，并在检定周期内。具体要求是：在企业总供电线路上应装有电流表、功率表、有功电能表、无功电能表；各级电压母线上应装有电压表；每台变压器应装有电流表、有功电能表；主要配电线路上应装有电流表、有功电能表。

2）电能计量仪表一级、二级计量检测率应达到100%，50kW以上的用电设备应配置电能计量仪表。

3）所配置的仪器仪表应达到一定的精度，具体要求如下：变电所内配置的电能计量仪表精度应不低于1.0级，配电所和50kW以上的用电装置的电能计量仪表精度应不低于2.0级，变电所内与电能计量表配用的互感器精度应不低于0.5级；企业装设的一般电测仪表的精度为直流仪表不低于1.5级，交流仪表不低于2.5级。

4）对配、变电所的电测仪表和电能计量仪表要按要求定时记录。

（3）日负荷率。日负荷率是反映企业用电均衡情况的指标。

日负荷率的监测采取查阅企业供电系统运行记录的方式。具体方法是：查取近6个月的典型日负荷曲线，按式（4-31）计算日负荷率。

$$K_p = \sqrt{\frac{P_1^2 + P_2^2 + \cdots + P_6^2}{P_{max1}^2 + P_{max2}^2 + \cdots + P_{max6}^2}} \times 100\% \tag{4-31}$$

式中 K_p——均方根平均日负荷率，%；

P_i——每个月的典型日负荷曲线平均负荷值（i=1，2，3，…，6）；

P_{maxi}——每个月的典型日负荷曲线最大负荷值（i=1，2，3，…，6）。

当运行记录不全时，可采用周期为24h的现场读表法测算日负荷率，方法如下：

每隔0.5h记录一次全厂总供电线路上的功率表读数（无功率表时，则可读取有功电能表读数，求取0.5h内的平均有功功率），作出全厂日有功负荷曲线。以测定日平均负荷与最大负荷之比求出测定日负荷率作为监测值，即：

$$K_p = \frac{P_{av}}{P_{max}} \times 100\% \tag{4-32}$$

式中 K_p——测定日负荷率，%；

P_{av}——测定日平均负荷值；

P_{max}——测定日最大负荷值。

（4）功率因数。功率因数的大小表示了企业用电系统无功功率所占的比例。企业功率因数提高后，一可减少电费开支，二可节约电能，三可提高电压水平。

功率因数的监测仍采用查阅记录的方法，计算出月平均功率因数作为监测值。

当运行记录不全时，可采用周期为24h的现场读表法计算日平均功率因数作为监测值。读取24h内总供电线路上的有功电能表和无功电能表的读数，按照式（4-33）计算日平均功率因数。

$$\cos\varphi = \frac{W_P}{\sqrt{W_P^2 + W_Q^2}} \tag{4-33}$$

式中 $\cos\varphi$——日平均功率因数；

W_P——企业24h内消耗的有功电量；

W_Q——企业24h内消耗的无功电量。

（5）供电质量。供电质量主要包括供电周波和电压。

1）供电周波。这项监测项目只对企业自发电进行监测，对外部电网供电一般不要求。

监测方法是：抽查一个月典型代表日的周波记录，如无运行记录，则采用现场实测的方法进行监测。要求每隔0.5h测定一次，时间不少于5h，以不合格点数与抽测点总数的百分比作为周波合格率的监测值。

2）电压。正常的供电电压是保证用电设备正常运转的重要条件，电压是企业供电系统的重要指标。

电压的监测方法是：查阅母线和重要用电设备的受端电压运行记录。当无运行记录时，可现场测定母线电压和抽测主要用电设备的受端电压。

（6）线损率。用导线输送电能，就会在供配电设备和线路上产生一定的功率损失和电能损失，一般称为线损。线损一般包括变压器的损耗、输配电线路的损耗及汇流排、电力电容器、高低压开关等各类电气仪表及元件的损耗等。

企业供电系统的线损率是指电能由企业受电端起通过供电系统的各个元件后所消耗的电能总量占总供电量的百分比。

在节能监测中，线损中的汇流排、高低压开关、电力电容器等各类电气仪表元件的损耗可予以忽略不计。变压器电能损耗和输配电线路损耗可按下述方法进行测定。

1）变压器电能损耗。变压器电能损耗可按式（4-34）计算。

$$\Delta W_{tr} = 24P_0 + 2t\beta P_k \tag{4-34}$$

式中 ΔW_{tr}——变压器电能损耗，kW·h；

P_0——变压器空载损耗（可查阅出厂试验报告），kW；

β——变压器平均负载率，$\beta = \frac{I_{av}}{I_e}$（$I_{av}$为变压器均方根电流，A；$I_e$为变压器的额定电流，A）；

t——变压器带负荷时间，h；

P_k——变压器短路损耗（可查阅出厂试验报告），kW。

2）输配电线路电能损耗。输配电线路损耗是每一条线路电能损耗的总和，每条输配电线路的电能损耗可按式（4-35）计算。

$$\Delta W_x = 0.024 m I_{av}^2 R \tag{4-35}$$

式中　ΔW_x——某一线路24h的电能损耗，kW·h；

m——与线路形式有关的系数，对于三相三线制线路 $m=3$，对于三相四线制线路 $m=3.5$，对于单相线路 $m=2$；

I_{av}——线路日均方根电流，A；

R——每根导线的电阻，可查表计算，Ω。

4.8.3　企业供电系统的节能途径和方法

企业供电系统的节能主要包括变压器运行节能和输配电线路运行节能两部分。输配电线路节能的途径和方法就是要做到经济运行，具体说来有以下八个方面的内容。

（1）采用合理的配电方式。供给某一用电负荷相同的有功电量，在相电压、输电线距离及导线材料均相同的条件下，若以单相二线制的线损率为100%，则单相三线制的线损率为37.5%，三相三线制的线损率为75%，三相四线制的线损率为33.3%。因此，企业在选择配电方式时应尽量选用三相四线制供电。

（2）选择合理的内部电源位置。企业内部或车间内部电源位置选择不同，配电线路的损耗也不相同，当电源位于负荷中心附近时，线损率最小。因此，企业变、配电所的位置应接近负荷中心。缩短供电线路半径，并按经济电流密度选择导线截面。

（3）提高配电线路运行电压。导线在输送一定量的电能时，通过传输导体的电流与供电电压成反比，故有条件的企业可对厂区电网进行升压改造，即尽量用高压向负荷中心供电，降低输电线路电流。

（4）按导线经济电流密度分配负荷。从降低电能损耗角度出发，导线、电缆的截面应越大越好。而从减少投资和节约有色金属的要求出发，导线、电缆的截面则越小越有利。综合这两方面的因素，可得出一个使总的经济效益最高（即线路投资和运行费用之和最低）的导线电流密度，即经济电流密度。企业除输配电线路截面积应按经济电流密度选取外，还要注意按导线经济电流密度分配负荷。

（5）保持三相负荷的均衡，提高负荷率。企业中由于存在着一些单相负荷，这些单相负荷分别接在电源的三个相上。由于单相负荷的大小分布不均匀，会造成三相负荷不平衡，从而引起相线中的总损耗增加，零线产生额外损耗。同时，三相负荷严重不均衡时，还会影响配电变压器的正常运行。因此，企业供电系统应特别注意均衡三相负荷以降低线损。

提高日负荷率即削峰填谷。因输配电线路损耗与电流均方根的平方成正比，而负荷率越小、电流均方根值越大，线路损耗也就越大，所以企业应合理安排各类用电负荷的运行时间，尽量做到均衡生产，使用电负荷均衡，不要大起大落。

（6）并联电路的负荷要经济分配。如同变压器的并联运行能够降低损耗一样，线路并联运行也能降低线损。当几条线路并联运行时，如果各线路按电阻反比分配负荷（即直流电压降相等），则总线损最小。

（7）开环运行线路负荷的经济分配。直流电压降相等的原则同样也适用于环式线路开环运行时负荷的经济分配。

（8）安装移相电容器或调相机改善功率因数。线路输送的无功功率的大小直接影响着线损的大小。对于一般企业的配电线路来说，减少无功功率的有效办法有二：一是设法提高各用电设备的自然功率因数，二是安装移相电容器或调相机。

思考题

4-1 变压器的节能监测项目主要有哪些？变压器的节能途径可从哪些方面进行考虑？

4-2 三相异步电动机的节能监测项目有哪些？电动机输出功率如何计算？其节能途径有哪些？

4-3 风机主要由哪几部分构成？风机的节能监测项目有哪些？其节能监测方法有哪些？风机测定截面和测点如何确定？

4-4 水泵的主要参数有哪些？其节能监测检查项目和测试项目分别有哪些？水泵运行效率、机组效率和系统效率有何区别与联系？

4-5 空气压缩机的工作原理是什么？其节能监测项目主要有哪些？如何利用储气罐测定排气量？

4-6 电焊设备的节能监测项目有哪些？测试期的有效电量如何测定与计算？

4-7 热力输送系统节能监测项目包括哪两部分？对相关测试仪表有何要求？

4-8 工业企业电力负荷如何分类？电力系统的节能监测项目主要有哪些？企业的线损一般包括哪些具体项目？

5 通用热工设备的节能监测

本章主要介绍多个行业用到的工业锅炉、冲天炉、锻造加热炉、热处理火焰炉、热处理电阻炉、煤气发生炉等通用热工设备及工艺、监测项目及方法和节能途径。

5.1 工业锅炉的节能监测

工业锅炉是工业企业中应用最广泛的热工设备，其在用设备数量大大超过了其他种类的热工设备，因此，工业锅炉的节能监测对节能工作是很有意义的，也是很必要的。

5.1.1 工业锅炉概述

锅炉的作用是把燃料的化学能转变为热能，进而将热能传递给水，以产生热水或蒸汽。锅炉内的水由于受热，具有一定的压力，所以锅炉也是一种承受压力、具有高温爆炸危险的受压容器。因此，锅炉运行要求安全可靠和经济有效。

锅炉的基本组成是“锅”和“炉”两大部分，统称锅炉本体。锅本体是盛水的部分，作用是吸收“炉”放出的热量，从而使低温水变成高温水（热水锅炉）或变成具有一定压力和温度的蒸汽（蒸汽锅炉），因而又称“汽水系统”或称“受压部件”，包括锅筒、沸水管（对流管）、水冷壁管、联箱、下降管及过热器、省煤器等；炉本体是指燃烧燃料的部分，作用是使燃料与空气混合燃烧，从而放出热量供“锅”吸收，一般称“风煤烟系统”或简称“燃烧设备”，包括炉排、炉膛、风道、烟道等。另外，还有炉墙和构架、锅炉辅机（如鼓风机、引风机、给水泵、加煤、出渣及除尘装置等）、锅炉管路及其附件（如上水、排污、放空管路及闸门等）和仪表及其附件（主要有安全阀、水位计、压力表等）。

锅炉房的附属设施一般有煤场、输煤系统、除渣、清渣系统、水处理系统和电气照明等。

国家标准《燃煤工业锅炉节能监测》（GB/T 15317—2009）确定了其两种监测项目，即监测检查项目和监测测试项目。

5.1.2 工业锅炉节能监测检查项目

工业锅炉节能监测检查项目为：

（1）是否为国家淘汰目录的锅炉。检查锅炉是否为国家淘汰目录的锅炉，锅炉如果属于增容范围，应有主管机构批准手续，其技术经济指标应符合《工业锅炉经济运行》（GB/T 17954）中一级炉的要求。

（2）锅炉操作人员。锅炉主要操作人员应持有培训合格证与上岗资格证明。

（3）锅炉给水及水质。锅炉给水及水质应有定期分析记录并符合《工业锅炉水质》

（GB/T 1576）的要求。

（4）是否有 3 年内的热效率测试报告。热效率是反映工业锅炉热能利用情况的综合性指标。企业应有 3 年内热效率测试报告，锅炉在新装、大修、技术改造后应进行热效率测试（由专业单位按《工业锅炉热工性能试验规程》（GB/T 10180）进行），锅炉热效率测点布置如图 5-1 所示。

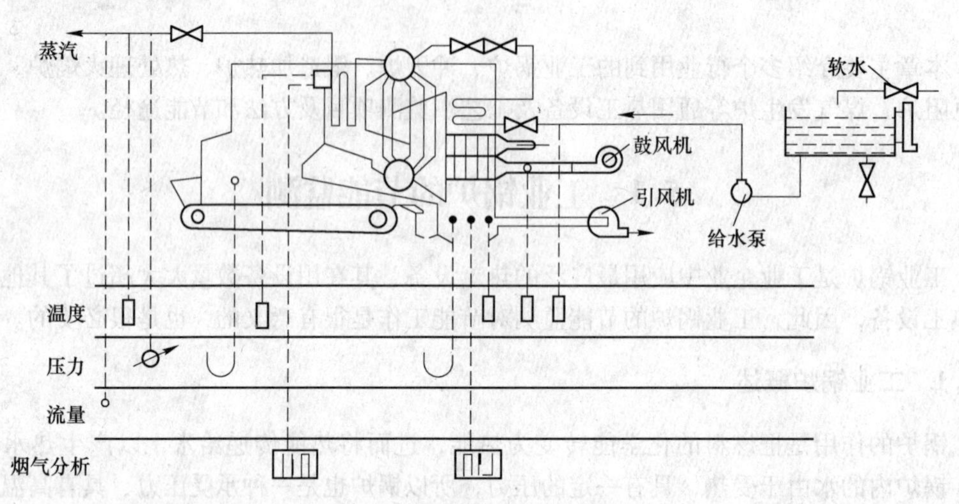

图 5-1 锅炉热效率测点布置

5.1.3 工业锅炉节能监测测试项目

工业锅炉节能监测测试项目为排烟温度、排烟处空气过剩系数、炉渣含碳量和炉体外表面温度，它们是控制锅炉各项热损失的主要项目。

工业锅炉监测测试在其正常生产时进行，热工状况处于稳定状态，监测时间不应少于 1h；除分析化验外的项目，间隔 15min 测取一次，以其算术平均值作为监测值；所用仪器仪表必须完好，在检定周期内，能够满足监测测试项目的要求，且其精度不应低于 2.0 级。

（1）排烟温度。出炉烟气带出的物理热是工业锅炉的主要热损失之一，决定这一热损失大小的因素有两个，一是烟气量的多少，另一个是排烟温度的高低。

排烟温度的测点应设置在锅炉最后一级尾部受热面（如省煤器、空气预热器或余热水箱）后 1m 以内的烟道上。测温一次仪表要插入烟道中心并保持插入处的密封。排烟温度的监测一般使用热电偶。

（2）排烟处空气过剩系数。空气过剩系数反映锅炉内的燃烧情况，也同时反映了锅炉一些部位的漏风情况。空气过剩系数决定了烟气量的多少，也相应地影响到烟气带出的物理热损失。

烟气取样点应与排烟温度测点相同、取样应与测温同时进行。取样管可采用钢管或铜管，直径在 8~12mm，将顶端封闭，侧面按 5~10mm 的间隔均匀开好直径 3~5mm 的进气孔，以保证所取烟气样在烟道深度方向的均匀性，气体分析可使用奥氏气体分析器或其他分析仪器，应注意正确配制药品并正确操作。

根据烟气成分，可用式（5-1）计算空气过剩系数。

$$n = \frac{21}{21 - 79\dfrac{\varphi(O_2)_{\%} - 0.5\varphi(CO)_{\%} - 0.5\varphi(H_2)_{\%} - 2\varphi(CH_4)_{\%}}{100 - (\varphi(RO_2)_{\%} + \varphi(O_2)_{\%} + \varphi(CO)_{\%} + \varphi(H_2)_{\%} + \varphi(CH_4)_{\%})}} \tag{5-1}$$

式中，n 为空气过剩系数；$\varphi(RO_2)_{\%}$、$\varphi(O_2)_{\%}$、$\varphi(CO)_{\%}$、$\varphi(H_2)_{\%}$、$\varphi(CH_4)_{\%}$ 分别为燃烧产物中的三原子气体、氧气、一氧化碳、氢气和甲烷的体积百分数。

从式（5-1）中可以看出，空气过剩系数主要与 O_2、CO 及 RO_2有关，对于锅炉来说，烟气中含有的可燃成分如 CO 一般都很少，而对于特定的燃料如煤等烟气中的 RO_2 和 O_2之间也存在着一定的数量关系，O_2在相当程度上可代表空气系数。对于常用的燃煤锅炉，甚至可建立空气系数与 O_2之间的对应关系，因此在节能监测中以烟气中 O_2含量作为监测项目也应该是可行的，其目的都是控制过剩空气量，减少烟气量，降低排烟热损失。

空气过剩系数作为监测项目的优点在于其物理意义明确，数据直观。缺点是需要经过计算；而 O_2的优点则是可以直接测定，无需运算，其精度比空气系数高。究竟使用哪一个作为节能监测项目更好，可在节能监测实践中进一步探索。

（3）炉渣含碳量。燃料的不完全燃烧包括化学不完全燃烧和机械不完全燃烧，表示其大小的参数可使用炉渣含碳量。

取样是测定炉渣含碳量的关键所在，应注意其均匀性和代表性。为此，锅炉监测期间应尽量避免湿法除渣。对于装有机械出渣设备的锅炉，可在出渣口定期（间隔 15～20min）取样，对于人工出渣的锅炉，可在每次放渣时从出渣小车的四个角和中心位置等量拣取，并适当考虑渣块的大小和残碳分布。

所取的灰渣样首先应破碎到 10mm 以下，然后在清洁地面或铁板上按锥形四分法缩分，直至剩下 2kg 为止。再将其分成各为 1kg 的两份，一份送化验室分析，一份封存备查。

原始灰渣样数量按相应要求取样。

（4）炉体外表面温度。炉体外表面温度表示锅炉砌体情况，是控制炉体表面散热的参数。

炉体外表面温度的测点布置应具有代表性，一般 0.5～$1m^2$面积上设置一个测点，测点不应设置在炉门、烧嘴孔、探孔等附近边线 300mm 以内。取各测点的算术平均值作为炉体外表面温度的监测值。

另外，在工业锅炉监测中还应注意观察锅炉型号及操作情况。

（5）工业锅炉的其他能耗指标。工业锅炉的其他能耗指标还有单位燃料消耗或称单位能耗。单位燃料消耗和锅炉的热效率是一个指标的两种不同表示方法，二者具有相应的关系。因此，在考察热效率后一般已无考察单位燃耗的必要。

5.1.4　工业锅炉的节能途径

锅炉的节能是通过提高锅炉热效率来实现的。这就需要不断提高操作技术和管理水平，改善燃烧条件，以便最大限度地放出燃料化学热，并被锅炉充分吸收，使各项热损失降低到最小程度。为此，要做到以下几点：

（1）锅炉的产汽、供汽和用户用汽之间必须协调，在锅炉设备允许范围内加以调整，尽可能保持均衡使用和生产，以便维持和延长热的工况。要保证锅炉正常水位，使锅炉给水量和负荷量吻合。

（2）保持合理的空气过剩系数。燃料燃烧需要一定的空气，要根据负荷变化调整煤层厚度，燃烧速度与引、鼓风之间的变化关系。一般锅炉炉膛内为负压燃烧，合理的炉膛负压应维持在-30Pa，可改善燃烧，降低机械不完全燃烧热损失和化学不完全燃烧热损失。

（3）严格控制锅炉给水和炉水标准。应使锅炉管内保持无垢，以保证金属受热面热交换过程良好；锅炉排污要根据炉水标准严格控制，以减少排污热损失。

（4）定期除灰，清洁传热面，改善炉本体传热。

（5）保持炉墙和保温层完好。预防炉墙、烟道等漏风，降低排烟热损失和炉体散热损失。

（6）减少烟尘对环境的污染。除尘是补救措施，消烟才是根本的方法。贮煤应保持一定的湿度，入炉煤外在水分应控制在6%~8%，这样可保持燃煤的堆积密度达到最小，炉排上煤层空隙度相对较大，有助于均匀通风；同时水汽又可以加速残碳的气化和燃烧，并可适当提高火焰黑度，强化辐射传热，这在链条锅炉内较为明显。

（7）加强锅炉运行设备的维护保养工作，保证锅炉正常运行和安全生产。

（8）定期检修，消除设备故障和隐患，及时修复炉拱、挡火墙、夹墙等内部结构，清除积灰，使烟气流程完整，消除烟气短路的可能，有助于烟气排烟温度正常和减小烟尘磨损受热面，使锅炉符合完好标准。

5.2 冲天炉的节能监测

冲天炉是铸铁车间必备的熔炼设备，是铸铁件生产过程中最大的耗能设备。与其他熔炼设备比较，冲天炉具有结构简单、占地面积小、热效率高、在一定范围内铁水成分可以调整等特点，因此冲天炉在机械及机械零部件制造企业中应用较为普遍。

5.2.1 冲天炉概述

（1）冲天炉的结构。冲天炉在结构上分为后炉、前炉和送风系统三个主要部分。

1）后炉。后炉由支撑部分、炉体和炉顶三个部分组成，是冲天炉的主体部分。

支撑部分由基础、支柱和炉底板三部分组成，支撑部分起支撑炉体、炉顶和炉料的作用。炉体由炉底、炉缸和炉身组成，是冲天炉的熔炼部分，在炉体内进行燃料燃烧、炉料熔化以及一系列的化学反应过程，是生产铁水的关键部位。炉身的构成一般可分为三层，第一层是钢板外壳，用6~12mm厚的钢板制成；第二层是厚度为30mm左右的绝热保温材料，一般用耐火纤维或石棉，该层材料比较松软、有弹性，当筑炉耐火材料受热膨胀时可起缓冲作用；第三层是炉子的内衬，一般用耐火砖砌成，要求能耐高温抗浸蚀。炉顶是指装料口下沿线以上的冲天炉体，由烟囱和除尘器两部分组成。烟囱用来排出炉气，除尘器用来收集炉气中的灰尘。

2）前炉。冲天炉的前炉由过桥和前炉炉体组成，过桥是连接后炉和前炉之间的桥梁，供铁水和炉渣通过；前炉的作用是用来储存铁水、均匀铁水温度和化学成分，减少铁水增碳、增硫以及铁渣分流。

3）送风系统。由风管、风箱和风口组成，应保证均匀稳定地向炉内送入熔化及冶炼过程所需的风量，并且能根据不同时期的需要量灵活地调节流量。

（2）冲天炉操作工艺。冲天炉生产操作过程主要有备料、炉体准备、加底焦点火、装料、熔炼和打炉。

1）备料。备料过程主要有以下操作。按要求比例准备好焦炭、生铁、废钢、石灰石、萤石、铁合金等；金属炉料每块长度应小于炉径的三分之一，废钢表面不应有严重锈蚀，厚度小于1mm的废钢应打包，铁屑内不能混有有色金属和杂物并经压实或烧结之后才能使用，每块质量要小于10kg，熔化高牌号铸铁时应少加或不加钢屑和铁屑。生铁、回炉铁应将泥沙、熔渣清理掉分类堆放好。铁合金的块度应为20~80mm，并预先干燥好。

2）炉体准备。炉体准备主要操作有：清理炉底，向冲天炉内鼓入冷风，使炉体冷却，在加料口处放好安全罩后进入炉内清理炉料、焦炭、铁合金等。清理炉壁，清除炉壁挂渣及剩铁，把炉体松动的砖块换成好砖，也可以用可塑性耐火材料涂好。检查炉膛及风口，风口的尺寸、形状、斜度均应符合要求。捣实炉底，炉底应逐层捣实，与炉壁交界处要修出圆角，炉底应向出铁口方向倾斜5°~6°。前炉、过桥、出铁道、出渣槽修整好再涂上一层涂料（由黏土黑铅粉按一定比例组成）。

3）点火加底焦。开风前两小时把风口打开，在炉内装好木柴、油布等引火物，点火，然后加底焦，方法是木材烧旺后加入40%底焦，待其完全燃烧时再加入50%底焦，其余10%底焦用于调整底焦高度。

4）装料预热。首先补足底焦高度；当底焦烧透后鼓风吹净炉灰、在焦炭上面加上石灰石，数量为层焦中石灰石的2~3倍；接着按配料要求将炉料投入炉内，次序为新生铁、废钢、铁合金、回炉料、焦炭、石灰石；待炉料装好后自然通风30min，打开风口防止CO积聚引起爆炸，让炉料进行预热。

5）开风熔炼。开风熔炼是化铁炉最主要的生产过程，其主要操作及注意事项有：开风一段时间以后要关闭风口，检查出铁口是否严密，有问题要及时处理，为了提高前几炉铁水温度，在熔化初期应加强排渣；熔炼过程中要严格控制风压、风量、底焦高度，注意铁水温度及化学成分；并保持规定的料位高度；还要按时出渣、保持前炉的有效容积。熔炼过程中如遇故障停风时，应及时打开几个观察孔，复风之后才能关闭观察孔，停风要出净炉内铁水。

6）打炉。铁水够用时可以停风，对于有热风炉胆的炉子，应继续供风以冷却炉胆。打开观察孔，停风、出净铁水，打炉的红热炉料及焦炭应立即处理。

（3）冲天炉工艺。冲天炉是连续工作的熔炼设备，在炉子下部装有底焦，上部装有批料，按石灰石、金属炉料、层焦的顺序一直装到加料口下沿，当鼓风后底焦开始燃烧，高温炉气上升，炉料开始熔化并下降，在下降过程中温度不断提高，在炉料熔化过程中还发生造渣和铁水化学成分变化的化学反应。

由于炉料的熔化，使炉内料位不断下降，应及时按石灰石、铁料、层焦的顺序予以补充，保持批料原来高度以稳定炉况。熔化下落的铁水在下落过程中温度不断提高，过热的铁水进入炉缸，经由过桥储于前炉之中。

根据物理、化学反应情况，冲天炉的熔炼过程自上而下可分为五个带，即：预热带、熔化带、还原带、氧化带和炉缸，各带发生的熔炼过程分述如下：

1）预热带。从底焦顶面到加料口下沿称为预热带。预热带中温度很高的炉气把热量传给炉料和焦炭，使焦炭中的水分和挥发分蒸发，使石灰石分解成 CaO 和 CO_2；其炉气成分为 CO_2、CO 和 N_2；化学反应式为：

$$CaCO_3 = CaO + CO_2$$

2）熔化带。铁料下降至底焦顶面开始熔化，从开始熔化到熔毕这段区域称为熔化带。熔化带主要是金属熔化和造渣，炉气成分仍然是 CO_2、CO 和 N_2。

3）还原带。从氧化带上端到炉气中 CO_2 还原反应终止这段区域称为还原带。还原带内 CO_2 被还原成 CO，反应方程式为：

$$CO_2 + C = 2CO$$

在还原带中，上升的炉气温度逐渐下降，金属熔滴被加热；金属中的铁、硅、锰等元素被氧化，金属液滴吸收硫和碳；并进行造渣反应。

4）氧化带。从炉底排风口到自由氧耗尽这一段区域称为氧化带。从风口鼓入的空气和焦炭主要进行下列燃烧反应：

$$C + O_2 = CO_2$$

$$2C + O_2 = 2CO$$

反应生成 CO 和 CO_2 时放出大量的热，使铁滴和炉渣过热，铁滴中的铁、硅、锰等元素被氧化；炉气呈氧化性，炉气成分为 CO_2、CO、O_2 及 N_2，炉气温度升高，可达到1700℃；造渣反应继续进行。

5）炉缸。炉子底排风口以下到炉底这段区域称为炉缸。炉缸内因无氧气存在，焦炭不能燃烧，所发生的化学反应方程式为：

$$CO_2 + C = 2CO$$

此区域内铁滴及熔渣的温度都稍有下降，铁水和铁渣一起通过过桥进入前炉，完成了冲天炉的熔炼过程。

5.2.2　冲天炉的监测项目及其监测方法

根据冲天炉的生产工艺特点及能耗情况分析，其监测项目确定为加料口处排烟温度、燃烧比或炉气中 CO_2 含量、出铁温度及入炉焦铁比。

(1) 加料口处排烟温度。排烟温度与炉气带出的物理热有关，而且是影响这一热量的主要因素。它表明了炉子设计和生产操作中对炉气余热的利用程度。

对于大多数冲天炉来说，其生产是周期性的，监测排烟温度应在开炉半小时后至最后一批料投料的一段时间内进行，每隔 1h 测定一次。对于连续生产的冲天炉，可测定 6~8 次，时间间隔 0.5~1h。取各次测定的平均温度作为监测温度。

排烟温度测点应设置在加料面下四分之一炉径处（一般为 100~150mm）。

(2) 炉气中 CO_2 含量或燃烧比。炉气中 CO_2 含量和燃烧比都是反映冲天炉中焦炭完全燃烧程度的参数。燃烧比的定义为：

$$\eta_v = \frac{\varphi(CO_2)}{\varphi(CO_2) + \varphi(CO)} \times 100\% \tag{5-2}$$

式中　η_v ——燃烧比，%；

$\varphi(CO_2)$ ——加料口处炉气中 CO_2 的体积分数,%;

$\varphi(CO)$ ——加料口处炉气中 CO 的体积分数,%。

对于冲天炉使用的燃料焦炭来说，其燃烧产物中 CO_2 和 CO 的含量是有一定的数量关系的，CO_2 含量确定了，CO 的含量也就基本确定了，所以选择炉气中 CO_2 含量作为监测项目是合适的，也比较简便。

选择燃烧比作为监测项目也是可以的。这一监测项目可在装满燃料后用取样管在加料口下 300~400mm 处抽取炉气，用奥氏气体分析器分析其成分，测定次数和时间间隔与排烟温度相同。

(3) 出铁水温度。出铁水温度是冲天炉的一个重要工艺指标。出铁温度过高，会造成焦炭的浪费，也会给铸造带来一定的影响；出铁温度过低，会使铸造面临很多困难，甚至无法浇铸。而且，低温铁水铸造的铸件缺陷多、质量差。因此，冲天炉出铁水温度的监测对节能和提高产品质量都是很有意义的。

出铁温度监测必须在正常熔化时进行，对于间断生产的化铁炉应在开风 1h 后才能开始监测。监测次数 4~6 次，根据出铁周期，每次时间间隔可控制在 0.5~1h。取各次测定的平均值作为监测值。

(4) 入炉焦铁比。对于具体的冲天炉，在入炉批料中焦炭与金属料的配比一般是变化不大的。入炉焦铁比是反映冲天炉热能利用情况的一个综合性指标，其监测方法是分别称量入炉焦炭和金属料的质量。对于间断性生产的冲天炉，监测时间为一个周期；对于连续生产的炉子，监测时间为 3~4h。入炉焦铁比的计算公式为：

$$k = k_j \frac{m_j}{m_t} \tag{5-3}$$

式中　k ——入炉焦铁比，kg/kg；

k_j ——焦炭折算系数，铸造焦为 1.2，冶金焦为 1.0，土焦为 0.8；

m_j ——入炉焦炭量，kg；

m_t ——入炉金属料量，kg。

(5) 冲天炉与能耗有关的其他指标。对于冲天炉，与能耗有关的指标还有炉体表面温升、炉气含尘量等。

1）炉体表面温升。炉体表面温升是表示炉体绝热保温状况的参数。有些冲天炉使用炉围风套预热助燃风，而且大多数冲天炉是间断生产的，使这项指标的监测意义不大，因此未将其列为监测项目。实际上，对于间断生产的冲天炉，其炉体蓄热量也是很大的。

2）炉气含尘量。炉气中所含的尘主要是碎小的焦粒。因这一项目损失的焦炭量一般说来相对较小，而对于颗粒较大的尘测定取样也不大方便，所以未将炉气含尘量列为监测项目。

5.2.3　冲天炉的节能途径

从热平衡角度看，提高冲天炉热效率的主要措施是：降低炉气的化学热损失和物理热损失（因二者之和约占总热量的 25%~40%）；降低炉体蓄热损失和散热损失（二者之和达总热量的 10%~15%左右）；根据当前实际情况，加强现场管理也是冲天炉节能的重要基础工作，是最基本的节能途径。

（1）加强现场管理，严格操作制度：

1）焦炭、金属炉料和熔剂等材料的成分、性能、块度大小及其他质量指标应符合工艺要求并分类存放，妥善保管。焦炭块度要均匀，水分不能过高（应小于4%）；金属炉料无严重锈蚀，不黏附泥沙，不夹带杂物。

2）配料要正确，特别是焦铁比要保持在一个合适的范围，并根据金属炉料、熔剂和焦炭等的情况适当调整，而且物料计量要准确。

3）风量和风压要稳定，根据熔化率调节到最佳供风强度。

4）提高修炉质量，延长炉龄，尽可能组织连续生产，降低炉体蓄热损失。

（2）降低炉气化学热损失和物理热损失：

1）提高供风强度，强化底焦燃烧，改进炉型和送风方式，中小型炉采用曲线炉膛，多排小风口，较大炉子采用中央送风，强化炉心燃烧。

2）如有可能，可采用热风和富氧送风，以提高炉温和铁水温度，降低焦炭消耗，减少烟气产生量。据有关资料介绍，某厂冲天炉热风温度为400℃时，其焦炭消耗量比冷风操作时可降低25%。供风中含氧量由21%增加到24%时，其效果与400℃热风相当。

3）可在大量产生CO区域二次进风，以强化燃烧，提高燃烧比，也可把CO引到炉外预热器燃烧，以预热送风。

（3）减少炉体热损失：

1）前炉的高度一般取内径的1.2~1.5倍，避免形状细高而增加散热损耗；

2）炉体外壁涂刷辐射率低的涂料；

3）炉衬与炉壳间填充硅酸铝纤维毡；

4）按实际需要确定炉体外径，防止不恰当地增加炉衬厚度；

5）前炉加盖。

（4）完善推广新的冶炼工艺。近年来，发展了一些新的冲天炉的熔炼工艺，为降低能耗，可根据实际情况采用。如向熔化带喷煤粉、焦炭粉，强化炉内热交换等。

（5）微机监测优化控制。微机是现代高科技之一。微机在工业炉窑上的应用，是改造传统产业的重要组成部分。使用微机监控冲天炉，可进一步优化熔炼工艺，及时准确地了解掌握炉子运行状况，并予以自动调整，以保证冲天炉生产的顺利进行，同时最大限度地降低燃料消耗，提高产品质量。

5.3 锻造加热炉的节能监测

5.3.1 锻造加热炉设备概述

锻件的生产首先要通过锻造加热炉加热，使被加热的材料在炉内达到红热状态，并略高于始锻温度，使材料具有较大的可塑性，以便轧制和锻造成型。

锻造加热炉是机械企业和其他行业的机修厂（车间）中最普遍使用的热加工设备，其运行状况对产品的质量和能源节约有着相当大的影响。

（1）锻造加热炉的分类。锻造加热炉按能源可分为固体燃料加热炉、液体燃料加热炉、气体燃料加热炉和电加热炉等，其中前三类又统称火焰加热炉。按结构形式主要分室式、开隙式、贯通式、台车式、推杆式半连续加热炉和环形加热炉等。按热工制度及操作方式可分为恒温炉、变温炉及连续变温炉等。

（2）锻造加热炉的特点。各种能源锻造加热炉有如下特点：

1）固体燃料加热炉。以块状（或粉状）燃料燃烧所放出的热量，通过传导、对流和辐射传热方式（辐射是加热炉内加热的主要方式）来加热炉内工件，它具有较大的独立性和灵活性，造价和加热成本较低，但需要有较大容积的燃烧室，外形尺寸大，同时还需布置排烟系统。由于燃烧不均匀，使炉膛内温度难以控制，不易调整，锻件加热质量差；固体燃料一般燃烧不完全，机械不完全燃烧损失大；空气过剩系数一般较大，造成排烟热损失也较大，热效率低，一般为5%~12%；此外，工人劳动条件差，炉渣和排烟易污染周围环境。在燃煤锻造加热炉中，往复炉排燃煤锻造加热炉是一种较好的炉型，能克服传统燃煤炉的一些缺点，能连续加煤，煤层均匀、稳定燃烧，消烟除尘，热效率比一般固定式炉、排燃煤锻造加热炉要高。

2）液体燃料加热炉。以重油、柴油、燃料油等液体燃料燃烧所放出的热量作为炉内工件加热的热源，也具有较大的独立性和灵活性。燃料燃烧的状况取决于燃料的质量和雾化程度、燃料与空气的压力、温度及混合质量。如雾化不好，则燃烧缓慢，且会产生大量黑烟，热裂解出油烟状的悬浮产物，既浪费燃料又污染环境。这类加热炉采用比例调节等新型烧嘴及平焰燃烧技术后，使炉温趋于均匀且较为容易调控，保证了工件加热质量。其炉体结构比燃煤炉简单，没有单独的燃烧室。

3）气体燃料加热炉。以天然气、城市煤气、焦炉煤气、发生炉煤气等气体燃料燃烧所放出的热量作为炉内工件加热的热源。气体燃料与空气混合得越均匀，燃烧反应就越快，火焰就越短，化学不完全燃烧损失就越小。为了使气体燃料稳定地燃烧，必须保证有足够强烈的火源使混合物连续着火。气体燃料的空气过剩系数比固体燃料和液体燃料要小（一般控制在1.05~1.15之间），排烟热损失也相应减少。这类加热炉炉温均匀，容易调控，工件加热质量好，工人操作条件好，加上采用高速烧嘴、平焰烧嘴、自身预热烧嘴等新型烧嘴，提高了炉子热效率（一般为3.5%~30%）。其炉体结构也比燃煤炉简单，无单独燃烧室，炉膛尺寸比相应的燃油炉要小些。

4）电加热炉。以电能转换为热量作为炉内工件加热的热源，温度均匀，易于自动控制调整，工件加热质量高。由于没有燃烧室，砌体结构紧凑，加热制度稳定，劳动条件好，无污染，热效率高。感应加热电炉适用于大批量锻件的加热，也可应用于连续锻造和局部加热，其生产率高，氧化烧损小，日本、欧美应用较多。由于一次性投资大，工件适应性不强（被加热工件改变时需更换感应线圈），国内企业应用很少，本书中锻造加热炉均指使用燃料的火焰加热炉。

（3）火焰加热炉的基本构造。火焰加热炉一般由燃料燃烧装置、加热室（炉膛）、金属骨架及构件、炉前管路与排烟系统、预热装置和炉用机械等六部分组成。

1）燃料燃烧装置。燃料燃烧装置是炉子的供热装置，是锻造加热炉的关键部位。其作用是将燃料的化学能转换成热能，作为工件加热的热源。不同种类燃料的燃烧装置是不同的。

①固体燃料燃烧装置。固体燃料加热具有单独的燃烧室，由燃烧空间、炉箅和灰坑组成。按燃烧方式不同可分为普通燃烧室和半煤气燃烧室；按加煤方式不同可分为机械化加煤燃烧室和人工加煤燃烧室。普通燃烧室固体燃料在炉箅上进行燃烧，空气一般借助于鼓

风通过灰坑经炉箅进入燃烧室，燃料燃烧产物从燃烧室经火墙进入炉膛把热量传给工件后，经排烟系统排出。

②液体燃料燃烧装置。燃油必须用雾化器进行雾化，然后在燃烧室或直接在炉膛中进行燃烧。要使液体燃料能较好地燃烧，必须使燃料和空气迅速完全混合。雾化良好，燃烧就充分，常用雾化剂有蒸汽和压缩空气，常用的雾化器（喷嘴）有机械雾化喷嘴、蒸汽雾化喷嘴、蒸汽-机械雾化喷嘴、低压空气雾化喷嘴等。油压自动比例调节喷嘴是一种较好的喷嘴，为加热炉自动化控制提供了方便。对燃油烧嘴的基本要求是：在工艺要求的调节范围内能很好地将油雾化，使油雾和空气均匀地混合，在整个调节过程中保持空气-油的合理比例；要具有稳定的着火面；油嘴结构简单，能为加热炉自动化控制提供方便。

③气体燃料燃烧装置。气体燃料燃烧的先决条件是气体燃料中可燃成分与助燃空气中的氧紧密接触，气体燃料与空气混合得越好，燃烧反应越快，化学不完全燃烧损失就越小。按气体燃料燃烧方法可分为有焰燃烧与无焰燃烧两大类，扩散式、大气式和低压煤气烧嘴属于有焰燃烧，高压喷射式烧嘴属于无焰燃烧，用得最普遍的燃烧方法是无焰燃烧法。近几十年已逐步研制出一些新型烧嘴，如高速烧嘴、平焰烧嘴、自身预热烧嘴等。

2）炉膛。为了达到加热工件的目的，必须把热源和被加热的工件一起与周围介质隔绝，形成一个封闭的加热空间，这就是加热室或称炉膛。炉膛由炉底、炉墙、炉顶和炉门组成，其内部用耐火材料砌筑，外部使用绝热保温材料。

3）金属骨架及构件。金属骨架承受部分或全部砌体重力，保护砌体，固定炉膛，使炉子具有一定的密封性，并可依靠金属骨架使炉子金属构件（如燃烧器、炉门等）便于安装固定。

4）炉前管路与排烟系统。炉前管路用来输送燃料（液体、气体）、空气、控制气氛、冷却水以及气动装置的压缩空气、液压装置的工作介质等。炉内烟气的排放按炉子的生产能力、燃料种类及燃烧方法的不同而不同，可分上排烟和下排烟，一般烟气经管道、烟道、烟囱排入大气或经换热器后进入大气。

5）预热装置。加热炉排出的烟气经过预热器（如喷流换热器、辐射换热器等），将燃料（如重油）或助燃空气预热，可达到提高燃料的理论燃烧温度及节约燃料的目的。

6）炉用机械。根据生产需要和工艺要求不同，一般炉用机械包括手动、气动、电动炉门升降机构、台车牵引机构、气动、液压、电动推杆机构、输送带机构等。

5.3.2 锻造加热炉的监测项目及其监测方法

国内企业的锻造加热炉一般是使用燃料加热的火焰炉，根据这一特点及其热平衡分析，其监测项目可确定为排烟温度、出炉烟气中 O_2 含量、出炉烟气中 CO 含量、炉渣可燃物含量、炉体表面温升和设备及其运行状况等。

（1）排烟温度。排烟热损失是锻造加热炉的主要热损失项目，与排烟热损失关系最大的参数有两个，其中之一就是排烟温度。排烟温度的高低在很大程度上决定了排烟热损失的大小。所以排烟温度的监测是很有意义的。

排烟温度的测点应设置在炉膛出口处或出口外 1m 以内的烟道上，如锻造加热炉配备有余热回收装置，测点应设置在余热回收装置烟气出口处。

对于间断生产的锻造加热炉，排烟温度测定应在其加热好第一批工件后开始进行。间断生产和连续生产的锻造加热炉，排烟温度应测定4~8次，每次时间间隔0.5~1h。对于工作时间较长的间断生产的加热炉，应适当增加测定次数，时间间隔可稍长一些。以各次测定的平均值作为排烟温度监测的平均值。

（2）烟气中O_2含量。影响排烟热损失的另一个重要参数就是烟气量，即燃烧产物量。燃烧产物量除与燃料本身的组成有关外，还与燃烧过程的空气过剩系数有关，亦即空气过剩系数的大小也在很大程度上决定了排烟热损失的大小。因此，将空气过剩系数列为锻造加热炉的监测项目是顺理成章的。但是，空气过剩系数的计算一般需要分析烟气的全部成分（主要是CO_2、O_2、CO和N_2），而对于含N_2量较高的气体燃料，还要分析燃料的成分，然后用公式计算，使得监测工作量较大。另一方面，对于确定的燃料，其理论燃烧产物的组成在空气过剩系数为1的情况下是确定的，各成分之间的关系也是确定的。在有过量空气的情况下，空气过剩系数主要与烟气中的O_2含量有关，即烟气中O_2含量在很大程度上表示了空气过剩系数。所以，在锻造加热炉中以烟气中O_2含量代替空气过剩系数作为监测项目是完全可以的。

烟气中O_2含量测点应设置在炉膛出口处或炉膛出口1m以内的烟道上。在锻造加热炉设有余热回收装置时，仍应在炉膛出口取样，但应注意余热回收装置是否有较严重的漏风。烟气中O_2含量可用奥氏气体分析器或燃烧效率测定仪测定。

（3）烟气中CO含量。烟气中CO含量反映燃料的化学不完全燃烧情况。对于热工设备来说，任何情况下，燃料的完全燃烧应该是第一位的，因此，将这一参数列入监测项目。

烟气中CO含量的取样测定可与烟气中O_2含量的取样测定共同进行，并可使用同一仪器进行分析。

（4）炉渣可燃物含量。炉渣可燃物含量反映固体燃料的机械不完全燃烧程度。这一监测项目只对固体燃料炉排（机械炉排或固定炉栅）燃烧方式有意义。

对于固体燃料的锻造加热炉，应均匀取炉渣样，渣样混合后总质量不应少于50kg，出渣不足50kg者，应全部取样。然后按规定缩分出2份1kg左右的渣样，一份送化验分析，一份封存备查。

（5）炉体表面温升。炉体表面温升反映了炉体绝热保温状况。

各面炉墙和炉顶的炉体表面温度测定应分别进行。可按每平方米面积一个测点布置，在窥视孔、看火门、加料门等近边距离300mm范围内可不布置测点。

环境温度在距表面1m处测定。以表面各测点平均温度与其环境温度之差作为此表面温升的监测值。

（6）设备及其运行状况。设备状况的好坏直接关系到其运行的安全和生产的顺利进行，对能耗也有相应的影响。设备及其运行状况是一个辅助性监测项目，监测方法是现场观察，重要事项应予拍照。监测设备及其运行状况时应注意观察以下内容：

1）炉体应完整，没有残缺处；炉门、闸门应使用灵活、密封性好、安装可靠、系统要通畅，不允许有积水、漏风的孔洞存在；

2）炉子燃烧装置应完好，燃烧性能要好；

3）炉底的残渣必须及时清除，保持炉底平整无渣；

4）炉压必须适当控制，随热负荷的变化及时调节。

(7) 锻造加热炉的其他能耗指标。除监测项目外，锻造加热炉的其他主要能耗指标还有单位锻件燃耗和热效率。

1) 单位锻件燃耗。单位锻件燃耗是锻造加热炉的一个综合性能耗指标，它反映了锻造加热炉的燃料消耗和利用水平，但由于所加热锻件的材质、形状、加热次数及锻造类型不同，单位锻件燃耗的高低有很大差异，加之燃料性质不同，发热量高低不一，使得这一指标的数值的不可比性很大，增加了考核难度。即使引入各影响因素的修正系数，又使这一指标的测定计算更为复杂、繁琐，与节能监测项目应简单、明确的基本要求不相适应。同时，为了确保其测定的准确性，一般要用热平衡方式来测定这一数值，这就使整个监测过程工作量很大，所用时间很长，计算很复杂。另外，对于经常加热不同材质、不同形状和不同锻造类型的工件的锻造加热炉，只用一个周期或一小段时间的数据计算这样一个综合性能耗指标的代表性也是比较小的。因此，本书中未将此指标列为监测项目。

2) 热效率。热效率也是反映锻造加热炉热能利用情况的一个综合性指标。由于前述原因（单位锻件燃耗部分），热效率的可比性也受到一定影响，同时测定热效率也需要进行热平衡，工作量较大。另外，监测项目中的排烟温度、烟气中 O_2 和 CO 含量、炉渣可燃物含量、炉体表面温升都与热效率有不同程度的关系，热效率指标得到了间接控制，因此，未将热效率列为锻造加热炉的监测项目。

5.3.3 锻造加热炉的节能途径

与其他热工设备相类似，锻造加热炉的节能也主要有两个方面，即加强管理和进行节能技术改造。具体说来有四点：合理组织生产，加强炉子本身管理，提高操作水平，改造炉子设备。

(1) 合理组织生产。

生产的合理是锻造加热炉节能的首要条件。合理组织生产的含义有以下内容：

1) 炉子的生产能力与锻锤的生产能力相匹配；

2) 加强计划调度，减少待料时间，缩短空炉保温时间；

3) 做好生产准备工作，生产前炉子及锤子应处于良好状态，避免生产过程中发生设备故障，防止“保温待锻”，炉子空烧浪费能源；

4) 尽可能组织批量生产，保证炉子有合理的装载量，避免借口“急件”零件也开炉生产；

5) 在一台炉子上尽量组织相同品种的零件生产，以利于提高炉子生产率；

6) 尽可能组织连续生产，有条件的企业，应组织锻造加热专业生产车间，使能耗下降，产品质量提高。

(2) 加强对炉子本身的管理：

1) 选择合理的炉型、炉体结构。在自由锻生产中，一般都选用室式炉，大钢锭加热多用台车式炉；模锻生产中，环形炉、推杆式半连续炉比室式炉、开隙式炉的热效率高，机械化程度和生产率也高，当坯料尺寸和生产批量适应时，应优先选用；

2) 加强炉子的维护修理，严格砌炉质量，保证炉子在生产周期内能安全、合理地进行生产；

3) 对每台炉子建立档案，记录加热炉的各项热工性能、砌筑、维护、使用情况以及技术改造情况。技术改造前后必须对加热炉进行热平衡测试，了解炉子性能，确定节能效益，衡量能源利用水平，提高加热炉的运行水平；

4）做好生产记录，内容应包括锻件材质、形状、单件质量、总质量、加热时间、加热温度及加热工艺曲线，燃料消耗及其他能源（如水、电等）消耗，空气、煤气预热温度，烟气排放温度等，为分析、研究炉子状况提供可靠的依据；

5）完善各项规章制度，如锻造加热炉能耗定额管理制度；锻造加热炉操作规程；司炉工岗位责任制；加热炉大修、中修、小修制度；加热炉的加热制度；计量仪表的维修管理制度；能源的奖惩制度等等；

6）完善能源的计量检测手段，完善单台炉或炉群的能源定额管理。

（3）提高操作水平：

1）控制好炉温：炉温高低会直接影响到燃料的消耗和锻件质量。在加热过程中应严格按照工艺要求进行加热，在不影响被加热工件物理性能的条件下，适当降低工件出炉温度，可以节约燃料；反之，若炉温偏高不仅浪费燃料，而且会导致锻件内部晶粒粗大，影响产品寿命；

2）控制好炉压：调整好炉膛内压力对司炉操作条件、产品质量、降低燃耗都有良好的影响。正压过大，炉气外溢、溢气热损失增大，操作条件恶劣；炉内负压太大，吸入冷空气多，炉温降低，延长工件加热时间，同时金属氧化烧损增大，排烟热损失也加大，燃耗增加。因此应尽可能把加热炉炉底压力控制在±0Pa 左右；

3）组织好燃烧：加热炉的燃烧状况与炉温高低、产品质量、燃料消耗、司炉工操作条件和环境污染都有密切的关系。首先要保证炉膛温度能达到规定的工艺温度，提高炉温监测和调节系统的精度，操作上要控制好供给燃料燃烧用的空气量，控制好空气过剩系数（对固体燃料控制在 1.2~1.4；液体燃料 1.15~1.3；气体燃料 1.05~1.25）。空气过剩系数过大，燃烧烟气量增加，理论燃烧温度降低，传给工件的热量减少，排烟热损失因排烟量的增加而增大；空气过剩系数过小。燃料不能完全燃烧，化学不完全燃烧热损失加大，而且会产生大量黑烟，污染周围环境；

4）加强培训：对加热炉管理人员、司炉工、维修工和计量检测人员的技术培训工作要加强，以提高其技术业务素质。

（4）工艺和设备改造。工艺和设备改造是锻造加热炉节能的重要途径，是技术节能的主要方式，具体来说要做好以下几点：

1）按照严肃的科学态度，改造落后的生产工艺。选择最佳的加热方法，改善炉内热量传递过程，在满足产品性能的前提下，力求把出炉温度控制在最低允许范围，缩短炉内加热时间，节省燃料；

2）选用先进的燃烧装置。固体燃料宜用半煤气加热炉和往复炉排燃煤加热炉，加煤出渣尽量采用机械化；重油加热炉宜用新型燃油喷嘴，如平焰燃油喷嘴、自身预热油喷嘴等，同时要配置合理的油路系统；气体燃料尽量选用先进烧嘴，如自身预热烧嘴、平焰烧嘴、比例调节烧嘴和高速烧嘴等；

3）保持炉体的严密性。减少并堵塞炉体过多的开口孔洞，堵塞缝隙减少溢气热损失；采用优质绝热材料，提高炉子绝热性能，减少炉体散热损失；

4）做好余热回收利用。一般应利用烟气余热预热入炉燃料（主要是气体燃料）及助燃空气，增加燃料、空气入炉物理热，改善燃烧，降低燃耗。常用的预热器有辐射式预热器、对流式预热器、喷流预热器、陶瓷管式预热器等。此外，装设余热锅炉产生蒸汽或用热管换热器产生热水，供生产和生活（洗澡、冬季采暖）使用，对降低企业的整体能耗也是很有作用的。

5.4 燃料热处理炉的节能监测

燃料热处理炉是利用燃料的燃烧产生热量来加热工件的火焰炉，它能完成多种热处理工艺，在机械企业和冶金企业机修厂（车间）等企业中得到了广泛的应用。

5.4.1 燃料热处理炉概述

5.4.1.1 热处理火焰炉的分类

热处理火焰炉可按燃料性质、工艺、外形和炉膛形状、热工作业制度等分类。

（1）按燃料性质分类。按燃料性质可分为固体燃料炉、气体燃料炉及液体燃料炉；

（2）按工艺用途分类。按工艺用途可分为正火炉、退火炉、淬火炉、回火炉和渗碳炉等；

（3）按外形和炉膛形状分类。按外形和炉膛形状可分为室（箱）式炉、井式炉、台车式炉、推杆式炉、转底式炉、震底式炉等；

（4）按热工作业制度分类。按热工作业制度可分为周期作业炉、半连续作业炉和连续作业炉。

5.4.1.2 常用热处理炉的结构和特点

（1）室式燃料炉。室式燃料炉又分为室式燃煤炉、室式燃气炉和室式燃油炉。

室式燃煤炉主要由固定金属构架、炉墙、炉底、炉门、炉门升降机构、加热室、烟道及燃烧装置等部分组成。根据燃烧室的位置不同，又可分为侧燃式和底燃式两种。侧燃式燃烧室设在炉膛一侧，火焰翻过火墙进入炉膛，炉底不直接受热，温度较低，炉温均匀性差。

底燃式室式煤炉常根据加热室的大小不同而设置一个或两个以上的燃烧室，这种炉子因炉底直接被加热，炉子升温较快。

室式燃气炉和燃油炉与室式燃煤炉基本相同，所不同的是这类炉子的燃烧是通过烧嘴或喷嘴进行的，烧嘴在炉墙两侧交错分布。

室式炉由于其结构简单、紧凑、通用性好、便于制作、投资费用低和占地面积小等而得到广泛应用。

（2）台车式热处理炉。台车式热处理炉装有可移动台车炉底，结构与大型室式炉相似，炉底面积较大，用于大型工件的热处理。台车两侧与炉壁之间一般采用砂封，目的是减少热损失，改善炉温均匀性。台车可沿轨道移动进出热处理炉，以进行机械化装卸料。改善了劳动条件，但加热效果较差，密封性不好，热损失大。台车的牵引机构种类很多，可用车间吊车或设立专用卷扬机，也可用销齿条和钝齿轮式牵引机构。少数炉子将炉门固定在台车前端，以节省升降机构。但台车负荷过重，炉门妨碍吊车司机的视线，不便装卸工件。当工件在炉底上空冷时，靠近炉门部分冷却较慢，使整个工件冷速不均匀。

（3）井式热处理炉。井式炉的炉口向上，炉膛多为细而深，横截面多为圆形，个别为方形，内径一般为0.8~3.5m，深度为3.5~30m。井式炉多采用气体燃料，很少用液体燃料，不采用煤作燃料。一般采用能量小的烧嘴，以切线方向分布在炉体四周，每层烧嘴相距0.4~1m，以保证炉温均匀。500~700℃的低温炉则应采用带马弗的井式炉，或使用强制炉气循环的井式炉。井式炉的排烟口一般设在炉底，炉膛深度大于12m时可采用上下同时排烟的烟道。井式炉适用于细长轴类零件的热处理，工件由炉口装入，悬挂加热。炉盖开启时热损失较大，炉膛利用率不足，热效率低，沿炉深度温度很难均匀。

（4）推杆（推料）式热处理炉。推杆式热处理炉又分滑轨式、滚底式、行轮式、辊道式四种。其特点是将工件装在料盘或支架上，由推料机推动前进，机械化程度高，劳动条件好，劳动生产率高，但机构复杂，投资大，推料机构要消耗大量耐热钢且增加热损失。适用于连续生产的中、小零件的淬火、回火、退火和正火等工艺。

（5）震底式热处理炉。震底式热处理炉又分机械式、气动式和电磁式等几种，以震动机构带动炉底（或炉罐）振动，工件靠惯性向前移动。其传动机构简单，加热迅速均匀。但易碰伤工件表面和引起变形，工作有较大噪声。近年发展了耐火混凝土炉底、节省了耐热钢。该炉型适用于连续生产的形状简单、不易夹持的小型零件淬火、正火和回火工艺。

5.4.1.3 不同热源热处理（火焰）炉的性能特点及主要用途

不同热源热处理火焰炉的性能特点及主要用途见表5-1。

表5-1 不同热源热处理火焰炉的性能特点及主要用途

炉子类型		燃气炉	燃油炉	燃煤炉
性能特点	结构	结构简单，但需煤气发生装置及管道系统，要求较高的操作技术	结构简单，但需贮油、输油及油处理设备，要求较高的操作技术	结构复杂，但不需各种附属设备，操作技术要求不高
	控制	燃烧过程较易控制，炉温波动不大（10~15℃），较易实现机械化、自动化	燃烧过程较难控制，炉温波动较大（10~20℃），较难实现机械化、自动比	燃烧过程很难控制，炉温波动大（20~40℃），不易实现机械化、自动化
	热效率	热效率较高，一般为15%~25%，可利用余热预热煤气及空气	热效率约8%~18%，只能利用余热预热空气	热效率低，约5%~15%。余热利用较困难
	气氛	炉气性质可以调节，易于使用可控气氛。加热效果好，便于实现快速加热	炉气性质调节较难，使用可控气氛较难，常生成长形火焰，易使工件局部过热	炉气常含S、P等杂质，加热效果较差
	劳动条件	劳动条件尚好，但需注意煤气外泄及爆炸事故	劳动条件较差，燃料油处理比较复杂	劳动条件差，灰渣烟尘严重，劳动强度大
	投资	设备投资及生产成本较高	设备投资及生产成本较低	设备投资及生产成本低，炉子建造容易，燃料供应方便
主要用途		成批，大量生产的一般机械零件及重型零件的热处理、预备热处理及部分化学热处理	各种工厂一般零件成品及半成品的高、中温热处理	中、小型厂非重要零件的预备热处理及固体渗碳等

5.4.1.4 热处理工艺和操作

热处理是工业生产中的重要工艺，钢铁及一些合金良好的机械性能都是通过热处理达到的。

钢件与铸铁件热处理的目的是通过加热和冷却使其金相组织发生变化，从而改善其性能。为此需要根据它们的特点来制定热处理规范，即选择适宜的加热温度、保温时间和冷却速度，达到所需要的高强度、硬度、耐磨性、良好的塑性、韧性和抗疲劳等性能。

A 热处理工艺名称

(1) 正火。将工件加热到奥氏体转变温度（Ac_3 或 Ac_{cm}）以上 30~50℃，保温一定时间，然后取出空冷，或用适当的速度冷却的工艺过程叫正火（或叫常化）。正火的主要目的是均匀组织、细化晶粒、减少或消除钢（特别是高碳钢）中网状碳化物。以正火代替退火，增加钢的强度和韧性并改善低碳钢的切削加工性。

(2) 退火。将工件加热到一定温度，保温一定时间，然后在炉内或埋入导热性差的介质（如砂、灰等）中缓慢冷却的工艺过程叫退火。退火可分为完全退火、不完全退火、等温退火、球化退火、扩散退火、消除应力退火及再结晶退火等，主要目的是降低硬度、提高钢的塑性和韧性，改善或消除在铸造、锻造、焊接过程中所造成的组织缺陷，细化晶粒、消除内应力等。

(3) 淬火。将工件加热到相变温度（与碳及其他成分有关）以上后，保温一定时间，然后以大于临界冷却速度的冷速急剧冷却，获得马氏体组织的热处理工艺叫淬火。淬火可分为单液淬火、双液淬火、分级淬火、等温淬火、预冷淬火和局部淬火，主要目的是提高工件的硬度和耐磨性，改善某些特殊钢的物理性能和化学性能。

(4) 回火。将经过正火、退火或淬火的工件加热到临界点（Ac_1）以下某一温度并保温一定时间，然后采用适当方法冷却到室温的工艺过程叫回火。回火可分低温回火（150~250℃）、中温回火（350~500℃）、高温回火（500~680℃）几种方式，主要目的是减小工件的内应力，降低硬度，提高韧性，获得工件所要求的机械性能，稳定工件的组织和尺寸，以防止长期使用过程中尺寸自行变化。

(5) 调质。淬火后高温回火称为调质。

B 锻件热处理

无论是大型锻件还是小型锻件，锻造后的冷却和热处理是必不可少的工作，如果锻造后冷却和热处理不当，由于温度应力可能会产生裂纹，工件内部可能产生白点，以致造成废品。

(1) 锻件热处理的工艺形式。锻件热处理的工艺形式较多，除上述热处理工艺，还有锻造后直接在炉外冷却、中间退火、起伏式等温退火、等温冷却及起伏式等温冷却等。

(2) 锻件热处理的目的。对锻件进行热处理的目的是：减少氢含量，预防产生白点（主要指用钢锭直接锻造成形的锻件）；减少或消除锻造过程中的应力并降低硬度，提高金属的切削性能；改善内部组织结构，为最终热处理奠定组织基础；减少冷却过程中的温度应力，预防锻件表面产生裂纹。

对大型锻件，热处理可提高化学成分的均匀性、降低偏析、细化与调整大锻件锻造过程中所形成的粗大与不均匀组织，为超声波探伤创造内部组织条件；对于不进行最终热处理（又称第二热处理）的锻件，锻造后热处理（又称第一热处理）还要保证达到技术条件规定的机械性能要求；对于某些特殊重要的大型锻件，需要在锻造过程进行中间退火，使硫化物、夹杂物球化及分散化，以改善锻件横向性能（韧性）。

（3）大锻件去氢处理。氢是产生白点的主要因素。白点是在钢中的氢与应力联合作用下产生的，其中氢是主要因素，应力是必要条件。

生产实践与理论证明，铁素体、奥氏体和莱氏体钢不产生白点，只有珠光体、贝氏体及马氏体钢才产生白点。白点在锻件断面上表现为极细的脆性裂纹，裂纹的表面呈银白色，其形状接近于圆形或椭圆形，直径由1mm以下到40~60mm，厚度在0.01mm以下。

钢液中的氢通过锭模中的结晶过程，钢锭和锻件在锻造过程中的加热、塑性变形、中间冷却过程以及锻造后热处理的待料保温、重结晶、扩氢加热、均温、保温、冷却各阶段的扩散等过程后大为下降。

C　铸钢件的热处理

铸钢件一般不容易产生白点，但如果铸钢件（珠光体钢）的断面很大，由于铸后冷却速度过快，出砂后温度过高，也可能产生白点。

铸钢件的热处理与锻件锻造后热处理的工艺形式基本相似，但没有大锻件热处理那样复杂，和小锻件的锻造后热处理相似。

铸钢件热处理主要工艺形式有：

（1）碳钢铸件多采用正火、退火、回火；

（2）低合金钢和不锈钢铸件多采用正火；

（3）高锰钢铸件采用淬火处理。

高锰钢、不锈钢铸件的淬火处理，是将铸件加热到其所需要的高温（一般1030~1150℃），使碳化物通过高温溶解到奥氏体中去，然后水淬（极少油淬）处理，以提高铸件的韧性，这种淬火方法叫做水韧处理。

D　铸铁件的热处理

铸铁件不容易产生白点，这是因为铸铁件的基体组织中有莱氏体的缘故。铸铁件热处理的基本形式为：

（1）低温退火：消除铸件内应力；

（2）低温石墨化退火：使共析渗碳体石墨化与球化，从而使硬度稍微降低，以提高塑性和韧性，改善加工性能；

（3）高温石墨化退火：消除铸铁件基体中存在的自由渗碳体；

（4）高温正火及回火（完全奥氏体化正火）：获得较高的强度及一定的塑性和韧性；

（5）中温正火及回火（部分奥氏体化正火）：提高综合机械性能，特别是塑性和韧性，对高硅、高磷球铁效果较显著；

（6）低碳奥氏体化正火及回火：由于奥氏体含碳量较低，可获得较好的塑性和韧性；

（7）淬火及回火：提高铸铁件硬度、强度和耐磨性；

（8）等温淬火：提高综合机械性能；

（9）表面热处理：提高铸铁件表面耐磨性和疲劳强度。

5.4.2 燃料热处理炉的监测方法及其监测项目

5.4.2.1 节能监测方法

（1）测试工况及次数。测试应在热处理炉正常生产工况下进行。连续运行的热处理炉从热工况达到稳定状态开始，监测时间应不少于2h；周期性热处理炉监测一个运行周期（到保温终止时结束）。除需化验分析以外的测试项目每隔30min记录一次，取算术平均值作为监测结果。

（2）监测仪器。监测所用的仪器应能满足监测项目的要求，仪器完好，并应在检定周期内，其测量范围和分辨力应与被测量项目相适应，其准确度不应低于表5-2的要求。

表5-2 仪器仪表准确度要求

序号	监测项目	仪器仪表名称	准确度
1	温度	表面温度计、红外测温仪、铠装热电偶	1.5级
2	气体成分	奥氏气体分析器、综合烟气分析仪、燃烧效率仪、气相色谱仪	1.5级

（3）排烟温度。排烟温度的测点应布置在烟道截面烟气温度比较均匀的位置上，根据热处理炉的大小，可布置在炉体烟气出口1~2m的烟道上；设有余热回收装置时，其测点可布置在余热回收装置的烟气出口1m处。测温探头应插至烟道横截面中心位置，并保持插入处密封。

（4）空气系数。烟气取样点应与排烟温度测点在同一位置且同步进行。如有换热器，取样点应设在炉膛烟气出口处。每30min取样一次分析烟气成分，取算术平均值。

（5）灰渣取样。灰渣取样量应不少于总灰渣量的2%，当总灰渣量不足20kg时应全部取样。灰渣缩分后其量不得少于2kg，1kg送检，1kg封存备查。

（6）炉体表面温升。炉体表面温升测点的选择应具有代表性，可按炉内温度区段布置，一般$1m^2$为一测点。测点布置应避开受高温辐射和逸气的影响。窥视孔、炉门、烧嘴孔、热电偶等附近边距0.3m范围内不布置测点。测试不少于两次，取算术平均值。环境温度测点应设在距被测点垂直距离1m处。

5.4.2.2 节能监测项目

燃料热处理炉的监测项目分为检查项目和测试项目两部分。

A 节能监测检查项目

（1）燃料热处理炉本体及所属设备运行正常。

（2）炉体应严密、完好，燃气管网、燃油管网、热风管道等隔热保温性能应符合《设备及管道绝热技术通则》（GB/T 4272）规定。

（3）计量仪表配备齐全、合理，并在检定周期内。

（4）排烟系统及装置合理，工作正常。

（5）热处理炉控制系统及设备配置合理、满足工艺要求。

（6）热处理加热设备的负荷率应符合GB/T 18718的规定。

（7）检查3年内由具备资质的专业单位测试的热平衡报告。

B 节能监测测试项目

根据热处理工艺特点和热处理火焰炉的能耗情况，热处理火焰炉的监测项目确定为排烟温度、空气系数、炉渣含碳量和炉体表面温升等。

(1) 排烟温度。排烟温度是控制排烟物理热损失的一个重要指标。

排烟温度测定应在炉膛出口处。如有余热回收装置，则在其出口处。监测时测温仪表应插入足够的深度。

对于周期性生产的热处理火焰炉，排烟温度的测定可根据热处理工艺周期确定测定次数和时间间隔，一般测定次数不少于4次，时间间隔不大于2h。

对于连续生产的热处理火焰炉，可测定4~6次，时间间隔0.5~1h。

取各次测定温度的平均值作为监测值。

排烟温度的考核指标见表5-3。

表5-3 排烟温度的考核指标

炉膛出口温度/℃	低发热量排烟温度/℃	高发热量排烟温度/℃
≤500	≤350	≤340
≤600	≤400	≤380
≤700	≤500	≤440
≤800	≤460	≤510
≤900	≤530	≤560
≤1000	≤580	≤650
>1000	≤670	≤670

注：低发热量指发热量低于8360kJ/m^3（标准状态）的燃料，高发热量指天然气、焦炉煤气、煤和重油等。

(2) 炉渣含碳量。炉渣含碳量表示燃料的机械不完全燃烧情况，其大小反映了燃料机械不完全燃烧热损失的大小。

对于多个燃烧室的热处理火焰炉，应注意从每个燃烧室取样，充分混匀后再按规定进行缩分。两份样品一份送化验分析，一份封存备查。

炉渣含碳量的考核指标为：烟煤不高于15%；无烟煤不高于20%。

(3) 炉体表面温升。炉体表面温升是表示炉体绝热保温状况的参数，监测时四面炉墙和炉顶应分别测定考核。

炉体表面温升按式（5-4）计算。

$$\Delta t = t - t_a \tag{5-4}$$

式中 Δt——表面温升，℃；

t——表面温度，℃；

t_a——环境温度，℃。

炉体表面温升的考核指标见表5-4。

表5-4 炉体表面温升的考核指标

炉内温度/℃	侧墙温升/℃	侧顶温升/℃
≤700	≤50	≤60
≤900	≤60	≤70
≤1000	≤70	≤80

续表 5-4

炉内温度/℃	侧墙温升/℃	侧顶温升/℃
≤1100	≤80	≤90
>1100	≤90	≤110

（4）空气系数。空气系数按烟气成分计算。空气系数的考核指标见表 5-5。

表 5-5 空气系数的考核指标

燃料品种	燃烧方式	空气系数
燃煤	机械化加煤、人工化加煤	1. 40~1. 60
燃油	自动调节	1. 15~1. 20
	人工调节	1. 20~1. 30
气体燃料	自动调节	1. 05~1. 20
	人工调节	1. 15~1. 25
	喷嘴式调节	1. 05~1. 15

（5）其他监测参数：

1）出炉烟气中 O_2和 CO 含量。出炉烟气中 O_2含量表示空气过剩系数和烟气量的大小，也是控制排烟热损失的另一个重要指标；出炉烟气中 CO 含量表示燃料完全燃烧情况，出炉烟气中 O_2和 CO 含量在一定程度上表示炉内燃烧状况。

烟气取样点设置在炉膛出口处，取样次数和时间应与排烟温度一致。

以上监测项目，考核时指标应按照热处理工艺及周期等分类进行。

2）单位燃耗。单位燃耗是表示热处理火焰炉的一个最直接的综合指标。但由于热处理工艺的多样性和复杂性，所处理工件的温度要求有高有低，热处理周期长短不一，升温速度快慢不同，工件本身形状有复杂的，也有简单的，工件尺寸有大有小，这些对热处理工件单位燃耗都有相应的影响，致使单位燃耗的可比性很差。即使将每种因素都考虑到，也会引入很多修正系数，使监测指标的计算成为一种数字游戏。因此，一般不将这一指标列为监测项目。

5. 4. 3 热处理火焰炉的节能途径

根据热处理火焰炉的特点及能耗分析，其节能应从加强管理和采用新技术两个方面入手。

（1）改进生产调度，采用集中生产方式。热处理火焰炉的单位燃耗与炉子生产率（特别是对于周期性生产的炉子）有很大的关系，因此，应合理调度。尽量安排工件集中热处理，扩大每一周期装炉量，缩短各周期之间的时间，减少炉体蓄热损失。

（2）改进燃烧与控制技术。改进燃烧与控制技术，在保证完全燃烧的前提下具有最小的空气过剩系数，为保证在较低空燃比情况下完全燃烧可采取如下措施：

1）使用高效燃烧装置。近年来，国内外相继采用了平焰烧嘴，高速烧嘴等。平焰烧嘴用于室式炉，可节约燃料 15%~30%。高速烧嘴以 100~200m/s 的喷出速度搅动炉内气体，增大对流传热系数、提高传热效率、缩短加热时间，可节约燃料 20%~30%。

2）采用空燃比自动控制系统。常用的方法有烧嘴本身带有的空气燃料比例调节。方法简单、实用，具有流量控制装置的空燃比控制系统，适用各种烧嘴空气预热情况下的空燃比控制系统，是比较完善的控制系统。

3）炉压控制。炉压过低引起冷风吸入，不仅浪费燃料还会使炉温不均，影响加热质量；炉压过高，则会使热气体溢出，损失热量，恶化操作条件。炉压应控制在微正压状态。

4）炉温控制。炉温控制实际上就是对燃料量及空气量的控制。热处理工艺是严格执行温度控制的过程，精确的温度控制不仅保证了热处理工件的质量，而且是强化工艺操作的前提，热处理炉的温度控制装置的正常运行是实现各种节能措施的保障。

(3) 减少炉体热损失。炉体热损失主要指炉体蓄热损失、炉壁散热损失和水冷部件造成的损失。

加强炉体维修，改进结构，采用轻质炉衬材料、全纤维结构等是降低炉体热损失的有效措施，还可采用高黑度节能涂料，涂刷在炉内壁上增加辐射传热效果。

(4) 余热回收及利用。热处理（火焰）炉烟气带走的热损失占热处理炉总供热量的30%~50%，余热资源量较大。回收烟气中热量的方法主要有两种：即用烟气来预热冷工件和预热助燃空气或燃料。

(5) 应用热处理节能新工艺、新技术。主要内容有：1）改革旧的不合理的热处理规范；2）利用锻造余热进行退火新工艺；3）缩短锻后热处理扩氢周期等。

(6) 改进炉温控制方式。热处理火焰炉炉温控制的传统方式是：用大空气过剩系数燃烧和停风燃烧轮番进行。因此，采用小空气过剩系数燃烧获得高温燃烧产物与出炉低温烟气混合供入炉膛的烟气循环方式是一种可行的节能新技术。

5.5　热处理电阻炉的节能监测

热处理电阻炉是冶金机械企业常用的工件热处理设备，与热处理火焰炉相比，具有易于控制，处理工件质量高，清洁无污染等优点，经常用于工艺要求较高的工件和一些小型工件的热处理。

由于热处理电阻炉所用能源是高质量高能级的电，在当前我国电力供应十分紧张的情况下，为促进企业抓好节电，对热处理电阻炉的节能监测是非常必要的。

5.5.1　热处理电阻炉概述

热处理电阻炉是利用电流通过电阻体产生的热量来加热工件的电炉，应用最多的有箱式炉、台车式炉、井式炉和电热浴炉。其特点是品种规格多，结构简单，易于操作，成本低，而且可以完成多种热处理工艺，适用于多品种、小批量生产。

(1) 箱式电阻炉。箱式电阻炉属于小型热处理电阻炉，按使用温度可分为高温、中温、低温三种。

中温箱式炉是应用最广泛的箱式炉，适用于碳钢、合金钢的退火、正火、淬火和固体渗碳等，主要由炉壳、炉衬、炉膛、炉门、炉门提升机构、电热元件及炉底板等组成。

高温箱式炉的最高温度有1200℃和1350℃两种。1200℃高温箱式炉主要供高合金件在低于1200℃温度下进行热处理时使用。1350℃高温箱式炉主要用于高速钢和合金钢件的淬火。与中温箱式炉相比，高温箱式炉炉衬较厚，耐火层要求耐火度高，在耐火层和保温层间还加有轻质砖或其他轻质材料的中间层，密封性较好。1350℃高温箱式炉采用碳化硅棒作电热元件、炉底为碳化硅板或重质高铝砖，同时为适应碳化硅棒特性，这种炉子都配置炉用变压器。

低温箱式炉用于回火和有色金属的热处理。因使用温度低，传热主要靠对流，所以，炉内装有风扇、以促使温度均匀和提高热效率。

(2) 台车式电阻炉。台车式电阻炉炉体由加热室和活动台车炉底组成，其炉衬结构与箱式电阻炉相似，台车炉底可沿地面轨道移出炉外、便于装卸料，主要用于大型工件的正火、退火和淬火等。

(3) 井式电阻炉。井式电阻炉炉口向上、形如井状，可用吊车起吊工件，减轻劳动强度。常用的有中温井式炉、低温井式炉、井式气体渗碳炉等。

中温井式炉工件在炉内可吊持，主要用于长轴（长形）件的淬火、正火和退火，高速钢拉刀的淬火预热和回火，也可用于薄壳筒的加热，主要由炉壳、炉盖、炉衬、电热元件、炉盖升降支承架等几部分组成。

低温井式炉即井式回火炉，多用于淬火件回火和有色金属热处理，其基本结构与中温井式炉相似。由于最高使用温度仅650℃，加热主要靠炉气对流，为此在炉盖上装有促使炉气循环的风扇，另外炉膛内还往往配置装料筐。

井式气体渗碳炉主要用于钢的气体渗碳、渗氰和碳氮共渗及重要零件的淬火、退火等，其结构与低温井式炉相似。为了保持炉内活性介质的成分和压力稳定、防止电热元件与活性介质接触而变质，在炉膛设有由耐热钢架支承的耐热钢炉罐，液体渗碳剂经滴量器滴入炉中，产生的废气由另一管道排出。

(4) 电热浴炉。电热浴炉是以电作热源、采用液体作为加热介质的热处理电阻炉，按所用液体介质的不同可分为盐浴炉和油浴炉，这里仅介绍使用较广的盐浴炉。

盐浴炉以熔盐作加热介质，结构简单，制作容易，加热快而均匀，工件氧化脱碳少，便于细长件悬挂加热或局部加热，可进行正火、淬火、化学热处理、分级淬火和等温淬火、局部加热淬火、回火等。

盐浴炉按加热方式分为内热式和外热式，内热式又分为电极式和电热管式两种。

电极式盐浴炉在电极上通以5.5~17.5V、1400~7000A的交流电，借助熔盐的电阻，转换成热能，使熔盐达到要求的温度来加热熔盐中的工件。由于固态盐不导电，电极式盐浴炉要借助启动电阻将电极周围的盐熔化后才能正常工作。

插入式电极盐浴炉的电极从盐槽顶部插入，电极更换比较方便，但盐槽工作面减小、散热损失较大；埋入式电极盐浴炉较插入式节电，可延长电极寿命、提高盐槽容积利用率。

电极式盐浴炉还可按工作温度分为低温、中温、高温三种。

盐浴炉变压器是向盐浴炉输送低压大电流的专用设备，目前应用较多的ZUDG和ZUSG系列空冷变压器。由于不能带负荷调整电流、有级调压，故使用不便，炉温波动也较大。现在已采用油浸式带电抗器变压器、油浸式磁性调压器和可控硅调节变压器等。

外热式电浴炉由坩埚和炉体构成，电热元件在坩埚外部，因受坩埚材料限制，工作温度一般不超过850℃。

外热式电浴炉热效率低、坩埚不能太大，寿命太短。但结构简单、不需变压器和启动电阻，所以在等温淬火、分级淬火、回火及化学热处理（液体渗碳、渗氮、碳氮共渗）方面应用仍较广泛。

（5）热处理工艺。热处理是使固态金属通过加热、保温、冷却，改变其内部金相组织以获得预期性能的工艺过程，它可以改善金属内部组织、提高机械性能、提高零件使用寿命。

热处理工艺主要有退火、正火、淬火、回火等，这些工艺是经常用到的，在热处理火焰炉的节能监测一节已有讲述。这里不再介绍，仅将调质与化学热处理简介如下。

调质是淬火加高温（高于500℃）回火的热处理过程，主要目的是获得既有一定强度和硬度，又有良好塑性与韧性的综合机械性能，广泛应用于各种重要的结构零件，尤其是在交变负荷下工作的连杆、主轴、转子等的热处理。

工件在一定温度的特定介质中加热，使其表层化学成分发生预期的变化，从而改变表层组织与性能的热处理方法叫化学热处理，主要有渗碳、渗氮、碳氮共渗等几种。

气体渗碳是将钢件放在气态渗碳剂中加热（一般880~940℃）并保温足够长的时间，以便使活性碳原子渗入表层的过程。渗碳只能改变零件表层的化学成分。为获得外硬内韧的性能，渗碳后必须进行淬火，然后低温回火。

气体渗氮是用氨气（NH_3）作渗氮介质，将氮原子渗入工件表层的工艺过程。与渗碳相比，零件变形小，具有更高的硬度、耐磨性和疲劳强度，并具有一定的抗蚀性和热硬性。主要缺点是周期太长、生产率低、成本高、氮化层薄而脆，不能承受太大的接触压力和冲击力。

将碳和氮同时渗入工件表层的热处理过程称为碳氮共渗，它兼有渗碳和渗氮的长处。按加热温度不同，碳氮共渗可分为低温碳氮共渗（500~580℃）、中温碳氮共渗（700~880℃）和高温碳氮共渗（900~950℃）。

5.5.2　热处理电阻炉的监测项目及监测方法

根据热处理电阻炉结构、工艺和能耗特点，国家标准《热处理电炉节能监测》（GB/T 15318—2010）规定了其监测项目，即产品可比用电单耗、炉体外表面温升、空炉升温时间和空炉损耗功率比。

监测在正常生产的实际运行工况下进行，监测时间为一个周期。所用仪表精度应符合有关规定，必须完好且在检定周期内，能够满足监测项目的要求。

（1）产品可比用电单耗。产品用电单耗是反映热处理电阻炉能耗水平的综合性指标，但由于热处理电阻炉类型、大小不同，热处理工艺也不相同，热处理温度各有高低，热处理周期有长有短，热处理产品形状各异，使这一指标具有很大的不可比性。为了解决这个问题，提出了产品可比用电单耗的概念，作为节能监测的测试项目，其方法就是对于各种工件类别、质量、热处理温度及工艺确定相应的折算系数。

产品可比用电单耗的概念可以这样理解：根据热处理产品（工件）和工艺的不同，按照有关规定把合格产品（工件）折算为折合质量（或称标准产品）时，计算得出的实际生产耗电量与折合质量之比。

产品可比用电单耗的监测需要测定两个参数，即一个周期的耗电量和所处理工件的产量，然后按式（5-5）计算。

$$b_{\mathrm{k}} = \frac{W}{m_{\mathrm{z}}} \tag{5-5}$$

式中 b_{k}——产品可比用电单耗，kW·h/kg；

W——一个生产周期内供给热处理电阻炉本体加热元件和直接用于生产工艺的辅助设备的电能量，kW·h；

m_{z}——相应生产周期内热处理合格品的折合质量，kg；$m_{\mathrm{z}} = \sum_{i=1}^{n} m_i K_1 K_2$，式中，$K_1$ 为产品（工件）工艺材质折算系数，由表5-6确定；K_2为常用热处理工艺折算系数，由表5-7确定；m_i为一个生产周期热处理的各种合格产品（工件）工艺的实际质量，kg。

表5-6 产品（工件）工艺材质折算系数

工件材质	低、中碳钢或中碳合金结构钢	合金工具钢	高合金钢	高速钢
合金元素总含量/%	≤5	5~10	≥10	—
K_1	1.0	1.2	1.6	3.0

表5-7 常用热处理工艺折算系数

热处理工艺	K_2	热处理工艺	K_2
淬火	1.0	时效（固溶热处理后）	0.4
正火	1.1	气体渗碳淬火（渗层深0.8mm）	1.6
退火	1.1	气体渗碳淬火（渗层深1.2mm）	2.0
球化退火	1.3	气体渗碳淬火（渗层深1.6mm）	2.8
去应力退火	0.6	气体渗碳（渗层深2.0mm）	3.8
不锈钢固溶热处理	1.8	真空渗碳（渗层深1.5mm）	2.0
铝合金固溶热处理	0.6	气体碳氮共渗（渗层深0.6mm）	1.4
高温回火（>500℃）	0.6	气体碳氮共渗	0.6
中温回火（250~500℃）	0.5	气体渗氮（渗层深0.3mm）	1.8
低温回火（<500℃）	0.4		

产品可比用电单耗作为一个综合能耗指标，在节能监测中只测定一个生产周期的数据即做出结论，使其准确性和代表性受到了相应的限制。为了弥补这一不足，可查阅所监测热处理电阻炉近期（如一个月、一个季度、半年）的生产记录，并计算相应一个时期的数据，与监测值及合格指标进行比较，可能会得出比较全面的结论。这一点在节能监测实践中应当引起足够的注意。

（2）炉体外表面温升。炉体外表面温升是决定炉体外表面散热损失的主要参数，按GB/T 10066.4—2004的有关规定进行。

炉体外表面温度测点可分别在炉侧壁、炉顶、炉门（或炉盖）外表面上任选3~5点。

但所选测点不得在炉口（包括炉门口、炉盖口、加热元件和热电偶引出口等）和穿透炉衬的坚固件周围300mm之内。

环境温度在距电阻炉外壁中心1m处用温度计测定。

以所测各组表面温升的最大值作为监测值。

（3）空炉升温时间。空炉升温时间是表示热处理电阻炉热惰性的一个参数，反映炉体砌体的情况。如果炉子砌体选用的材料密度大，比热大，则空炉升温时间就长，反之，空炉升温时间就短。

电阻炉在空炉情况下，从冷态通电起到达到额定温度所需的时间即为空炉升温时间；对于多控制区电阻炉，以所有控制区都达到额定温度所需的时间为空炉升温时间。

电阻炉的空炉升温时间根据电阻炉所用加热元件的性质和控制系统的类别分别按GB/T 10066.4—2004的有关规定进行测定。

（4）空炉损耗功率比。空炉损耗功率比是指空炉损耗功率与额定功率的百分比。其测算方法见GB/T 10066.4—2004的有关规定。

空载损耗功率是反映炉子砌体情况和电气系统情况的综合性参数，但其与炉子砌体情况和炉体严密性的关系更大。炉子砌体材料导热系数小、炉体严密性好，则空载损耗功率就低，反之，空载损耗功率就大。

电阻炉的空炉损耗功率在电阻炉空炉额定温度下的热稳定状态测定。电阻炉的热稳定状态和空载损耗功率应在电阻炉达到额定温度后按平均功率法和表面温升法进行测定。

一般应采用平均功率法，当平均功率法难以得到正确结果时（如对于多控制区电阻炉等）可用表面温升法。

5.5.3 热处理电阻炉的节能途径

影响热处理能耗的因素是多方面的，应从管理、工艺、设备等方面综合做好热处理炉的节能工作。

（1）加强热处理的生产、能源、技术管理。目前，有的企业仍保持小而全的生产方式，甚至一个厂不必要地存在多个热处理加工点，设备负荷率低，设备容量与生产能力不相匹配。鉴于热处理炉固有的蓄热损失和散热损失，若能将温度、时间等工艺参数相近的工件集中开炉，最好能集中一批工件连续三班生产，最后一炉利用余热进行随炉冷却的消除应力处理。如工件外协或承接外协件，也会大大降低炉子的单耗。

健全热处理车间，班组的原始记录、统计台账，实行能源经济承包。50kW及以上的热处理炉单独计量。严格定额考核，节奖超罚。

完善操作规程、维护保养制度和工艺规范，保证设备良好的技术状态。

（2）采用节能热处理工艺。近年研究和实验表明，传统的热处理工艺节电潜力很大，若在生产中采用新工艺，对热处理节能有重大意义。

（3）改造、更新热处理电阻炉：

1）正确、合理地选择合适的炉型和规格是热处理节能的基本条件。近几年来，我国推出大批节能电阻炉产品，这些节能型炉升温快、蓄热少、空炉损耗小，升温阶段比老型号炉节电20%~40%。

对于工件批量大，连续生产的宜采用连续式炉，对于大批量、单品种工件的热处理，一般应优先选用感应加热。

2）结合大修对电阻炉进行节能改造是行之有效的办法。按照价值工程原理，优先选用新型耐火材料和保温材料（如高强度超轻质砖、硅酸铝纤维、岩棉等），同时不排斥传统的耐火、保温材料（如黏土砖、硅藻土砖、珍珠岩等），扬长避短、综合利用，以取得综合节能经济效果。

硅酸铝纤维预制拱顶，在广泛推广使用后已证明是运行可靠、施工维护方便、节电效果好的结构。

采用新炉门（盖）结构，加强炉体密封。

未到大修期的周期作业炉，在炉衬内壁粘贴硅酸铝纤维毡也能收到花钱少、节电10%~18%的效果。

3）炉内耐热构件轻型化。热处理电阻炉中如炉罐、炉底板、料筐、支架等耐热构件随同工件加热，消耗的热量有的甚至大于工件吸收的热量，约占总热量的18%~30%。为此，这些炉内耐热构件都应轻型化，把铸造结构改为耐热钢板焊接结构或冲压结构等。

4）金属涂覆加热。用黑度较高即具有较高全辐射率的非金属粉粒或金属氧化物的混合物，涂覆在光泽表面。加热过程涂层迅速受热，同时将热传给金属工件，由此金属工件温升速度将加快三分之一左右。

5）盐浴炉节能。插入式盐浴炉冷启动升温慢，炉体保温差，耗电量大，限期改造为埋入式盐浴炉。盐浴炉采用快速启动是节电显著的措施。

盐浴炉炉口辐射热损大，如果加上一个操作灵活的炉口保温盖，约可节电20%以上。如在盐液面上撒上一层鳞状石墨粉或液体渗碳剂，也可节电20%左右。

6）采用微机监控。热处理电阻炉原来的温度控制系统温度控制精度低，炉内温度不均匀。采用微机监控使生产过程严格按工艺要求进行，减少废品，提高工作可靠性，收到节时、节能、降低热处理成本的目的。现在，我国用微机监控的电阻炉已不少见。

5.6　煤气发生炉的节能监测

煤气发生炉是用来产生发生炉煤气（包括水煤气、半水煤气、空气发生炉煤气等）的能量转换设备，把固体燃料（煤或焦炭）转换为气体燃料。煤气发生炉在冶金、机械、化工等行业均有应用，最常用的是常压固定床煤气发生炉。

5.6.1　煤气发生炉概述

（1）常压固定床煤气发生炉的特点。常压固定床煤气发生炉是已使用多年、技术上比较成熟的炉型。现代新型煤气发生炉已经突破传统式结构，向气流床（如K-T炉、德士古炉）、流化床（或称沸腾床气化法如温克勒气化炉）方向发展。固定床是区别于气流床和流化床而言的，具有固定的炉箅子，煤气在发生炉内分层次形成。煤气发生炉内自下向上依次可分成灰层、氧化层、还原层、干馏层和干燥层。所谓常压是指炉内压力略高于当地大气压，以便和在2~3MPa下的加压气化工艺有所区别。常压固定床煤气发生炉的特点是具有固定或旋转的炉箅子、加料装置和出灰装置，使用规定粒度的煤或焦炭，用一定气化剂（如空气加水蒸气、空气加氧气再加水蒸气）吹入炉内而发生气化反应。煤炭均匀固定在炉箅上，分层次与气化剂进行不同的反应，从而生成可燃气体（发生炉煤气的主要可燃成分是 CO 和 H_2）。这种发生炉的气化效率和热效率比较高，设备简单，易于掌握，一次投资较少。

缺点是受煤、焦的粒度限制，大量粉煤要被筛选出来（一般在 30% 以上），降低了煤的利用率；为防止燃料层中灰分熔融及焦结（一般煤的灰分熔点在 1250～1350℃ 左右）的产生，气化层温度提高受到限制，气化强度较小；由于出灰的要求，灰盘水封只能有一定的高度，鼓风压力和速度受到限制，产量不易提高；灰渣含碳量较高，焦油利用也较困难。

（2）发生炉煤气的生产工艺：

1）以无烟煤（焦炭）作为原料的冷煤气生产工艺流程：煤气发生炉→双列竖管→洗涤塔→排送机→干燥塔→煤气总管→用户。

生产工艺流程中包括供煤、除渣、冷煤气的清洗及净化、增压及供风和循环水净化处理等五个系统。

①供煤系统。主要设备及设施有煤场、天车、破碎机、煤斗、输送带、振动筛、计量仪表、加料小车、煤仓等。来煤卸至煤场，储煤经破碎机的破碎和初步的筛选，制成合格的原料，分块度大小存放在煤场，用输送带送往振动筛筛去煤粉和小块煤（被筛去的小块煤粒度大小由振动筛筛孔直径决定），合格原料煤经计量仪表计量后，由加料小车送入煤气发生炉顶端上方的煤仓。

②除渣系统。煤气发生炉内产生的炉渣经灰刀排出炉外，再由输灰皮带或其他装置运出。

③冷煤气的清洗及净化系统。包括竖管、洗涤塔、凉水塔、沉淀池、冷水井、热水井、泵房和干燥塔等。煤气从发生炉内以 500～550℃ 高温经短管进入竖管，用热循环水清洗和冷却后，煤气温度降到 90～100℃，进入洗涤塔，用冷循环水进一步冷却和净化，煤气温度降到 35℃ 左右，由输送机加压，经干燥器送入煤气总管，输送到各用户。

④增压及供风系统。包括煤气输送机、空气鼓风机、空气总管及计量仪表等。

⑤循环水的净化处理系统。煤气站冷热循环水中含有酚、氰化物和硫化物等有毒物质，必须进行净化处理，达到排放标准后才能向外排放。

2）以烟煤作为原料的冷煤气生产工艺流程为：

煤气发生炉→竖管→电滤器→洗涤塔→排送机→干燥塔→总管→用户。

以烟煤作为原料的冷煤气生产工艺流程比以无烟煤作为原料的冷煤气生产工艺流程增加了一个电滤清器环节。煤气在进入电滤清器中除去焦油和灰尘后，再进入洗涤塔净化、冷却，焦油流入焦油池中。其他与以无烟煤作为原料的冷煤气生产工艺流程相同。

3）热煤气生产工艺流程为：煤气发生炉→旋风除尘器→盘阀→总管→用户。

热煤气从煤气发生炉出来后，经干式除尘器（如旋风除尘器）、盘形阀、热煤气管道直接输送到热煤气用户（如热处理炉）。其特点是煤气未经冷却和湿式净化，煤气温度较高，显热较大，且含有焦油雾，故煤气的发热量较高。在火焰炉中燃烧后火焰的辐射能力较强，热效率较高，因而适用于平炉、轧钢加热炉等工业炉窑。但是采用热煤气工艺受下列条件制约：用户与煤气站的距离不能过远，一般不超过 100m；用户对煤气的含尘量和焦油没有严格要求；煤气输送压力不高，一般只能采用低压喷嘴。

(3) 煤气发生炉设备：

1）3M21型。3M21型是我国系列定型产品，技术比较成熟、性能可靠，由上、中、下三部分组成。上部包括加煤机及传动机构；中部炉身包括炉盖、水套、汽包、砌砖体和碎渣圈；下部包括炉箅、灰盘、灰刀、传动装置、风箱、支柱等组成。其炉膛直径为3000mm，煤气产量4200~6500m^3/h，煤炭消耗量1400~1800kg/h。

2）3M13型。3M13型是一种带搅拌棒的煤气发生炉，对煤炭适应性强，适应一定黏性的长焰煤、气煤、烟煤等煤种的气化，结构上除带搅拌棒外，其他基本与3M21型相同。其炉膛直径3000mm，煤气产量5500 m^3/h，煤炭消耗量1700 kg/h。

3）3MT型。3M21、3M13型煤气发生炉是固定床旋转炉箅常压发生炉，其炉身不转，仅炉箅转动。3MT型炉是固定床炉身旋转式常压发生炉，其特点是炉身旋转，带有搅煤杆并能自动加煤和出灰，炉身全由耐火砖砌成，由上部的加煤机、搅拌煤杆，中部的炉身、传动装置和下部的灰盘、T型炉箅、出灰刀、风箱等组成。煤气出口在炉盖上部。其炉膛直径3000mm，煤气产量4500~6500m^3/h，煤炭消耗量1400~2000kg/h。

5.6.2 煤气发生炉的监测项目及其监测方法

按照国家标准GB/T 24563—2009，煤气发生炉的节能监测项目分为节能监测检查项目和节能监测测试项目两部分，检查项目为煤气发生炉和管道状况、计量器具和燃料情况。煤气发生炉的节能监测测试项目为煤气中CO_2含量、灰渣可燃物含量、气化强度。

连续生产的煤气发生炉测试时间不少于2h，间歇生产的煤气发生炉测试时间为一个周期。测试仪器应与其测试项目相适应，仪器完好且在检定周期内，其准确度不低于2.0级。

(1) 节能监测检查项目：

1）设备状况的好坏直接影响着煤气发生炉的生产，也影响着能源的转换效率。煤气发生炉本体及附属设备应保持完好，设备及管道保温应符合《设备及管道绝热测试技术通则》GB/T 4272—2008要求。即设备状况的监测采用现场观察的方式，观察煤气发生炉及其附属设备的规格型号和运行情况，观察炉体及煤气管道的密封情况以及计量器具配备情况等。对于一些重要事项应予以拍照。

2）计量器具和仪表配备齐全、合理、运转正常且在检定周期内。

3）燃料应符合煤气发生炉的设计要求。

(2) 节能监测测试项目：

1）煤气中CO_2含量。煤气发生炉的目的是产生可燃气体，煤气中可燃成分越多，煤气的发热量越高，其使用价值也越高。因此，对于煤气发生炉，可监测其能够反映其发热量或可燃成分含量的参数，从理论上讲，这个参数最好应当是煤气中的全部可燃成分。但由于煤气发生炉生产的煤气种类不同，其可燃成分的种类和含量也不相同，如CO、H_2、CH_4等。而另一方面，作为主要转换原料和为煤气发生炉提供热源的是煤或焦炭中的碳元素，碳与氧反应生成物是CO_2和CO。与其他热工设备不同，煤气发生炉希望C能够最大程度地发生化学不完全燃烧，生成可燃的CO，而不是燃烧完全生成CO_2。无论生产水煤气、半水煤气或空气发生炉煤气，煤气中的CO和CO_2都有一定的数量关系，通过测定其中的一个成分，另一个成分也就基本确定了。而在CO含量很大的情况下，使用奥氏气体分析器进行气体分析时测定CO_2相对简单一些，所以以煤气中CO_2含量作为监测项目是适宜的。

煤气可在煤气发生炉出口或出口管道上取样，对于连续运行的煤气发生炉，可间隔30分钟取样一次，取平均值作为监测值。对于间歇生产的煤气发生炉，在其正常生产时取样并化验成分，成分化验可用奥氏气体分析器或气相色谱仪进行。煤气中CO_2含量考核指标见表5-8。

注意气体分析仪器不可使用燃烧效率测定仪，因为CO含量大大超过其量程，仪器的CO_2又是计算得到的。

2）灰渣可燃物含量。从煤气发生炉排出的灰渣，理论上已经完全燃烧，即其中的碳元素应完全转换为CO_2或CO而进入发生炉煤气中。但在实际生产中是不可能的，总有一部分可燃物随灰渣排出，影响煤气发生炉的转换效率，在其主要条件不变的情况下，灰渣可燃物含量越低，转换效率就越高。因此，监测灰渣可燃物含量也是很有必要的。

灰渣的取样应设在煤气发生炉的灰盘周围或炉箅下，每次取样应在周围均分四点进行，共取渣样10kg，混匀破碎至13mm以下，经缩分留样2kg，取得的两份灰渣样，一份送交实验室化验分析，一份封存备查。灰渣可燃物含量考核指标见表5-8。

表5-8 煤气中CO_2含量、灰渣含碳量考核指标

考核项目	考核指标			
	混合煤气		水煤气	
	一段式	二段式	一段式	二段式
灰渣含碳量/%	≤15	≤10	≤15	≤10
煤气中CO_2含量/%	≤6	≤4.5	≤8	≤6

3）气化强度。在节能监测开始时和结束时，应标定料仓燃料线位置，用衡器称量入炉的燃料量（炉内的燃料层厚度应保持一致，燃料粒度应符合国家相关规定）。煤气发生炉的气化强度按式（5-6）计算。

$$K = \frac{B}{F\tau} \tag{5-6}$$

式中 K——气化强度，$kg/(m^2 \cdot h)$；

B——监测期燃料耗用量，kg；

F——煤气发生炉炉膛横截面面积，m^2；

τ——监测时间，h。

气化强度考核指标如表5-9所示。

表5-9 气化强度考核指标

考核项目	考核指标	
	炉膛直径≤2.4m	炉膛直径>2.4m
气化强度/$kg \cdot (m^2 \cdot h)^{-1}$	≥240	≥300

4）煤气发生炉的其他指标。除煤气中CO_2含量和炉渣可燃物含量等以外，煤气发生炉还有其他一些与能耗有关的指标，如单位煤气煤（焦）耗、热效率或转换效率、出炉煤气温度及炉体表面温升等，节能监测时可根据需要选择进行。

5.6.3 煤气发生炉节能的方向和途径

煤气发生炉是重要的能量转换设备，要降低能量转换损失，提高煤气发生炉的能量转换效率，仍须从以下四个方面入手。即加强管理、合理操作、保证煤气发生炉的正常运行和进行节能技术改造。

（1）煤气发生炉的正常运行。煤气发生炉的正常运行条件是：1）设备处于完好状态；2）司炉工和维修工对运行的炉子按规定认真维护保养，合理润滑，定时清洗或更换易损零件；3）司炉工对发生炉按规定操作、调整对主要气化参数（如气化率、气化强度、煤气组分、炉底鼓风压力、鼓风量、饱和温度等）严格控制，若发现参数不正常或炉内层次不正常，应及时分析并采取相应措施处理。司炉工对煤气发生炉各种参数应认真记录，根据层次探测炉内温度，对煤气组分及炉渣含碳量等因素综合分析，以达到煤气发生炉生产的高效、节能、低消耗。

煤气发生炉在正常运行情况下，其特点是各种参数在操作规程规定的范围内；煤气质量合格，CO、H_2和CO_2含量均在规定范围内；炉内层次正常、火层未下降或上移，无严重的层次偏斜或混乱。

如果煤质基本未变，炉子单耗突然增加，说明发生炉操作运行存在问题；若单耗未变，而综合能耗增加，说明煤气站全站运行存在不合理的地方。

造成煤气发生炉不正常运行主要有以下原因：1）煤炭质量变化，灰分和煤矸石增多，致使气化强度无法提高，影响炉子的出力及炉温的提高；2）煤场无顶棚，下雨时使煤场存煤淋湿，使煤上粘结的煤粉不能过筛，且使振动筛筛眼堵塞，入炉煤中的煤粉含量剧增，导致气化条件恶化，炉渣含碳量增加，单耗上升。3）破碎机和振动筛工作不正常，使入炉煤粒度不均匀，造成煤气发生炉运行不正常。4）发生炉本身结构存在缺陷，如布煤不均，出灰不均，也给正常操作带来困难。

（2）加强管理。加强管理主要应从以下4个方面着手：

1）完善经济责任制，进行定额考核，实行节奖超罚。将综合能耗指标分解为煤耗、电耗、汽耗、水耗，落实到煤气生产的各个环节和岗位，同时对煤气质量指标、炉渣含碳量进行分炉分班考核，并订出切实可行的节约措施，实行节奖超罚。

2）合理调度，按生产负荷曲线进行生产。在企业的生产过程中，煤气用量变化因素较多。当煤气用户需要煤气量变化时，煤气产量也要随之变化。因此，应摸出生产规律。制定合理的日、班煤气生产负荷曲线。煤气的生产应基本上按负荷曲线进行，避免出现煤气供应不足，影响生产和煤气过剩而被迫放空的现象。

3）加强煤场的管理。煤场应加顶棚，避免使用露天煤场，减少煤炭风吹、雨淋和日晒的自然损耗。同时，在煤场进行分级管理，以煤块大小分级存放，控制入炉煤的粒度，尽量使煤屑少带入炉内，使入炉煤能正常气化。

4）严格工艺。影响气化指标的因素是原料煤和焦炭的物理、化学性质、气化方法和煤气发生炉本身结构，应按照原料煤煤质、炉型、生产负荷等本厂具体情况，严格煤气发生炉气化工艺，作为操作的主要依据。

（3）合理操作。煤气生产过程中，操作工人应按煤气发生炉操作规程进行合理操作。煤气发生炉操作的好坏直接影响到煤气质量、气化强度的大小、煤气发生炉的热效率和转换效率。因此，应按规程要求严格控制燃料层温度、高度、饱和蒸汽温度（即控制水蒸气入炉量）、气流速度，下煤均匀，煤层搅松及时，除灰适当，通风均匀，及时处理不正常炉况，尤其要防止偏炉及烧穿。达到生产高质量煤气、降低燃料消耗、提高气化效率的目的。

（4）进行节能技术改造。根据当前煤气发生炉的现状，进行节能技术改造主要有以下内容：

1）提高煤气发生炉自动检测、控制的水平。以稳定工艺参数，使煤气发生炉经常处在最佳工况下运行，提高工艺分析和科学管理水平，使煤气发生炉能安全、可靠、经济地运行。

2）装设余热锅炉。冷煤气发生炉出口处煤气温度在500~550℃左右，具有一定的显热。目前，这部分热量被竖管、冷却塔的热冷循环水带走，不仅热量未被利用，反而增加了热循环水的负荷，增加了电耗。煤气进竖管以前，可以装设余热锅炉，利用煤气显热产生蒸汽，同时可降低煤气生产的电耗。

3）采用高效筛选设备。采用高效筛选设备，可保证入炉煤的粒度均匀性，减少入炉煤粉量。煤气发生炉操作的必要条件，除了使气流与燃烧层能有充分的接触时间之外，还必须保持气流在发生炉横断面上的均匀。若入炉煤粒度不均匀，会导致气流不均匀，同时煤粉入炉后会影响燃料层温度分布，增加炉渣含碳量及飞灰损失量。

4）采用两段式常压固定床煤气发生炉。根据分析比较，两段炉各项气化指标均优于一段式炉，且对于强化生产较有潜力。

思 考 题

5-1 工业锅炉的节能监测测试项目有哪些？排烟处空气过剩系数如何计算？工业锅炉的节能途径有哪些？

5-2 冲天炉的节能监测项目有哪些？其铁水温度一般用什么方法测定？冲天炉的节能一般应从哪些方面进行考虑？

5-3 锻造加热炉的基本结构包括哪几部分，有何特点？其节能监测项目有哪些？

5-4 简述燃料热处理炉常见的结构及特点。其节能监测测试项目包括哪几项？

5-5 热处理电阻炉与热处理火焰炉有什么异同点？热处理电阻炉的节能监测项目有哪些？

5-6 煤气发生炉包括哪五大系统？其节能监测测试项目包括哪几项？如何对发生炉煤气进行正确的取样？

5-7 煤气发生炉的节能途径有哪些？

6 专业典型热工设备的节能监测

本章主要介绍烧结机、高炉、高炉热风炉、氧气顶吹转炉、炼钢电弧炉、轧钢加热炉、电解槽和焦炉的设备工艺概况、监测项目及其监测方法、有关能耗指标及这些设备节能的方向和途径。

6.1 烧结机的节能监测

作为铁前工序，烧结是把粉状的铁精矿（即铁精粉）烧结成具有一定强度的块矿，与球团一样，也属于“造块”工序。

烧结系统的主要设备有原料供给设备、配料设备、布料设备、烧结机（含点火装置）、冷却机、抽风机、成品处理设备和辅助设备（含环境保护设备），其中最主要的设备就是烧结机。

6.1.1 烧结机概述

现在钢铁工业普遍采用的是 DL（Dwight-Lloyd，德怀特-劳埃德）带式（连续）烧结机。使用这种烧结机生产的一般流程是：由贮矿场送入贮矿槽的原料分别按不同要求，通过圆盘给料机称量后，按一定配比送至混料设备，与适量的水一起充分混合后，经布料装置给至烧结机台车上，由点火装置点火后，台车载料在风箱上运行，并进行向下抽风烧结，烧结后的烧结矿翻卸到破碎机中进行粗破碎，然后经过筛分送入冷却机，冷却后即为成品烧结矿。

烧结机是由主体设备和附属设备构成的。主体设备包括：支承各机器的支架，以循环方式移动台车的导轨装置，在导轨上运行并进行原料烧结的台车、抽吸烧结用空气的风箱，用于驱动台车的给排矿链轮及驱动装置等。附属设备包括：下部粉尘贮槽、给油装置、润滑脂刮落装置以及台车清扫器等。

烧结机的主要部件是由台车体、台车端部、边板、箅条、台车轮（及加压轮）等构件组成的台车。在烧结过程中，台车车体反复受到点火、预热、燃烧和冷却等的作用，经受冷却、加热及翻转等连续作业。

烧结所消耗的能源主要是固体燃料（无烟煤或焦沫）、点火煤气（焦炉煤气、高炉煤气或高焦炉混合煤气）和电，另有少量的载能工质（如水）。

6.1.2 烧结机节能监测项目及其监测方法

根据烧结机的能源消耗构成及监测手段等因素，烧结机的节能监测项目可确定为料层厚度、烧结矿残碳含量和漏风率。烧结机监测应在其连续运行至少 24h 后正常运行时进行。

(1) 料层厚度。料层厚度对于提高产量、降低能耗有着重大的影响。冶金行业规定了其料层厚度，即 $50m^2$ 及以上的烧结机，料层厚度应不小于 400mm，$50m^2$ 以下的烧结机料层厚度不小于 350mm。

在节能监测实施过程中，直接用量具去插入料层，测取其厚度有一定困难，并容易造成误差。监测时可采用间接测定法，即在布料后测定料层顶面到台车上沿的高度，以台车总深度减去测定值作为料层厚度的监测值，如图 6-1 所示。

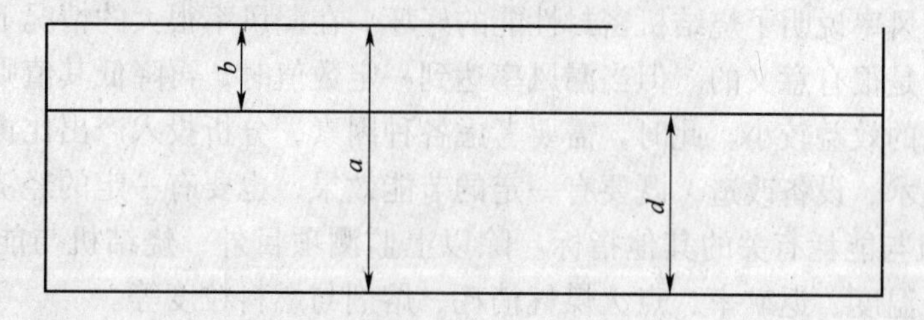

图 6-1 料层厚度测定示意图

(2) 烧结矿残碳含量。烧结矿原料和燃料（无烟煤或焦沫等）的配比一般工艺上都是根据原料条件和对烧结矿的要求确定的，在原料波动不大的情况下，这个配比一般是不变的。烧结料在烧结过程完成时应完全烧净，理论上所配焦沫或无烟煤同时也应烧净。在实际生产中，烧结矿残碳含量应达到某一特定的数值之下。

因此，烧结矿残碳含量这个指标不仅控制了能源消耗，保证固体燃料最大程度的利用，而且对烧结矿质量也有重大影响。如果烧结过程完成得顺利，烧结矿烧得透，烧结矿中残碳含量低，则烧结矿就会强度高，质量好，成品率高，成品烧结矿产量也会相应提高，返矿率降低，单位成品烧结矿能耗也相应降低。

烧结矿残碳含量可以根据国家标准《冶金产品化学分析方法的总则和一般规定》GB 1467—78 等进行分析测定。可用以下取样方法：在 3h 内分 4 次从烧结机热振动筛上采样，混合后总质量不少于 50kg，按锥形缩分规范截取 13kg 左右，破碎至 13mm 以下，再继续按锥形缩分规范缩分至 2kg 左右，分成两份，一份供分析用，一份封存备查。

各监测站若无残碳测定设备，可利用有关企业装备进行测定或送企业代测。

(3) 漏风率。漏风率是指从料层以外的途径进入总烟道的风量占总烟气量（总排气量）的百分比，是烧结机的一项重要指标。对漏风率的要求是越低越好。漏风率越高，则总排气量越高，增加了烧结风机的负担，增大了其电耗量。如在总排气量一定的情况下，降低漏风率，则可增大从料层通过的空气比例，加大烧结强度，提高烧结产量。冶金行业在《烧结工序节约能源的规定》中，要求定期测定漏风率，并具体规定了指标，$450m^2$ 烧结机漏风率应不大于 30%，$130\sim75m^2$ 烧结机不大于 40%，$50\sim18m^2$ 烧结机不大于 55%。

漏风率的测定采用分析气体成分，然后计算的方法，即分别从主烟道多管除尘器之前和烧结台车箅条上取气样，分析其 CO_2 含量，然后用式（6-1）计算漏风率。

$$k = \frac{\varphi(CO_{2tf}) - \varphi(CO_{2of})}{\varphi(CO_{2tf})} \times 100\% \qquad (6\text{-}1)$$

式中　k——烧结机的漏风率，%；

$\varphi(CO_{2tf})$——烧结台车算条上取出气样中的CO_2含量,%；
$\varphi(CO_{2of})$——烧结机主烟道除尘器前取出气样中的CO_2含量,%。

需要指出的是，CO_2含量是计算漏风率的重要基础数据，一般可用奥氏气体分析器分析，而不能使用燃烧效率测定仪测定（因燃烧效率测定仪大都是根据其实测CO、O_2含量值和所用燃料特性系数计算出来的，其误差较大）。若用其计算漏风率，则会引起相当大的误差。

烧结机的漏风率说明了烧结机密封性能的好坏。在漏风率很大的情况下，采取一些措施降低漏风率还是很有意义的。但当漏风率达到一定数值时，再降低其值则要投入相当多的资金，而产生的效益较小。此时，需要考虑各种因素，分析投入产出比再作决定。进行降低漏风率的技术、设备改造，既要有一定的节能效果，也要有一定的经济效益。

（4）烧结机与能耗有关的其他指标。除以上监测项目外，烧结机与能耗有关的其他指标还有：废气温度、返矿率、点火煤气消耗、熔剂与燃料粒度等。

1）废气温度。烧结机产生的废气量很大，其平均温度约为80~180℃，若从位于烧结机的起点至终点的主废气管道来看，废气温度的范围为50~500℃。

由于烧结废气温度较低，回收利用价值不大。虽说有些单位曾进行烧结机废气余热回收利用的研究，但从现有资料看，尚未取得大的突破。

2）返矿率。返矿是指强度和粒度不符合高炉要求的烧结矿，返矿又分为热返矿和冷返矿。热返矿是指烧结机下热筛筛分出的那部分粉矿，冷返矿是指从炼铁厂高炉前筛分后返回烧结厂的那部分返矿，所谓返矿率是指返矿量占烧结矿量的百分比。从节能角度来讲，返矿率越低越好。

3）点火煤气消耗。烧结机点火煤气消耗也是影响烧结机能耗的一个重要技术经济指标，冶金行业《烧结工序节约能源的规定》提出，要经常测定炉气成分和压力，不断研究改进点火工艺，研究炉型结构，改进烧嘴，以降低点火燃耗，并规定了具体指标值，即$50m^2$及其以上的烧结机，点火燃耗应不大于125MJ，$50m^2$以下的烧结机点火燃耗应不大于210MJ。

测定点火煤气消耗，要测定点火煤气的流量、温度、压力，并取样分析其成分，计算其低位发热量。若现场有流量、压力、温度仪表，且在检定周期内，则尽量利用现场仪表。如果现场没有所需仪表，则需加装临时测定仪表，当然，临时加装测定仪表是比较困难的，首先必须停产，其次吹扫煤气管道，接着再打孔等，最后完成相关参数的测定。

4）熔剂、燃料粒度。熔剂、燃料粒度对烧结能耗也有一定影响，冶金行业《烧结工序节约能源的规定》提出了具体要求，即保证破碎后粒度小于3mm的部分，燃料达到85%以上，熔剂达到90%以上。

6.1.3 降低烧结机能耗的途径和措施

降低烧结机能耗的途径有两个方面，一是降低直接消耗，二是提高烧结矿质量，提高烧结机的生产率。具体来说有以下几种方法：提高成品率，增加垂直烧结速度，实行厚料层烧结，稳定烧结过程工艺参数等。

（1）提高成品率。提高成品率，降低返矿率是烧结机节能的一个重要措施。要提高成品率首先必须加强原料管理，进厂原燃料化学成分要清楚，各种原燃料均应分开破碎和使用，保证熔剂、燃料的破碎粒度，进行中和混匀，准确配料、稳定化学成分，并控制烧结饼的温度，使其强度提高，降低返矿率。

（2）增加垂直烧结速度。垂直烧结速度是表示单位时间内烧结矿形成带的前沿在料层高度上的位移，实际上烧结速度是料层厚度除以烧结过程的总时间所得的结果。烧结速度由热波的移动速度确定，而热波移动速度则取决于空气渗透速度、混合料的热物理性质和燃料燃烧的速度。

混合料和燃料的热物理性质在实际条件下变化不大，因此，加速烧结的主要方法是增加空气通过料层的渗透速度，气体的渗透速度与料层参数和箅条下负压的大小有关。根据有关资料，垂直烧结速度与混合料的透气性（按通过 $1m^2$ 抽风面积的空气数量测定）成正比。

烧结料层透气性的增加，使风机不提高负压便可经过混合料抽入大量空气，因而是提高烧结机生产率的决定性因素之一。据有关资料，混合料烧结之前的各个带具有最大的阻力，因此，为了提高烧结速度，必须有保证改善混合料造球，降低气体管道系统的阻力，提高风机能力，降低有害漏风及按料层厚度（高度）分配燃料等措施。

（3）实行厚料层烧结。在实验室条件下，用各种粒度组成和化学组成的混合料对烧结料层厚度、烧结矿强度性质和燃料消耗的影响进行了研究。前苏联、联邦德国等国的研究均证明，在生产普通烧结矿和高碱度烧结矿时，增加料层厚度都会使烧结矿强度得到提高。研究结果还表明，在料层厚度不大时，提高混合料中的燃料量（从6%提高到10%），实际上不会减少返矿量。而在增加料层厚度时返矿量则大大减少。总之，提高料层厚度可以在减少固体燃料用量的条件下提高烧结矿强度，降低返矿率，从而降低能源消耗。这一点也已为生产实践所证明。

随着烧结料层厚度的增加，烧结矿强度提高，但生产率（垂直烧结速度）会降低。向混合料添加一定数量的石灰，可以改善其透气性（一般可显著提高），并适当减少返矿量的降低率，可使垂直烧结速度不受影响。

（4）稳定烧结过程工艺参数。烧结过程工艺参数的稳定，对于稳定生产，提高生产率，降低能源消耗都是很重要的。在烧结生产中，应根据所用原料和烧结矿质量要求，确定合理的工艺参数并保持稳定。

6.2　高炉的节能监测

铁在自然界中主要以氧化物的形式存在，而金属铁是靠还原其氧化物得到的。目前，能在工业上大规模应用的还原铁的氧化物（即炼铁）的方法就是高炉炼铁。

6.2.1　高炉及其生产概述

6.2.1.1　高炉的结构及生产过程

高炉是冶炼生铁的设备。正如它的名称一样，是高高耸立在空中的炉子。高炉的雄伟外形，被看作是钢铁工业的象征。在钢铁工业中，高炉的地位是相当重要的。

高炉本体呈大嘴酒瓶型，其内部是一个空洞，周围砌筑厚砖而外部包有铁皮，炉子底部设有出铁口，在比其稍高一些的位置上设有出渣口，再向上的整个圆周每隔一定的距离有一个鼓入热风的圆形风口。高炉在结构上可分为炉顶布料装置、炉喉、炉身、炉腰、炉腹、炉缸等部分（如图6-2所示）。

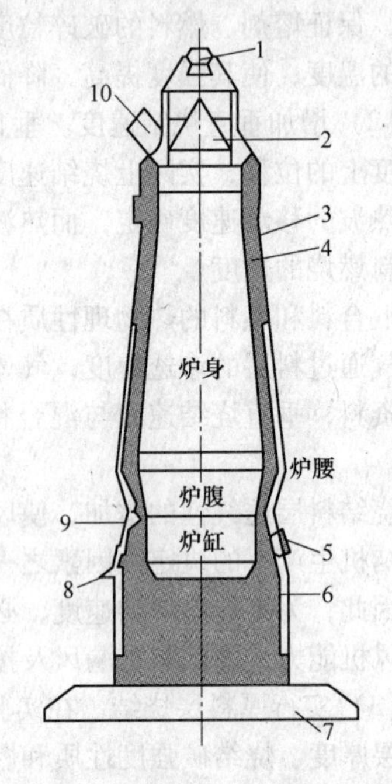

图6-2 高炉结构示意图

1—小料钟；2—大料钟；3—炉壳；4—炉衬；5—渣口；6—炉底；7—炉基；8—铁口；9—风口；10—煤气上升管

高炉炼铁的原料主要是铁矿和焦炭，另有少量的熔剂、锰矿石、钢渣及杂料等，其产品是液态生铁，并排出液态炉渣。

高炉所冶炼的生铁来源于铁矿石。铁矿石中的铁主要以氧化物形式存在，一般是赤铁矿（Fe_2O_3）或磁铁矿（Fe_3O_4），有时有少量铁以氢氧化物和碳酸盐形式存在。但通常在自然界中，铁矿都不是纯净的含铁化合物，一般富矿含铁50%~65%，贫矿含铁30%~50%。除了含铁化合物以外的其他成分称为脉石，它主要由SiO_2和Al_2O_3组成，还有少量的水分及化学结合水。进入高炉冶炼的铁矿石大部分制成烧结矿或球团矿。

高炉在炼铁过程中，既要把铁从其氧化物中还原出来，又要把矿石中的脉石除去。脉石不溶于生铁，并具有较高的熔点，但在有熔剂存在的情况下，脉石可以在低温下熔化，并生成炉渣。渣和铁只有在液态下才能彻底分开，为此，需要将渣和铁都加热到各自的熔化温度以上。在高炉炼铁中，这部分热量通常是靠燃烧焦炭（或部分替换燃料如煤粉、重油等）提供的。焦炭在高炉内的作用不仅是提供热量，它所含的碳元素还是铁的还原剂，并有部分碳元素直接进入生铁，成为生铁的一个组分（这也使生铁的熔点下降）。

焦炭燃烧所需的氧来自热空气（鼓风），鼓风在蓄热式热风炉中预热后，通过炉缸上部的水冷风口进入高炉，鼓风压力一般为152~253kPa，以克服炉内料层的阻力，鼓风进入炉缸的速度为150~300m/s。而炉料（即原料）则用料车或皮带送上炉顶，经料钟通过炉喉进入炉身。炉料从上向下运动，而炉内气体则由下而上流动，在这两个过程中，通过炉气（煤气）的接触，提供了热交换和化学反应的机会。上升的煤气放出其显热，下降的炉料温度逐渐升高，同时，煤气中的还原性组分（CO和H_2）将一部分铁的氧化物还原（即间接还原）。

为了利于受热膨胀的炉料和煤气均匀、稳定地流动，炉身（高度约占炉子全高的3/5）直径向下逐渐扩大。位于炉身下方的圆柱形炉腰是炉子直径最大的部分。正常情况下金属和炉渣均在此处开始熔化，因而炉料开始收缩。炉腹的形状是一个倒置的圆台，上部与炉腰相接，下部则与炉缸相连。炉缸上除了一组沿其圆周等距离分布的水冷风口外，还有出铁口和位置高于出铁口的出渣口。

焦炭是炉料中一直降到风口水平都保持固态的唯一组分。除了提供还原剂及提供炼铁过程需要的热量以外，焦炭还起到支撑炉料的作用，特别需要这种支撑的是炉渣和生铁已成为液态的炉腹部分，液态渣铁穿过焦粒间的孔隙而流入炉缸，定期或连续通过出渣口和出铁口排出炉外。

热风进入炉内后，在风口前立即与焦炭发生燃烧反应生成CO_2，燃烧产生的大量热量使火焰（即风口煤气）的温度达到1600~2000℃（具体数值主要取决于热风温度）。在炉内温度高于1000℃和有碳存在的条件下，CO_2是不稳定的，很快与C反应生成CO。所以，风口煤气主要由CO和N_2组成。强还原性的风口煤气经过活跃的焦炭层到达炉腹、炉腰和炉身，并将铁的氧化物还原，然后从高炉上部的煤气上升管排出炉外，进入高炉煤气系统。

高炉的内型，即其各部分的形状和尺寸（如高度、直径、与水平面的夹角等）取决于冶炼的方法、风温、炉料的种类及其他条件。炉身的扩张程度、炉腰直径、炉腹及炉腹角、炉身角等，应保证炉料顺畅下降，使煤气在整个横断面上尽可能均匀地上升。

因为炉内温度很高，高炉炉缸、炉腹、炉腰和炉身均在耐火材料外使用水冷壁，以提高其强度，延长其寿命，炉底可采用水冷或风冷。

在高炉顶部有一个防止煤气逸出以及使炉料良好分布的装置。这种装置的传统形式是由一个大料钟和一个小料钟组成。当其中一个放料到大钟上或放料入炉时，另一个保持关闭状态。小钟随一个布料漏斗一起转动，为的是按预定的装料环或装料顺序使炉料在大钟上部均匀分布，大钟上装满料后再放入炉内。

6.2.1.2 高炉内部的反应

从炉内热交换的角度看，高炉可以理想化地分为三个区域：即上部区域（或称预备区域）、中间区域（或称热贮备区）和下部区域（或称工作区）。

（1）上部区域中的反应。在上部预还原区域预热区中，来自中部区域煤气的温度迅速地由800~1000℃降到100~250℃，而固体炉料的温度则由环境温度上升至800℃。发生在这一区域中的主要反应有：

除石灰石以外的其他碳酸盐的反应，反应方程略；

炉料中水分及结合水的蒸发；

碳素的沉积，$2CO \xlongequal{} CO_2 + C$；

赤铁矿及磁铁矿部分还原为低级氧化物，反应方程略。

高炉炉料由炉顶下降至风口水平面的时间大约波动在6~8h之间，煤气在炉内停留时间约为1~10s或更长一些。

（2）中部区域中的反应。中部区域内固体炉料和煤气的温度几乎相等（800~1000℃），也称为等温区或热贮备区。又因为存在大部分间接还原，所以有的文献上把这个区域也称为间接还原区。

这个区域的主要反应是铁矿石的间接还原反应和水煤气置换反应。即：

Fe_2O_3还原为Fe_3O_4的反应：$3Fe_2O_3 + CO \xlongequal{} 2Fe_3O_4 + CO_2$

Fe_3O_4还原为FeO的反应：$Fe_3O_4 + CO \xlongequal{} 3FeO + CO_2$

FeO还原为Fe的反应：$FeO + CO \xlongequal{} Fe + CO_2$

水煤气置换反应：$CO + H_2O \xlongequal{} CO_2 + H_2$

（3）下部区域中的反应。高炉下部区域是指风口线到其上一段（一般3~5m）高度的区域。在此区域内，熔融的炉料达到1400~1450℃，煤气则冷却到800~1000℃。

风口前焦炭燃烧后在炉缸周围的边缘处连续地产生空隙，使炉料可以向下运动。脉石与熔剂混合后，在炉腰区开始熔化，两个互不相溶的相即部分渗碳的生铁和含有一定量 CaO 的 $FeO\text{-}SiO_2\text{-}Al_2O_3\text{-}MnO$ 初渣，开始在高于 1200℃时生成，继续下降则两个液相彼此分开，渗过焦层，积聚在炉缸中，而风口煤气也穿过焦炭层而上升，在这一带进行热交换。

在高炉下部区域发生的比较重要的反应有九个，即：

吸热的石灰石分解反应：$CaCO_3 = CaO + CO_2$

吸热的 FeO 直接还原反应：$FeO + C = Fe + CO$

吸热的 SiO_2 直接还原反应：$SiO_2 + C = Si + CO_2$

吸热的 MnO 直接还原反应：$MnO + C = Mn + CO$

吸热的 P_2O_5 直接还原反应：$2P_2O_5 + 5C = 4P + 5CO_2$

吸热的脱 S 反应：$FeS + CaO + C = CaS + Fe + CO$

放热的 C 的燃烧反应：$C + O_2 = CO_2$

吸热的 CO_2 还原反应：$CO_2 + C = 2CO$

吸热的鼓风中 H_2O 蒸汽的还原反应：$C + H_2O = CO + H_2$

6.2.2 高炉节能监测项目及其监测方法

根据高炉能耗构成及热支出项目的特点，考虑到监测指标测定的可行性和准确性，高炉的节能监测项目确定为设备状况、炉顶煤气中 CO_2 含量、炉顶温度和吨铁炉体冷却热损失等。

高炉监测应在炉况顺利时进行。若在预定监测时间内遇到高炉休风、悬料、结瘤等情况，则应延迟至高炉恢复正常生产后进行监测。监测时应避开雨雪、大风等恶劣天气。

6.2.2.1 设备状况

设备状况是指高炉及其紧密相关的附属设备设计、制造、安装和运行情况。实际监测中着重了解与节能有关的设备配置和运行情况，一般要求 $300m^3$ 以上高炉应喷吹粉煤（若监测时未上喷吹设备，应有规划），高炉物料计量仪表、电能计量仪表、温度测量仪表和成分分析仪器应齐全并在检定周期内。

高炉设备状况的监测方法是：现场观察并做记录，对重要事项应予以拍照。

6.2.2.2 炉顶煤气中 CO_2 含量

炉顶煤气中含有大量的 CO，带走了大量的化学热，同时，炉顶煤气中也含有大量的 CO_2，比值 $\varphi(CO_2)_{\%}/(\varphi(CO_2)_{\%}+\varphi(CO)_{\%})$ 则反映了高炉对碳元素（多数为焦炭带入）的利用情况，而 CO 和 CO_2 含量有一定的关系。若 CO_2 含量低，则说明 CO 含量较高，若 CO_2 含量高，则 CO 含量相对就低，即通过测定煤气中 CO_2 含量，也可间接获得 CO 含量，控制炉顶煤气中的 CO_2 含量值，也就控制了 CO 含量值，控制了 $\varphi(CO_2)_{\%}/(\varphi(CO_2)_{\%}+\varphi(CO)_{\%})$ 值，就控制了炉顶煤气带出的化学热量的比例。在实际监测过程中，对 CO_2 的监测一般要比 CO 方便一些，故这一项目选择了炉顶煤气中 CO_2 含量。

节能监测中所分析的高炉炉顶煤气应是混合煤气，煤气的取样点不应设在煤气上升管上，而应设在煤气下降管上。在实际监测中，若取样管（孔）的位置在重力除尘器之前也是允许的，可以使用现场煤气取样孔或取样管。

煤气取样后应立即分析其 CO_2含量，一般可使用奥氏气体分析仪、气相色谱仪或红外气体分析仪或热导式 CO_2分析仪。

6.2.2.3 炉顶温度

炉顶温度是指炉顶煤气的温度，它的数值表示了炉内热交换状况的好坏，也表示了煤气带出高炉的物理热的多少，也是一个比较重要的监测项目。

一般钢铁企业的炼铁高炉都有测定炉顶温度的仪表，节能监测中可以利用。只要现场仪表精度符合要求，且在检定周期内，就可读取其数据作为监测值。必要时可以断开一次仪表校正二次仪表，或使用自带二次仪表。实施监测时，根据现场情况，也可使用自带仪表测定。使用自带热电偶测定时应注意不要使用淘汰型号（分度号），所用二次仪表的有效位数应与分度表相适应。

6.2.2.4 吨铁炉体冷却热损失

高炉是一种内部温度很高的热工设备。为了保证其炉体的强度，延长其寿命，高炉很多部位都进行了冷却。冷却的方式多数为水冷，部分高炉采用风冷炉底。高炉冷却要有一定的强度，低了会危及高炉安全，高了则造成大量的能源浪费。在实际生产中，冷却强度必须保证安全，因此，限制吨铁冷却热损失也是十分必要的。

确定吨铁冷却热损失要测定的项目主要有：冷却介质的流量和进出口温度，并记录全日生铁产量。

A 水量的测定方法

在高炉炉役的初期和中期，高炉一般只采用各种冷却器冷却。高炉冷却器包括支梁式水箱、冷却壁、风口及渣口水套，其水量一般应在出口侧测定。测定水量的主要方法有：

（1）秒表-容水器法。采用这种方法时，容器的体积不得小于 50L。将某一管子出口的水注入容器，用秒表计量注满容器所用的时间，则其流量为：

$$M = 3.6\frac{V}{\tau} \tag{6-2}$$

式中 M——冷却水质量流量，t/h；

V——容器容积，L；

τ——时间，s。

（2）流速流量计法。可使用游标卡尺测出水管内径，将其输入流速流量计中，可直接读出流量（也可读取流速）。

（3）超声波流量计法。在水管出口无法测定水量的情况下，一般使用超声波流量计法。可在符合要求的直管段相应的位置直接测取流量。

B 炉体冷却热损失计算

高炉冷却器的进水温度只测分水器温度，出水温度在各冷却器出水口分别测定，测定仪表可使用玻璃液体温度计。当采用超声波流量计法测定水量时，出水温度可在各冷却器出水混合后测定。

当高炉炉役进入末期时，除各冷却器冷却外，还要在炉体外壳上喷水冷却，炉壳喷水量可以由安装在喷水环管上的流量表直接读取，也可在集水槽排水出口测定，还可以使用超声波流量计在直管段测定。

炉壳喷水的进水温度可在喷水环管位置用玻璃温度计测定，出水温度在下部集水槽上端用玻璃温度计测定，测点可按高炉圆周均匀分布设置8点，300m³以上高炉设置16点，用其（8点或16点）平均值作为出水温度。

冷却水带出的热量，可用式（6-3）计算。

$$Q_w = 4.1816 \sum_{i=1}^{N} M_i (t_i - t_0) \tag{6-3}$$

式中　Q_w——冷却水带出的物理热，MJ/h；

M_i——第 i 个冷却器水的质量流量，t/h；

t_i——第 i 个冷却器水的出水温度，℃；

t_0——冷却器水的进水温度，℃。

对于风冷炉底，则要测定其进口风速、风温和风压。测定风速可使用风速仪或皮托管，测定风压可使用U形压力计，测定风温可使用玻璃温度计。风冷热损失可由式（6-4）计算。

$$Q_a = 3.6wA(Ct - C_0 t_0)\frac{273 + t}{273} \cdot \frac{101325}{P_0 + P} \tag{6-4}$$

式中　Q_a——风冷热损失，MJ/h；

w——进口风速，m/s；

A——进口风管内截面面积，m²；

t——出口风温，℃；

t_0——进口风温，℃；

C，C_0——空气分别在 t、t_0 下的比热容，kJ/(m³·℃)；

P_0——监测时的当地大气压力，Pa；

P——进口风管压力，Pa。

C　吨铁炉体冷却热损失的计算

根据以上数据和生铁日产量，则可计算出吨铁水冷热损失

$$q_p = 24\frac{Q_w + Q_a}{m} \tag{6-5}$$

式中　q_p——吨铁炉体冷却热损失，MJ/t；

m——生铁日产量，t/d。

6.2.2.5　高炉的其他监测指标

除上述监测项目外，高炉与能耗有关的其他监测指标还有焦比、直接还原度、高炉煤气CO利用率、热风温度等。

（1）焦比。焦比是高炉能耗的主要指标，它的定义是：高炉冶炼1t生铁所消耗的干焦炭量。

由于高炉冶炼的生铁种类和使用辅助燃料的不同，焦比又分为入炉焦比、折合焦比、综合焦比和毛焦比等。

入炉焦比是管理上经常用的一个指标，它是指干焦炭用量（单位kg）与同期高炉所生产的合格生铁（单位t）之比。这里的干焦炭用量不包括焦炭中的水分，也不包括入炉

前加工及运输等方面的损耗（即不包括筛下焦沫等）。

折合焦比一般是相对于折合铁来说的。由于高炉冶炼生铁品种不同，其焦炭消耗有一定差别。为了便于比较，将各种生铁包括各牌号的铸造生铁、含钒生铁、含钒钛生铁等按一定的折合系数折算为炼钢生铁的产量，以这个折合生铁产量为基础计算出来的焦比称为折合焦比。生铁产量计算时还有与加入高炉的碎铁量、入炉精矿品位有关的折合系数，应一并计算在内。

为了降低高炉的焦炭消耗，很多高炉采用了喷吹粉煤等燃料的技术措施，把这些燃料按相应的系数折算，包含到干焦炭中去，计算得出的焦比即为综合焦比。

毛焦比则是以购入焦炭计算出来的，一般较少使用。

（2）直接还原比例。铁的氧化物在高炉中还原有两种方式，即直接还原和间接还原，铁氧化物直接还原量占总还原量的比例称为直接还原比例。

铁氧化物的直接还原作为一个强烈的吸热反应，对于提高 CO 的利用率很不利。但它夺取每个分子的氧所消耗的碳量较少，而且其产物 CO 还可进一步参加气体还原反应。因而，高炉中铁氧化物的直接还原和间接还原都在影响高炉焦炭（燃料）的利用率，影响着高炉的热效率。

当高炉内的直接还原和间接还原达到某一特定比例时，碳的利用率最高。但该比例受风温、原料等因素的影响，在实际生产中不易确定。

在实际生产过程中，一般直接还原所占比例都比较大，应设法降低。

（3）高炉煤气 CO 利用率。高炉煤气 CO 利用率是指已氧化为 CO_2的 CO 量与全部 CO 量之比。这也是一个反应高炉焦炭（燃料）利用情况的一个重要指标。这个指标与监测项目中的高炉煤气 CO_2含量指标在本质上是相同的。

（4）热风温度。热风带入的物理热是高炉所需热量的重要来源，也是影响高炉焦炭（燃料）消耗量的一个重要因素，热风温度的提高实际上是用品位较低的高炉煤气去置换品位较高的焦炭，从而降低高炉炼铁总的焦炭消耗量。

热风一般是由蓄热式热风炉提供，其风温的提高受到各种因素的限制，与热风炉的结构、所用材质等均有一定关系。

6.2.3　降低高炉能耗的主要途径和方法

高炉的主要能源是焦炭，而焦炭在高炉炼铁中又具有不可替代的作用，因此，降低高炉能耗最主要的是降低焦比。

任何增加间接还原、降低热负荷、增加显热供应，降低显热支出或用其他燃料代替焦炭的方法都能降低焦比，这些方法基本有如下几种：提高风温、精料入炉（改善炉料准备工作）、使用超级炉料（预还原矿石）、喷吹燃料、富氧鼓风、调湿鼓风、采用高压炉顶等。

另外，可以采用回收高炉余能的方法增加输出能量，从而降低能耗，主要方法是高炉炉顶余压发电装置（即 TRT）。

（1）提高风温。很明显，提高风温可以节省焦炭并增加高炉生铁产量。焦炭的节省主要是由于通过鼓风增加了显热供应，降低了风口燃烧所需要的焦炭量。另一个随之而来的效应是由于每吨铁水所用的风口燃烧焦炭量（即风口碳量）减少，风口煤气中的 CO 量减少。从理论上计算，风温每提高100℃，可以降低4%的风口碳量（100℃热风带入的物理热相当于6%的风口碳燃烧量）。

提高风温后，高炉内除发生上述变化外，还有以下几种效应：风口煤气量减少，导致炉顶煤气量减少；由于直接还原增加，（$CO+CO_2$）量增加，高炉煤气中N_2量减少；高炉煤气CO利用率提高；炉顶煤气发热值增加（虽然CO利用率提高，但N_2亦减少所致）；炉顶煤气温度降低（由于煤气量减少所致）。

但需要注意的是，风温不能任意提高。由于风温的提高，必然带来风口燃烧的火焰温度超过一定的最佳值，这样就会破坏炉料的运动规律或者导致悬料，甚至可能使焦比增加，现在世界上炼铁高炉使用的热风温度已高达1250℃。一般情况下，提高风温节省的焦炭在风温较低时比风温高时多。

（2）精料入炉（改善炉料准备工作）。精料入炉是指高炉装入具有最佳粒度、容易还原的炉料，并使高炉具有尽可能低的热负荷。

炉料准备工作一般包括：破碎、筛分、洗选、精选、焙烧、粒度分级、烧结、造球、熔剂化、预还原等，采取这些措施的目的是：

1）使炉料具有均匀的粒度分布，以得到均匀的透气性并使气流的阻力最小，以此保证在高炉的整个水平和垂直断面上煤气分布均匀；

2）将矿石破碎使粒度减小，以增加表面积，从而强化热交换和改善其还原性；

3）提高矿石品位和减少焦炭灰分，以提高每料批的产量，同时降低热负荷；

4）焙烧水化的铁矿、碳酸盐铁矿以及磁铁矿，将精矿粉烧结或造球；

5）将石灰石、白云石在炉外燃烧并且以熔剂性人造块矿形式入炉，生产超高碱度炉料以中和焦炭灰分中的酸性物；

6）将原矿或球团预还原成为超级炉料入炉。

根据高炉炼铁的理论和实践，通过炉料破碎、筛分和分级，可使焦比降低（甚至显著降低），炉料粒度保持在一定范围对改善高炉透气性和煤气分布均有良好的影响。随着炉料含铁品位的增加，焦比也会降低。

（3）喷吹燃料。早期的高炉在操作上燃料和还原气体均来源于焦炭，从风口吹入的物质仅仅是空气。为了使用廉价的燃料和还原剂代替焦炭，从风口喷入一些燃料的想法被提了出来，经过试验后现在已广泛应用于炼铁生产中。喷吹的燃料包括重油、天然气、焦炉煤气、粉煤等，一般来说，喷吹燃料全部从风口（均匀）喷入，在国外有人进行了从炉腰喷吹还原气体的尝试，但尚未达到实用阶段。根据我国的实际，高炉应喷吹煤粉，以节省焦炭，降低焦比能耗，同时具有很高的经济效益。

喷吹效果一般用置换比表示，即喷吹的燃料量与所节省的焦炭量之比，即每喷吹1kg喷吹料所降低的焦比量。

（4）富氧鼓风。一般干空气含有79%的N_2，在燃烧中可以有效利用的O_2不过21%。因此很早就有人考虑提高高炉鼓风中的O_2含量，但当时这样做只是为了提高风口前燃烧温度。1930年在德国首次进行了富氧鼓风，此后苏联也进行了试验，都认为对提高生产率、降低焦比有效，但当时无法得到廉价的O_2，所以没有实用价值。

随着氧气炼钢法的发展，O_2已容易制取且价格便宜，并且，随着向高炉内喷吹燃料量的增加，O_2对风口前热补偿及促进燃料燃烧极为有效，已成为大量喷吹不可缺少的手段，因此，富氧鼓风在世界上得到了广泛的应用。在我国，宝钢高炉就采用了机前富氧鼓风，其他钢铁厂也进行了过富氧鼓风。

富氧对风口前理论燃烧温度有很大的影响（富氧率增加1%，约提高55℃），单独采用富氧鼓风，往往导致风口前燃烧温度过高，使炉内透气性失常，引起炉况不顺，故富氧鼓风通常与喷吹燃料或加湿鼓风并用，以便将风口前燃烧温度控制在一定范围内。

随着富氧率的提高，单位时间燃烧的焦炭增多，出铁量也随之增多。实践证明：当风量一定时，富氧率每提高1%，出铁量相对增加5%；在炉腹煤气一定情况下，富氧率每提高1%，可相对增产2%。

富氧率与焦比的关系不很明显。一般在富氧率低的时候，焦比有少许降低。当富氧率超过某个限度时，由于鼓风中 N_2 减少，每吨生铁的煤气量减少，可以预想，煤气与炉料间的热交换作用会因之减弱，结果使间接还原区域内温度下降，间接还原反应速度变慢，间接还原反应量减少，因而导致高温区直接还原和碳气化反应增强。此时，随富氧率提高，焦比非但不能降低，相反还会升高。因此，富氧不能过度提高。但如果维持适当的富氧率，能够确保大量喷吹粉煤等燃料，故仍可大量降低焦比。

（5）调湿鼓风。高炉鼓风来自大气，随着季节和温度的变化，大气的湿度（即空气中水蒸气含量）也会发生很大的变化，即使是同一天的不同时刻，湿度也不相同。而鼓风湿度的频繁波动是引起高炉炉况不顺的重要原因之一。

为了避免炉温波动，维持鼓风湿度固定是一个重要的手段。维持鼓风湿度固定即调湿鼓风，是第二次世界大战后苏联研究出来的技术。

调湿鼓风包括加湿鼓风和脱湿鼓风两种。加湿鼓风是向鼓入高炉的风中加入一定数量的蒸汽，使之达到一定的水平。而脱湿鼓风则是把空气中的湿分去除到一定程度（即除湿或减湿）。加湿鼓风现在多与富氧鼓风共用（一般在不喷吹燃料时富氧鼓风都要伴随着加湿鼓风进行），近年来，由于原料条件的改善和高压操作的应用，一般为降低燃料消耗，多采用自然湿度鼓风。脱湿鼓风的成本较高，但由于焦炭价格越来越高，而且脱湿设备也逐渐完善，工业生产中逐步开始应用。日本从1974年开始进行，在不长的时间内得到了迅速的发展。

脱湿鼓风对高炉生产的意义可以归纳为三点：1）降低焦比，脱湿鼓风可以减少高炉内水分分解热而节省焦炭，风中湿度每减少 $1g/m^3$（标态），可以降低焦比0.6~0.8kg/t；2）脱湿鼓风可以提高入炉干风温度、提高炉缸温度、增加喷吹物质量。风中湿度每减少 $1g/m^3$（标态），可以提高入炉干风有效温度6℃左右；3）脱湿鼓风可减少炉腹煤气量，对炉料顺行有一定好处。

脱湿鼓风对高炉节能，特别是大型高炉节能是有意义的。在未实行喷吹而热风炉风温有潜力的条件下，也可以采用加湿鼓风来稳定炉温，取得降低焦比和增加出铁量的效果。但这些作用是以热风炉多消耗燃料为代价换来的，因此，纵观全局，脱湿与加湿两相比较，还是脱湿鼓风更节能。现在，加湿鼓风一般只作为调节炉况的一个辅助手段，并不经常使用。

（6）炉顶高压（高压操作）。炉顶高压能影响焦比的主要原因是：1）炉内煤气压力增加，铁氧化物还原速度增加，降低了直接还原度，因此降低了焦比。2）由于高压，煤气线速度降低，增加了气-固接触时间，降低了直接还原度；高压改善炉内煤气的渗透性并促进煤气分布更均匀，也进一步降低直接还原度。

现在世界上 3000m^3 以上的大型高炉，很多采用 0.25~0.3MPa 的超高压操作。

进行高炉炉顶余压发电也是高炉系统节能的一项重要技术措施。当然，高炉炼铁过程是很复杂的，高炉的节能措施应根据各厂的实际情况确定，并同时投入相应的配套工程。

6.3 高炉热风炉的节能监测

高炉所用的热风是用热风炉加热的。现代的高炉热风炉都是燃用气体燃料的蓄热式热风炉，一座高炉要配备 2 座以上的热风炉供应热风。一般中小型高炉配备 3 座热风炉，大型高炉配备 4 座热风炉。

6.3.1 蓄热式热风炉概述

目前，高炉热风炉多为内燃式热风炉。这种热风炉是一种圆柱形结构，燃烧室和蓄热室都在圆柱体内，它们之间砌有耐火砖隔墙，加热的煤气由管道通过煤气阀送入燃烧器。煤气在燃烧室燃烧，烟气向上流动，经拱顶改变方向，向下进入蓄热室。蓄热室内的格子砖由炉管子支柱所支撑。烟气将格子砖加热，而本身逐渐冷却，然后经烟道阀排入烟囱。格子砖被加热并贮存一定热量后，燃烧停止，进行转换（或称换炉）。冷风经冷风管道和冷风阀进入热风炉，自下而上被格子砖加热。热风经热风管和热风阀进入高炉。随着格子砖的冷却，热风出口温度逐渐降低，当不能维持规定的送风风温时，又转换成燃烧状态。热风炉采用周期性的工作制度。

热风炉蓄热室是用耐火材料砌成的。从热风炉作为热交换装置的功能来考虑，蓄热室的耐火材料（贮热体）的热工性能具有重要意义。这些贮热体一般都采用格子砖，其热工参数和形状主要取决于煤气的净化程度、蓄热室的热工要求、允许的压力损失以及预定的操作制度和送风周期。

格子砖的热工特性在很大程度上影响到热风炉的建设费用和生产费用。这些特性包括：单位体积格子砖的蓄热面积和质量、格子孔的流体直径、当量厚度和有效通道面积（活面积）。其中流体直径和当量厚度是确定格子砖特性的主要参数。

以前的热风炉最初使用尺寸大的格子孔，格子砖形状也是极简单的单段平板砖（以便清扫灰尘）。随着煤气清洗设施的发展，格子孔尺寸逐渐缩小。同时为了使上部格子砖具有较大的蓄热能力，下部格子砖具有较强的滤热能力、以减少风温降落，延缓烟气温度上升，因而采用多段式格子砖。为了增加格子砖的砌筑稳定性，改为块状格子砖。目前使用的块状格子砖有五孔砖或蜂窝砖。

为了加强蓄热室的热交换，改进操作制度和缩短周期时间，现代热风炉蓄热室一般为单段式，格子孔直径小，选用厚度薄的块状格子砖。目前使用的高效率格子砖的格孔尺寸为 40mm 左右，格子砖当量厚度为 20mm 左右，每立方米格子砖蓄热面积为 40m^2 左右，有效地利用了热风炉的蓄热容积。

热风炉系统的主要设备还有控制燃烧系统的阀门及其装置和控制鼓风系统的阀门，包括煤气、助燃空气阀门、烟道阀门、热风阀、冷风阀等，以及燃烧器和助燃风机等。

一座高炉一般配置三座或四座热风炉，一座高炉配置三座热风炉时可采用单独送风或半并联操作。一座高炉配置四座热风炉时，可采用单独送风、半并联送风或交错并联送风操作。

6.3.2 高炉热风炉节能监测项目及其监测方法

高炉热风炉的监测分为监测检查项目和测试项目两部分。检查项目包括高炉热风炉及其附属设备状况、计量器具情况和控制系统。测试项目包括热风温度、排烟温度、热效率和炉体表面温升。监测在热风炉燃烧期进行。

高炉热风炉监测时应避开雨、雪、大风等恶劣天气，选择在正常工艺运行的一座热风炉监测，测试应在生产正常、热工状况稳定状态下进行，测试时间为一个完整的周期（加热期和送风期）。测试仪表应完好且在检定周期内，仪表准确度符合表6-1的要求。

表6-1 监测仪表准确度

序 号	监测项目	仪器仪表名称	准确度
1	热风温度	铠装热电偶	1.5级
2	排烟温度	铠装热电偶	1.5级
3	炉体表面温度	红外测温仪	2.0级
4	大气压力	大气压力计	1.5级
5	其他	在线仪表	1.5级

6.3.2.1 高炉热风炉检查项目

（1）高炉热风炉及其附属设备、供热对象应运行正常，管理良好。

（2）燃烧装置和辅助设备配置合理、齐全，燃烧状况良好。

（3）计量仪器配备齐全、合理、运行正常，并在检定周期内。

（4）蓄热体设置合理、工作正常。

（5）换向设备完好、工作正常。

（6）高炉热风炉控制系统完善、合理、工作正常。

（7）炉体应严密，保温完好，并符合《设备及管道绝热技术通则》（GB/T 4272—2008）的有关规定。

6.3.2.2 高炉热风炉测试项目

（1）排烟温度。热风炉的主要热损失是燃烧期出炉烟气（燃烧产物）带出的物理热，而影响烟气带出物理热的重要参数就是排烟温度。因此，限制排烟温度，在一定程度上就限定了排烟物理热损失。

排烟温度的测温点可利用热风炉烟道上的测温孔，如果热风炉装有余热回收装置，测温点应设置在余热装置后烟气出口1m以内的位置上。用铠装热电偶插入烟道中心的部位，并保持插入处密封，每30min测取一次，取其平均值作为测试结果。

排烟温度的测定一定要按照确定的时间进行，否则会产生很大误差。监测排烟温度时，测温仪表应插入到烟道的中心部位，至少应插入到直径的三分之一处。排烟温度考核指标如表6-2所示。

（2）热效率。用在线仪表测试热风量、热风温度、入热风炉空气温度、燃气耗用量，每30min记录一次，取其平均值，燃料低位发热量采用企业或产气单位化验数据。热效率按式（6-6）计算。

表 6-2 高炉热风炉考核指标

测试项目		考核指标	
		大型高炉热风炉	中、小型高炉热风炉
热风温度/℃		≥1100	≥1000
排烟温度/℃		≤400	≤450
热效率/%		≥70	≥65
炉体外表面温升/℃	本体	≤85	
	管道	≤100	

注：大型高炉热风炉指容积不小于 $1000m^3$ 高炉配用的热风炉。

$$\eta = \frac{c_t V_t (t_2 - t_1)}{B_e Q_{net,v,ar}} \times 100\% \tag{6-6}$$

式中 η——热效率,%；

V_t——换向周期内标准状态下的热风量，m^3；

c_t——热风平均比热容，$kJ/(m^3 \cdot ℃)$；

t_2——热风温度,℃；

t_1——入热风炉空气的温度,℃；

B_e——换向周期内标准状态下的燃气耗用量，m^3；

$Q_{net,v,ar}$——燃料低位发热量，kJ/m^3。

（3）炉体表面温升。热风炉内部的温度是比较高的，因此，对其绝热保温效果也应有一定的要求。

热风炉炉身是一圆柱形物体，可沿圆周方向分为 4 等份，在等分线上测温，这 4 条线的方位可任意确定，只要相差 90°即可，在高度方向上则分 4 等份测定；炉顶测 5 点；热风管道分始、中、末 3 段，每段设 2 个截面，每个截面设 4 个点。最后取各自的算术平均值作为测试值。

一般测定炉体表面温升时，其环境温度都在距离炉身表面 1m 且距地面 1m 高处，在其圆周均匀测试 4 个点即可，取 4 点的算术平均值作为环境温度。

测定炉体表面温度可用红外测温仪等适用的测温仪表，环境温度可用玻璃温度计测定。

炉体表面温升按式（6-7）计算。

$$\Delta t = t - t_0 \tag{6-7}$$

式中 Δt——表面温升,℃；

t——表面温度,℃；

t_0——环境温度,℃。

高炉热风炉表面温升考核指标见表 6-2。

（4）高炉热风炉与能耗有关的其他指标：

1）出炉烟气中 O_2 含量。影响烟气带出的物理热的另一个重要因素是烟气量（即燃烧产物量）。而燃烧产物量（烟气量）除与燃料成分有关外，主要与燃烧的空气过剩系数有关，空气过剩系数可以通过烟气成分计算得出，影响最大的是烟气中 O_2 和可燃成分含量。

对于特定混合煤气，如热风炉使用的高炉煤气、焦炉煤气或高焦炉混合煤气，烟气中存在的主要可燃成分是CO，则空气过剩系数与O_2和CO含量有一定关系，更确切地说是与β（$\beta=\varphi(O_2)_{\%}-0.5\varphi(CO)_{\%}$，式中$\varphi(O_2)_{\%}$为烟气中氧气的体积百分数，$\varphi(CO)_{\%}$为烟气中一氧化碳的体积百分数）值存在着对应关系，而O_2和CO含量是比较容易测定的，故选择了β作为监测控制值。

分析烟气成分的取样点应设在热风炉烟道后1m以内，一般可利用烟道上原有孔洞或其测温孔，由于这一监测项目的目的是考察炉内燃烧情况，故与烟气余热回收装置无关，其取样点不需考虑余热回收装置。

事实上，出炉烟气中O_2含量还与燃料燃烧的理论燃烧温度有关，O_2含量低，燃烧产物少，理论燃烧温度就高，热风炉就可加热较高温度的热风，反之亦然。

2）出炉烟气中CO含量。燃料应完全燃烧才能放出更多的热量。很明显，在燃烧产物即烟气离开热风炉时，其成分中不应含有可燃物（主要为CO），但在实际燃烧过程中，由于各种原因，出炉烟气中要完全不含有可燃成分也是不易做到的，因此其含量应控制在一个范围之内。

CO含量测点和测定方法及所用仪器都与O_2含量测定相同，可与O_2一起测定。

除以上监测项目外，高炉热风炉与能耗有关的其他指标主要就是热风温度和高炉煤气含尘量。很明显，热风炉输出的热风温度高，则其所需的燃料量就高。因此其能耗就高，但热风炉的目的是为高炉提供温度尽可能高的热风，所以即使多耗燃料也要满足风温要求。

自然，热风温度越高，提高热风温度所付出的燃料代价也就越高。因此，热风温度控制在什么水平，要以高炉生铁产量、焦比、热风炉煤气消耗量等因素综合考虑。

另一个对热风炉设备和能耗都有影响的参数是热风炉所用燃料（主要指高炉煤气）含尘量。高炉煤气含尘量高，则可能造成热风炉格子孔减小甚至堵塞，减小单位炉容的蓄热面积，对炉内热交换造成不利影响。尤其是一些小型高炉，使用土烧结矿，煤气含尘量较高，这方面问题较严重，使热风炉蓄热室的寿命缩短。

热风炉的单耗和热效率也是反映热风炉能耗水平的最直接的指标，但因其测定、计算较复杂，一般不适宜在节能监测中应用。

6.3.3 高炉热风炉节能的途径和措施

热风炉节能应从选择合适的送风操作制度，加强燃烧管理，改善传热性能，加强保温隔热措施等方面入手，其次应回收烟气余热。

（1）选择合理的送风操作制度。缩小燃烧期与送风期时间之比，使燃烧时间相对缩短，是提高热风炉效率的一种方法。为此，就要选择合理的送风操作制度。实践证明，交错并联送风操作制度，既可提高送风温度，又可提高热风炉热效率，是较好的一种送风操作制度。配置四座热风炉的高炉应尽量采用这一送风操作制度。

（2）调节加热煤气和助燃风量，尽量使燃料完全燃烧，并保持合适的空气过剩系数。根据所采用的送风操作制度，选择合理的燃烧制度，确定合理的煤气流量并随之调整助燃风量，使空燃比保持在一个合理的范围内。另外，应加强燃烧管理，使用合适的燃烧器，保证燃料与助燃空气的充分混合，以保证燃料的完全燃烧。

（3）改善热风炉的传热性能。改善传热最主要的是增加单位炉容的蓄热面积，提高热交换效率和热交换强度。这就要求在设计时选用合适的格子砖，并精心砌筑。

（4）加强炉体、管道的绝热保温。热风炉炉壁应选用导热系数小的耐火材料，并可在热风炉炉壳及热风管道内壁喷涂一至两层不定形耐火材料。这些喷涂材料应具有热膨胀系数小、导热系数小以及耐剥落性能和整体性能好的特点，如渣棉、陶瓷棉、耐火喷涂料、绝热喷涂料及耐酸喷涂料等。

（5）回收烟气余热。热风炉排入烟道的烟气温度一般为200~300℃（有的热风炉高达400~500℃），且烟气量大，烟气带走的物理热仍然很多，因此，对烟气余热应回收利用。

热风炉烟气余热可用来预热煤气和助燃空气，这样可以提高理论燃烧温度，有利于获得高风温。也可用来加热其他介质用于别的用途。

回收热风炉烟气余热的设备很多，如旋转再生式热交换器、换热式热交换器、热媒式热交换器、热管换热器及固定板式、金属贮热环式换热器等各种形式，且在国内外已有广泛应用。

另外，热风炉（及其燃烧系统）的计算机控制也是热风炉节能的一个重要措施。

6.4 氧气顶吹转炉的节能监测

炼钢的方法有两种，即转炉炼钢和电弧炉炼钢。转炉炼钢的分类方法很多，根据转炉炉衬所砌耐火材料性质的不同，转炉可以分为酸性转炉和碱性转炉。由于空气（氧气）引入炉内部位的不同，又可以把转炉分为底吹转炉、侧吹转炉和顶吹转炉。

6.4.1 氧气顶吹转炉概述

6.4.1.1 氧气顶吹转炉的结构

氧气顶吹转炉的外形与其金属熔池的形状相似，可分为筒球型和截锥型两种。

筒球型熔池由一个圆柱体和一个球缺体组成，其优点是炉型简单、砌筑方便，炉壳制造容易，直径较大，有利于反应的进行，一般大吨位的转炉都采用这种炉型。截锥型熔池是一个截头圆锥体，其特点是结构简单，熔池为平底，易砌筑，一般小型转炉采用这种炉型。

转炉还配备有供氧系统、烟气净化回收系统和其他辅助设备。

氧气顶吹转炉炼钢所用原料有铁水、废钢、铁矿石、铁皮、石灰、萤石和各种铁合金等，其中铁水是主要金属料，占总装入量的70%~100%。转炉炼钢对所用铁水的成分有一定的要求，铁水温度一般应在1250~1300℃以上，使用的铁水一般有高炉铁水和化铁炉铁水两种，当然使用化铁炉铁水炼钢要多消耗化铁能源。转炉炼钢的另一个重要金属料是废钢，一般允许加入量为装入量的30%以下。

氧气顶吹转炉炼钢的过程是短暂的，一般吹氧时间仅仅是十几分钟，在这一很短的时间内，要完成造渣、脱碳、脱磷、脱硫、去气、去除非金属夹杂物及升温等基本任务。

6.4.1.2 氧气顶吹转炉炼钢的基本原理

氧气顶吹转炉炼钢的主要过程是氧化过程，其原理是利用熔池中各种来源的氧，在高温熔融条件下发生系列化学反应，分离和除去钢水中过多的碳、硅、锰、磷、硫等杂质，使其含量达到所炼钢种的规格要求。

（1）熔池内氧的来源。熔池内氧的来源主要有三个方面：1）向熔池吹入氧气。此为炼钢过程中最主要的供氧方式。氧气顶吹转炉炼钢是通过炉口上方插入的水冷氧枪吹入高压纯氧。2）向熔池中加入铁矿石（Fe_2O_3或Fe_3O_4）和氧化铁皮等固体氧化剂。3）炉气向熔池供氧。

（2）铁、碳、硅、锰的氧化。炼钢过程中向熔池送入氧化剂，由于铁水中铁元素浓度最大（占90%以上），氧首先使一部分铁氧化生成氧化亚铁；氧化亚铁使铁水中的碳氧化，生成铁和一氧化碳；碳的氧化是炼钢过程中贯穿始终的一个重要反应，它不仅能除去金属料中过多的碳，而且反应生成的一氧化碳气体排出时激烈地搅动熔池，能够加速化学反应的进行，并有利于清除钢液中的气体和非金属夹杂物。氧化亚铁再使铁水中的硅、锰氧化，生成铁、二氧化硅和氧化锰；硅和锰都与氧有很强的亲和力，硅氧化和锰氧化也都是强放热反应，因此，硅和锰在熔炼初期即被氧化，生成的二氧化碳、氧化锰和加入的造渣材料石灰、石灰石等互相结合而形成熔渣（即炉渣），炉渣浮在钢液面上，定期从熔池排出。

（3）硫、磷的去除。硫和磷都是钢中的有害杂质，硫能使钢在进行热加工时产生裂纹甚至断裂，即“热脆”，而磷能使钢在低温冲击时塑性和韧性降低，即“冷脆”，二者含量高时，都会严重地影响钢的力学性能和工艺性能。因此，钢中的硫、磷含量都有严格的规定，在炼钢过程中必须尽量将它们除去，使之达到所炼钢种的规格范围。

硫在钢中以硫化铁的形式存在。硫化铁可以无限地溶于液态铁中，炼钢时为了将硫除去，必须加入石灰或石灰石，使其生成不溶于铁液而只溶于渣液的硫化钙，从而进入炉渣中除去。

磷在炼钢过程中被氧化，生成五氧化二磷，在炼钢时加入石灰或石灰石可使其转变为稳定的化合物磷酸钙，进入炉渣中而除去。

（4）脱氧及合金化。脱氧是指在炼钢或冶炼过程中，向钢液加入一种或几种与氧亲和力比铁强的元素，使钢中氧含量减少的操作。通常在脱氧的同时加入其他合金元素，使钢中的合金含量达到成品钢的规格要求，完成合金化的任务。

炼钢的主要过程是氧化过程，各种炼钢方法都是采用氧化法去除钢中的各种杂质元素和有害杂质，当杂质氧化到规定范围时，钢液中还溶解有过量的氧，并溶解有一部分氧化亚铁。这些多余的氧在钢液凝固时逐渐从钢液中析出，形成夹杂或气泡，严重影响钢的质量。钢中残留氧的存在会大大降低钢的各种物理结构和力学性能，并使钢中硫的危害作用增加，使钢在轧制或锻造时由于热脆性而开裂。因此，炼钢时必须将过多的氧从钢中除去。钢液脱氧的目的在于除去钢中的氧，为此，在炼钢过程中要加入一种或几种与氧的亲和力大于铁与氧的亲和力的脱氧元素，以降低钢液中溶解的氧，并使氧化物从钢中除去，这就是脱氧的任务。常用的脱氧元素有锰、硅、铝等，其中锰的脱氧能力稍弱，硅的脱氧能力较强，铝则是一种很强的脱氧元素。脱氧剂常使用铁合金或纯金属，如锰铁、硅铁和铝等。

钢液脱氧的方法有三种：一是沉淀脱氧法，即把块状脱氧剂直接加入钢液中，脱氧元素与溶解在钢液中的氧作用，形成脱氧产物并上浮而排出。沉淀脱氧的优点是操作简便，脱氧反应在钢液内部进行，速度快，但来不及上浮的部分脱氧产物残留于钢液中，成为非金属夹杂物，影响钢的质量。二是扩散脱氧法，又叫炉渣脱氧法，即把粉状脱氧剂撒在渣面上，使钢中的氧化物向炉渣层扩散，形成还原渣，使钢液脱氧。扩散脱氧速度慢，但钢中没有残留的脱氧产物，因而非金属杂物很少。三是喷粉脱氧法，即将特制的脱氧粉剂利用喷射冶金装置，并以惰性气体为载体喷射到钢液中，进行直接脱氧。由于喷吹条件下脱氧粉剂比表面积大，加上氩气的搅拌作用，改善了脱氧的动力学条件，脱氧速度很快。上述三种方法中，目前转炉炼钢采用沉淀脱氧法。

(5) 非金属夹杂物的去除。钢中的非金属夹杂物是指在冶炼或浇注过程中产生或混入钢液中，而在其后热加工过程中分散在钢中的非金属物质。钢中非金属夹杂物的来源主要是：1）与生铁、废钢等一起入炉的非金属物质；2）从炉子到浇注的整个过程中卷入钢液的耐火材料；3）脱氧过程中产生的脱氧产物；4）乳化的渣滴。钢中非金属夹杂物的存在，破坏了钢的基体的连续性，使钢的塑性、韧性和抗疲劳强度降低，还使钢的冷、热加工性能降低。

去除或降低钢中非金属夹杂物的途径主要有：1）最大限度地减少外来夹杂物，如提高原材料的纯洁度、提高耐火材料的质量、钢液在浇注前镇静等；2）采用正确的脱氧脱硫操作，使反应产物易于上浮排除；3）减少、防止钢液的二次氧化，如向裸露的钢液表面加保护渣、惰性气体保护浇注、真空浇注等；4）促进钢中夹杂物的上浮排出，如氧化在熔炼中进行良好的沸腾、钢液吹氩、真空处理等，使钢中夹杂物更易于上浮排除。

6.4.2 氧气顶吹转炉节能监测项目及其监测方法

根据氧气顶吹转炉和节能监测的仪器仪表情况，氧气顶吹转炉的监测项目为全周期时间、入炉废钢比和设备状况。

(1) 全周期时间。全周期时间包括装料时间、吹氧时间和出炉时间。有时还包括补炉时间、等待（待装、待出）时间。转炉的热量损失如表面散热、冷却水带出物理热等均与时间有关，在一定的供氧强度下，供氧量与吹氧时间有关。因此，监测全周期时间是很有意义的。

全周期时间监测的方法是使用电子秒表计时，从上一炉钢出完时开始，至本炉钢出钢停止时结束。这一项目一般监测三个炉次（不必是连续三炉次），取其算术平均值作为监测结果。

(2) 入炉废钢比。废钢比用质量法测定，即分别称量入炉铁水量和废钢量，然后用式（6-8）计算：

$$k = \frac{m_g}{m_t + m_g} \times 100\% \tag{6-8}$$

式中 k——废钢比，%；

m_g——入炉废钢量，t；

m_t——入炉铁水量，t。

氧气顶吹转炉车间一般都有天车电子秤，监测时可直接用其读取铁水量和废钢量的数值。

入炉废钢比监测与全周期时间监测相对应的三个炉次，以三炉次加权平均值作为监测结果。

(3) 设备状况。转炉设备状况主要指转炉系统设备的完好情况和运行状况，一般应满足两个方面的主要要求。一是炉料、物料和能源计量仪表，钢水、铁水和各种冷却水进出口温度测定仪表齐全，并在检定周期内，二是转炉系统技术档案齐全、准确。

设备状况的监测方法就是：现场观察，查阅有关技术资料并做记录，对于重要事项应予拍照。

(4) 氧气顶吹转炉与能耗有关的其他指标。氧气顶吹转炉与能耗有关的其他指标还有全炉供氧量、终渣碱度、煤气回收量、出钢温度等，一般情况下不进行监测。

6.4.3 氧气顶吹转炉节能的方向和途径

氧气顶吹转炉的节能潜力、方向和途径综合起来有以下内容：提高废钢比，降低铁钢比；改进吹炼工艺；提高操作技术水平；加强吹炼过程的控制，提高命中率；改进生产设备；炉气余能的回收利用；减少辅助材料消耗，降低动力和燃料消耗；改进生产管理；改善炼钢前后工序；减少铁水和钢水的散热，钢渣余热利用等。另外，随着氧气顶吹转炉炼钢技术的发展，还可从采用大容量转炉，采用顶底复合吹炼技术，简化吹炼工艺，进行炉外精炼，在氧气顶吹转炉全自动化等方面进行节能攻关和探索。

(1) 提高废钢比，降低铁钢比。由于废钢的载能值为0，而高炉铁水或化铁炉铁水的载能值是很高的，因此，在氧气顶吹转炉炼钢生产过程中，应尽量多用废钢，降低铁钢比。根据理论计算，在通常的原料条件和工艺操作条件下，氧气顶吹转炉的铁钢比可以下降到75%~85%以下，但在实际生产中很难达到这一数值。

提高废钢比，降低铁钢比的基础是增加热收入甚至供入热源，减少热支出，可把炉内一些过程移到炉外进行，如铁水预处理和钢包精炼等。

(2) 改进吹炼工艺。根据企业实际情况，采用新的吹炼工艺方法或技术。随着氧气顶吹转炉炼钢方法的推广应用和发展，转炉容量有了显著地扩大，而且为了适应各种吹炼目的，如处理高磷生铁，加速炉内反应，提高钢水质量和降低原材料消耗，改善操作条件等，在吹炼工艺和操作制度上也有了较大的改变和发展。

(3) 提高技术操作水平。技术操作指在工艺条件一定的情况下，氧气顶吹转炉炼钢操作者在冶炼过程中各操作环节的具体动作，提高技术操作水平的含义就是要求操作者的操作准确、迅速、连贯，做到不耽误时间，不出事故，从而保证每炉钢的吹炼时间短，出钢量多且达到规定的质量指标，以达到节能的要求。

操作是与具体设备和特定的工艺有直接联系的，随各厂的具体条件而有所差异，也随着技术进步而有所改进。技术操作水平的提高，是缩短炼钢时间的基本保证。

(4) 加强吹炼过程的控制，提高命中率。由于氧气顶吹转炉炼钢的冶炼时间短，反应迅速，炉内反应复杂剧烈，吹炼过程的控制比一般工艺过程的控制要难得多。但同时因为氧气顶吹转炉炼钢方法的炉内反应更接近于理论过程，主要因素与结果之间的关系比较容易掌握，再加上冶炼时间短，过程重现性好等条件，又给氧气顶吹转炉炼钢的吹炼过程控制提供了有利条件。现在，氧气顶吹转炉吹炼过程的控制进展比较迅速，一般的“静态控制”的命中率已达到较高的水平，运用计算机进行“动态控制”的命中率更是高达

95%以上。

氧气顶吹转炉吹炼过程控制的目的是使操作稳定化，缩短吹炼时间，降低消耗，命中率高，从而达到"高产、优质、低耗、省力"。吹炼控制的具体要求是要尽可能早地形成碱性渣，使降碳速度最快，在尽量少加入辅助材料的情况下，保证充分的脱硫、脱磷，吹炼过程中炉内溢出和喷溅最少，炉龄长，收得率最大，产品符合要求和能耗低。

对于不同的企业，由于具体条件不同，所确定的控制因素和控制目标一般也不完全相同。通常氧气顶吹转炉炼钢要求控制钢水成分和温度及产量、加入合金量和收得率。

（5）改进生产设备。氧气顶吹转炉炼钢吹炼时间短，出钢时间间隔比较均匀，炉役期短，产量高，其设备配置有其独特的地方。一般情况下，氧气顶吹转炉配备有转炉设备、铁水设备、废钢处理设备、辅助材料设备、炉气处理设备、检测仪器和分析仪器及其他设备。

近年来，氧气顶吹转炉设备有了很大发展和改进，各企业应根据具体情况，适当采用一些新型设备。

（6）炉气余能的回收利用。氧气顶吹转炉在炼钢过程中产生大量的气体，即转炉煤气，这些煤气拥有大量的物理热和化学热。转炉节能的主要措施之一就是转炉煤气余热的回收利用。

氧气顶吹转炉煤气主要是由铁水中的碳氧化生成的，其产气量的大小主要取决于吹氧量和铁水含碳量。由于炉内温度较高，碳的主要氧化物是 CO，氧气顶吹转炉炉气的主要成分也是 CO，另有少量的 CO_2 及其他气体成分。一般在吹炼开始 2 分钟至吹炼结束前的一段时间内，炉气中的 CO 含量可高达 70%以上，其发热量是相当高的。转炉炉口处的炉气温度一般能够达到 1200～1450℃，根据氧气顶吹转炉热平衡测定的结果，炉气物理热可达到总热量的 10%左右，也是很大的一种余热资源。

回收氧气顶吹转炉炉气能量的方法有两种，即未燃法和燃烧锅炉法。未燃法是把炉气排出系统密封，尽量不让空气进入炉气系统内，先用余热锅炉回收其显热（使用汽化冷却烟道），再经净化处理，收入煤气柜中备用。锅炉燃烧法是在转炉炉口上部设置锅炉，送入适量的空气将炉气中的可燃成分强制燃烧，在锅炉内产生蒸汽。

在燃烧锅炉法中，由于炉气本身的温度已经很高，燃烧后温度可达 2600℃以上，而一般的锅炉是承受不了这样高的温度的，因此需要混入一定量的空气以降低温度，这就使排出的总废气量比原始炉气量增加几倍，废气处理系统较庞大，基建投资多，占地面积大，而且效率也较低。但其检测控制系统比较简单。

在未燃法中，炉气温度不是特别高，一般烟罩冷却系统能够适应其温度水平，设备处理较为容易。在效果上，既可回收一部分物理热，又可较多地回收炉气的化学热，得到优质煤气，而煤气的利用就相对方便。但未燃法的操作控制比较严格，其检测仪表和控制系统也比较复杂。从节能角度考虑，采用未燃法回收氧气顶吹转炉煤气更为有利一些。

（7）减少辅助材料消耗，降低动力和燃料消耗。炼钢过程是一个复杂的物理化学过程，炼钢生产除作为主要原材料的铁水和废钢外，还要消耗大量的其他辅助材料，也要消耗大量的动力能源及燃料。降低辅助材料、动力和燃料消耗，也是氧气顶吹转炉炼钢系统节能的一个重要组成部分。

（8）改进生产组织管理。氧气顶吹转炉炼钢是一种高生产率和严格科学的炼钢方法，短时间的耽搁或调度组织生产不当，就会在各种技术经济指标上明显地反映出来。由于生产的各工序衔接严谨，如果某一工序出现较大的问题，过程中间不大容易调整和补救。因此，要求转炉炼钢生产的组织管理必须科学化，必须严谨和协调。

6.5 炼钢电弧炉的节能监测

电弧炉炼钢是当今三种主要炼钢方法之一。从电弧炉用于炼钢以来，得到了迅速的发展，电炉钢产量约占总计粗钢产量的10%~30%。炼钢电弧炉的容量也在不断增大，70年代已先后出现了容量为300t、360t和400t的大型炼钢电弧炉，我国的炼钢电弧炉总数很多，但平均容量较小。现在，我国已有数十座100t以上的大型炼钢电弧炉。为提高钢的质量，有的企业还建了钢包精炼装置，并采取全连铸生产。

6.5.1 炼钢电弧炉设备及生产过程概述

6.5.1.1 电弧炉的构造

电弧炉的构造主要由其炼钢工艺决定，同时又与其容量大小、装料方式、传动方式等有关。电弧炉由机械设备和电气设备组成。

A 机械设备

炼钢电弧炉主要机械设备有炉体、电极把持器及电极升降装置、炉体倾动装置、炉盖提升和旋转装置等。

炉体是电弧炉最主要的装置，由金属构件和耐火材料砌成，用来熔化炉料和进行各种冶金反应。炉体的金属构件包括由钢板焊成的炉壳及炉门、出钢槽、炉盖圈和电极密封圈。

电极把持器的作用是夹紧或放松电极并把电流传送到电极上，由钢或铜制成的夹头及横臂和放松电极机构等组成。电极把持器的种类很多，有构造简单但操作不太方便目前已很少应用的钳式、楔式和螺旋压紧式，还有现在广泛采用的气动弹簧式，它是利用弹簧的张力把电极夹紧，靠压缩空气的压力将电极放松的。

电极升降装置用来完成电极的升降。根据横臂和立柱的连接方式不同，它可分为固定立柱式（又称升降车式）和活动立柱式。大多数炉子采用活动立柱式，小型炉子一般使用固定立柱式。电极升降机构是电极升降装置最重要的组成部分，有液压传动和自动两种方式。根据电弧炉炼钢工艺的要求，电极升降机构必须具备升降灵活、系统惯性小、启动制动快的特点，并能够调节升降速度，做到上升快、下降慢。

炉体倾动机构的作用是使炉子可以向出钢槽方向倾动40°~50°，保证炉内钢水在出钢时倒净，可向炉门方向倾动10°~15°，便于扒渣操作。炉体倾动机构有侧倾和底倾两种类型。

炉盖提升机构和炉盖旋转机构的作用是提升炉盖（提升高度为距炉壳上沿约200~300mm）并向出钢口旋转70°~90°，以露出炉膛，便于在炉顶装料，减轻劳动强度，缩短装料时间，并能够装入大块料。

B 电气设备

电弧炉的电气设备主要分为两大部分，即主电路和电极升降自动调节系统。

主电路的任务是把高压电转变为低压大电流输送给电弧炉，并以电弧的形式将其转换成热能。电极升降自动调节系统的任务是根据冶炼要求，通过调节电极和炉料之间的电弧长度来调节电弧电流和电压的大小。

炼钢电弧炉的主电路由隔离开关、高压断路器、电炉变压器、电抗器和低压短网组成。

（1）隔离开关主要用于电弧炉设备检修时断开高压电源，有时也用来进行切换操作。

（2）高压断路器的作用是在负载下接通或断开高压电源，并在电气系统发生故障时能够自动切断高压电路，实现电气保护。一般电弧炉使用的高压断路器有油开关、空气断路器和真空断路器。

（3）电炉变压器是炼钢电弧炉的主要电气设备，作用是降低输入电压（降至100~400V），产生大电流供给电弧炉。其负载是随时间经常变化的，冲击电流较大。与一般电力变压器相比，电弧炉变压器具有过载能力大、机械强度高、二次侧电压可以调节、变压比大和二次侧电流大的特点。

（4）电抗器串联在变压器的高压侧，作用是增加电路感抗，以达到稳定电弧、限制短路电流的目的。电抗器具有很小的电阻和很大的感抗，投入使用时使无功功率消耗增加，降低了功率因数。较大的电弧炉（20t以上）因主电路本身电抗相当大，一般不需要另加电抗器。

（5）短网是指变压器低压侧引出线到电极这一段线路，一般由硬铜母线（母排或铜排）、软电缆、炉顶水冷铜管等组成，有时把持器和电极也被列为短网的组成部分。短网线路一般不长，但导体截面积大、通过的电流大。

电极升降调节装置的作用是保持电弧长度恒定不变，从而稳定电弧电流和电压，使输入的功率保持定值。当电弧长度发生变化时，能够迅速提升或下降电极，准确地控制电极的位置。电极升降调节装置一般都采用自动控制，我国常用的有：电机放大机-直流电动机式自动调节器、可控硅-直流电动机式自动调节器、可控硅-电磁转差离合器式调节器和电液随动阀-液压传动式调节器。

6.5.1.2 电弧炉炼钢的原理和特点

电弧炉炼钢的原理是：通过石墨电极与炉料之间放电所产生的电弧把电能转换为热能，并借助辐射和电弧的直接作用来熔化金属和炉渣，冶炼出各种成分的钢水。

电弧电流从变压器低压端开始，流经短网并通过炉料或钢水形成回路，电弧的温度可达4000~6000℃，足以熔化任何金属，通过工艺控制，达到冶炼的目的。

与其他炼钢方法相比，电弧炉炼钢具有以下特点：炼钢温度高，超过了用一般燃料加热的其他炼钢设备所能达到的温度，熔化期的热量大部分是在被加热炉料的包围中产生的，而且避免了大量高温废气带走热量所产生的热损失，故其热效率要比平炉、转炉高，同时用电能加热又能够更精确地控制温度。另外，还可以比较容易地根据工艺要求，在各种不同的气氛中进行加热。

由于可以全部使用废钢作为原料，电弧炉炼钢可以不需要庞大的铁前系统，它是现在流行的短流程钢材生产线的起始端。投资少、占地总面积小是电弧炉炼钢的又一个具有重大现实意义的特点。

6.5.2 炼钢电弧炉节能监测项目及其监测方法

炼钢电弧炉节能监测项目主要有：冶炼时间、出钢温度、相电阻或电能损失、炉盖和炉门开启时间、设备及其运行状况。

（1）冶炼时间。冶炼时间是个较为笼统的提法，具体来讲，应是全周期时间和总送电时间。

炉体散热损失、冷却水带出的热、电能损失等都与全周期时间或总送电时间有关，冶炼电耗实际上与冶炼时间也有很大关系。因此，冶炼时间的监测是很有必要的。

冶炼时间的监测应使用两块电子计时秒表，其中一块用于测定全周期时间（可同时测定补炉、装料、熔化期、氧化期、还原期及出钢各工艺阶段所用的时间），全周期时间的测定从上一炉出完钢开始至本炉（监测炉次）出完钢时止。另一块用于测定总送电时间，总送电时间测定从送电时开始直至停止送电时结束。其中因加料、扒渣等操作停止送电时，应同时停止计时。

（2）出钢温度。出钢温度一般取决于钢种（钢的熔点）、出钢到浇注过程中钢水的热损失及浇注方式（模注或连铸），一般出钢温度选取比所炼钢种熔点高 80～150℃的数值。出钢温度还受钢水成分中一些元素的影响，如钢中含 Si、Mn、Ni 高时，出钢温度就要偏低一些，含 Al、Cr、Ti 高时，出钢温度要偏高一些。另外，采取连铸方式时需要比模注时出钢温度高一些。

出钢温度的监测使用（插入式）快速热电偶，在还原期停止送电后（即出钢前）测定，测定时可以使用生产现场应用的仪器仪表（应在检定周期内）。

（3）相电阻或电能损失：

1）相电阻的监测。相电阻包括变压器电阻和短路电阻等。变压器电阻是由变压器结构所决定的。短网电阻是指变压器二次侧引出线、矩形母线、软电缆、导电铜管、电极夹头和电极等部分电阻之和。它在使用过程中会有所变化，而且与电器维护也有关。

短网电阻的监测可采用“短路试验法”求得。这种方法是在运行的电炉上进行的。当炉料全部熔化完后，将电极插入钢液，人为地形成短路。因为电极短路，电弧电阻消失，则会有过大的电流，这时必须在降低变压器二次侧的电压下进行。短路时测量一次侧（电抗器前）的电压、电流及功率 P_1 和二次侧电流 I_2。这样测得的功率可近似认为是变压器的功率损耗与短网电阻的功率损耗以及电抗器等的功率损耗。因为电极插入钢液后，炉内已不存在电弧，其功率等于零，短网电阻功率损耗为：

$$\Delta P_{dw} = P_1 - \Delta P_B - \Delta P_k - \Delta P_j \tag{6-9}$$

式中 ΔP_{dw} ——短网电阻功率损耗，W；

P_1 ——短路时一次侧的功率，W；

ΔP_B ——变压器的功率损耗，W，且 $\Delta P_B = \Delta P_0 + \Delta P_d \left(\frac{I_2}{I_{20}}\right)^2$，式中 ΔP_0 为变压器空载有功功率，W；ΔP_d 为变压器短路有功损耗，W；I_2 为变压器二次侧电流实测值，A；I_{20} 为变压器二次侧电流额定值，A；

ΔP_k ——短路时电抗器的功率损耗，W，且 $\Delta P_k = \Delta P_{k0} \left(\frac{I_1}{I_{10}}\right)^2$，式中 ΔP_{k0} 为电抗

器额定功率损耗，W；I_1 为变压器一次侧电流实测值，A；I_{10} 为变压器一次侧电流额定值，A；

ΔP_j ——炉盖以下电极的电阻功率损耗，W，且 $\Delta P_j = 3I^2R_j$，式中 I 为通过电极的电流，A；R_j 为炉盖以下电极的电阻，Ω。

2）电能损失（热量）的监测。炼钢电弧炉运行中的电能损耗包括电抗器电能损耗、变压器的电能损耗、短网电能损耗和把持器至炉盖电极电阻电能损耗。单位钢水的电能损失热量可用式（6-10）计算。

$$Q_{gs} = 10.8I^2R\frac{\tau}{m} \tag{6-10}$$

式中 Q_{gs} ——单位钢水的电能损失热量，kJ/t；

τ ——冶炼完整周期总通电时间，h；

m ——钢水质量，t；

R ——相电阻，Ω，且 $R = R_{dw} + R_b - R_j$，式中 R_{dw} 为每相短网电阻，Ω；R_b 为变压器每相电阻，Ω；R_j 为炉盖上至把持器间每相电极电阻，Ω；

I ——平均电流，A，且 $I = \dfrac{W_1}{\tau}\dfrac{1000}{\sqrt{3}\dfrac{W_1}{\sqrt{W_1^2+Q_w^2}}\sum\dfrac{U_2'}{\tau_1'}}$，式中 W_1 为全部冶炼电耗，kW·h；Q_w 为全炉无功损耗，kV·A；U_2' 为冶炼过程中使用的二次侧各级电压，V；τ_1' 为各级电压使用时间，h。

短网电能损失也可用二表法测量电损失。该法是在变压器二次侧装两块精度为0.5级以上的三相三线有功电能表，将两表电流线串联，表一电压线接到变压器二次侧出端，表二电压线接到把持器上，两表读数之差即为短网电能损失，其计算公式为：

$$Q_{gs} = \frac{3600}{m}\left(W_2 - W_1 + \frac{3I^2R_j'\tau}{1000}\right) \tag{6-11}$$

式中 W_2，W_1 ——两电能表测得的电能量，kW·h；

m ——测定炉次的钢水量，t；

I ——平均电流，A；

R_j' ——冶炼过程中炉盖上至把持器间电极电阻，Ω；

τ ——冶炼完整周期总通电时间，h。

（4）炉盖和炉门开启时间。炼钢电弧炉在生产过程中，特别是在熔化期后期到出钢这一段时间内，炉内温度很高，炉盖和炉门开启将会造成大量的辐射热损失。因此，监测炉盖和炉门的开启时间也是很有意义的。

炉盖和炉门的开启时间用电子计时秒表测定，监测过程中应记录炉盖和炉门在冶炼的每一阶段开启的次数和每次开启的时间。

（5）设备及其运行状况。设备的完好性是保证正常生产和提高产量、降低电耗的重要条件。设备及其运行状况的监测方法是：现场观察和查阅有关技术资料。对于重要事项，应予以拍照。

设备及其运行状况主要监测以下内容：

1）电弧炉专用变压器应为节能型；

2）物料、电能计量器具和钢水测量仪表应齐全，并应在检定周期内；

3）入炉废钢应经初步整理，轻薄料应压块入炉；

4）如有氧源，应吹氧助熔；

5）炉盖和炉体之间应有较好的密封，间隙不应过大；

6）操作记录应及时、准确、完整。

（6）炼钢电弧炉的其他指标。除上述监测项目外，炼钢电弧炉还有一些与能耗有关的指标，如热效率、冶炼电耗（可比单耗）、炉体表面温度、作业率、时间利用率、冷却水热损失比例及电极消耗、耐火材料消耗、金属料消耗和钢铁料消耗等。对于这些项目，可根据实际情况进行监测。

6.5.3 炼钢电弧炉节能的途径和方法

炼钢电弧炉的节能应从加强管理、提高操作技能和进行技术改造两方面着手。具体来说，有以下几点：

6.5.3.1 加强管理，提高操作水平

（1）单炉考核。对炼钢电弧炉分别以炉座为单位实行定额考核，节奖超罚，提高操作工人的责任心。

（2）组织合理超载，提高装载率。在炼钢电弧炉生产过程中，有些能量损耗是基本固定的，有些是与时间有关的。如果超量装入一些炉料，提高单炉产量，则单位钢水所承担的这些损失就会相应减少。当然，超载要合理，不能无限制、无原则地超载，具体的超载量应根据具体条件和生产实践活动经验确定。

（3）正确装料。正确装料包括两个方面，一是提高装料速度，二是装料密实。提高装料速度将减少炉盖开启时间，装料密实能提高装载量，减少装料次数，亦即减少炉盖开启次数，从而降低辐射散热量。另外，装料密实还能增加炉料的导电率，使电弧稳定，缩短熔化期，降低熔化电耗。为使炉料装得密实，就要求大、中、小料具有一定的比例，同时应对炉料进行预处理，最好实行打包压块入炉。

（4）改进炉体绝热，降低散热损失。在炉壳和耐火材料之间加一层适当厚度的绝热保温材料，降低炉体表面温度，减少炉体散热损失。

（5）缩短电抗器投入时间。电抗器的投入使功率因数下降，导致电气损耗加大。因此，在操作中要尽量缩短电抗器投入的时间，在熔化期开始熔化炉料时，在投入电抗器10~15min后即应切除，在塌料时可再次投入，并在塌料结束后立即切除。

对于大容量的电弧炉，应尽量不投入电抗器。

6.5.3.2 进行技术改造

（1）采用高功率或超高功率电弧炉。超高功率冶炼是当前国外炼钢电弧炉发展的趋势。高功率或超高功率熔炼提高电弧炉单位容量的输入功率，亦即增加单位时间内输入的电能，因此，采用高功率和超高功率冶炼要求单位容量配备的变压器容量比普通电弧炉大得多。

高功率和超高功率冶炼的主要优点是：缩短熔化时间，提高生产率；提高热效率，降低电耗；大电流短电弧，对钢渣搅拌力大，而对炉衬损坏较小，同时因电弧稳定而对电网影响不大。

使用超高功率电弧炉生产的主要问题是炉壁热点区损坏严重，使炉壁寿命降低；由于二次电流成倍增大，并且石墨电极在负载交流大电流时产生极强的集肤效应。因此，电弧炉短网的结构要求进行相应的改进，所使用的电极要求导电率高，机械强度大，膨胀系数小，即必须使用专用的超高功率电极。另外，在缺电的情况下，发展大、中容量的超高功率炼钢电弧炉也受到相应的限制。

（2）吹氧。熔化期吹氧的目的是助熔。由于三个电极的位置是固定的，三柱电弧就相当于三个固定的热源，造成炉内各部位温度不均衡，而吹氧管则可随意移动，喷出的氧气迅速与物料发生反应，产生大量的热量，使其出口处温度可达1800℃以上，是一个活动的热源，能够利用其将远离电弧高温区的炉料切割，并推入高温熔池，加速炉料熔化，缩短熔化期时间。

氧化期吹氧的目的是脱碳。与加铁矿石脱碳相比，吹氧脱碳有两个优点：一是吹氧脱碳能放出相当数量的热量，而加入铁矿石则需要吸收热量。二是吹氧脱碳的速度要比加铁矿石脱碳快3~4倍。

吹氧炼钢现已成为国内外普遍采用的炼钢方式，其关键是要掌握好吹氧的适当时机和吹氧量。一般情况下，在炉料熔化60%时，吹氧效果比较好。另外，过量吹氧会造成氧化渣量增加，炉温提高，高温废气量增加，热损失增大，同时合金元素消耗量也会相应增加。

（3）采用氧气-燃料助熔。在熔化期，把燃料和氧气在氧-燃枪中混合后喷入电弧炉内，燃料在氧气助燃下燃烧，可以达到比空气助燃高得多的温度，放出大量的热量，把炉料熔化，既可节约电能，又可缩短熔化期时间。现在应用较多的是煤-氧助熔技术。

（4）采用炉外精炼。炉外精炼是把电弧炉炼钢的精炼任务如脱硫、脱氧、去除有害气体及非金属夹杂物、调整成分和温度等移到钢包或专用容器中进行。电弧炉与精炼炉联合使用取消了电弧炉的精炼操作，减少了电弧炉的冶炼时间，提高了电弧炉变压器的电能利用率。

对于超高功率电弧炉，必须配备炉外精炼设备，即电弧炉只进行熔化，脱硫、去磷、合金化及去除气体等均应在炉外精炼中进行，否则，超高功率电弧炉的优势就难以发挥出来。

（5）选择最佳熔炼曲线。正确选择冶炼过程中的电力曲线，是保证理想工艺温度的有效措施，也是节电的重要途径。由于电弧炉炉型、冶炼钢种成分、要求工艺温度不同，不能采用统一的熔炼曲线，而要根据具体情况，通过计算和试验找出相应的最佳曲线。

生产实践表明，采用高温熔化、氧化，中温还原，有利于优质高产低消耗。

（6）电极系统的改造。在熔炼过程中特别是在熔化期炉内变化较快，为使电弧连续、稳定放热，电极调节系统应具有灵敏度高、惯性小和能够自动调节的特点，使电能得到充分利用。

（7）电弧炉短网的改造。电弧炉工作电流很大，降低短网阻抗对降低短网损耗具有重要意义。可从以下几方面着手：一是降低短网直流电阻，应在不影响倾炉的前提下，尽量减少软铜线长度，减少母排长度，同时更应注意减少电极之间及电极与把持器之间的接触电阻；二是合理布置二次接线，改善邻近效应，提高功率因数，改善三相阻抗不平衡现象；三是把软铜线改为水冷电缆。

（8）采用直流电弧炉。随着大功率整流元件技术的发展，20 世纪 80 年代以后，国际上直流电弧炉技术有了长足的发展，投入工业生产的直流电弧炉越来越多。单电极直流电弧炉的生产实践表明，同交流电弧炉相比，其突出优点是电弧长，能量集中，搅拌均匀，好操作；直流电弧炉闪烁轻，对电网的冲击负荷要求可减轻 50%；电极消耗低，可降低 2/3；冶炼电耗可降低 5%~10%；冶炼时间可缩短 1h，维护费用少；噪声可降低 10dB，烟气排放量可减少 30%~40%。因此，对有条件的企业，进行电炉改造时应考虑采用直流电弧炉。

（9）进行炉料预热。利用一种设备或企业中其他热工设备的余热，预热炼钢电弧炉的炉料，是电弧炉节电的一项重要措施。各企业可根据具体情况，选择适当的方式。

对于间断生产的炼钢电弧炉，一般可以利用炉体蓄热预热炉料，即在一个冶炼工期的最后一炉钢出炉后，及时将下一炉的炉料装入。

（10）电子计算机在炼钢电弧炉上的应用。电子计算机用于生产过程，已有很多成功的先例。在炼钢电弧炉上，计算机可用来控制输入功率，对多座电弧炉电力负荷进行自动调整，根据炉体检测的温度及其变化率，及时调节电弧功率和长度（对于延长超高功率电弧炉炉壁寿命是很有效的）。另外，还可实现配料计算、计量、装料及数据处理的自动化，同时可用于质量控制、车间管理等方面。

6.6 轧钢连续加热炉的节能监测

在轧钢（热轧）生产中，必须把要轧制的钢锭或钢坯加热到一定的温度，使其具有一定的可塑性，才能进行轧制。为此，轧钢工序中就必须使用各种类型的轧钢加热炉。这就要求轧钢加热炉具有加热质量好、生产率高、燃料消耗低、炉子寿命长、劳动条件好、环境污染小等优点。

轧钢连续加热炉的燃料消耗一般占轧钢工序能耗的 70%，是轧钢工序最主要的耗能设备，也是轧钢工序节能的关键所在。因此，对轧钢加热炉进行节能监测是很有意义的。

6.6.1 轧钢连续加热炉概述

轧钢加热炉根据所加热钢锭、钢坯的尺寸而采用不同的类型，一般 850 以上轧机采用均热炉，650 及以下开坯或轧材轧机均采用连续加热炉。近年来，随着连铸技术的发展，连铸坯的产量大幅度提高，使大型轧机越来越少，而 650 以下轧机在轧钢生产中越来越占据了主要地位，轧钢连续加热炉的应用也非常普遍。

6.6.1.1 轧钢连续加热炉的分类

轧钢连续加热炉从热工制度和结构方面，可按下列特征分类：

（1）按温度制度可分为两段式、三段式和强化加热式（多点供热式）；

（2）按被加热金属的种类可分为加热方坯的、加热板坯的、加热圆（管）坯的、加热异型坯的；

（3）按所用燃料种类可分为使用固体燃料（煤）的、使用液体燃料（重油等）的、使用气体燃料的、使用混合燃料的；

（4）按空气和煤气的预热方式可分为换热式的、蓄热式的和不预热式的；

（5）按出料方式可分为端出料式和侧出料式；

（6）按炉料在炉内运动方式可分为推钢式连续加热炉、步进式炉、辊底式炉、转底式炉及链式炉等。

可以只按上述一种方法分类，也可以把几种方法综合起来分类，如推钢式三段板坯燃油连续加热炉。

6.6.1.2 轧钢连续加热炉的结构

一般轧钢连续加热炉由炉体（炉膛）、钢结构、燃料燃烧系统、排烟系统、冷却系统、余热利用装置和炉料运动装置等组成。

（1）炉体（炉膛）。炉体（炉膛）是轧钢加热炉最基本的组成部分，是由炉墙、炉顶及炉底组成的一个空间。炉墙分为端墙和侧墙，炉顶有拱顶和吊顶两种，炉底指底部的砖砌部分。

（2）钢结构。钢结构指炉体外围支持炉体、承担其相应力的钢制立柱等结构。

（3）燃料燃烧系统。燃料燃烧系统一般包括燃料供应装置、燃烧排渣装置和助燃供风装置。对于不同燃料种类的加热炉，其燃料供应装置及燃烧排渣装置的内容是不同的。对于固体燃料（煤），燃料燃烧系统包括炉排（其中有些含有上煤机械系统）、出渣装置，炉排形式有固定炉排、倾斜式往复炉排、水平式往复炉排和链条炉排等；对于液体燃料，燃烧系统包括燃料供应加热装置、流量调节装置和烧嘴；对于气体燃料，则主要有流量控制装置和烧嘴。

（4）排烟系统。排烟系统的任务是将烟气排放到大气中去，其主要组成部分是烟道和烟囱。一般轧钢加热炉不用加装排烟引风机。

（5）冷却系统。轧钢加热炉炉膛内的温度很高，对于多数推钢式加热炉来说，都需要用水冷却炉底管。大中型加热炉一般采用汽化冷却，小型加热炉多采用循环水冷却，还有部分小型加热炉采用无水冷滑轨。

（6）余热利用装置。余热利用装置一般指用于回收烟气余热的装置。多数加热炉用来预热助燃空气，对于气体燃料加热炉，也有用于预热燃料的。还有部分加热炉用热管换热器或锅炉省煤器加热水，用于生活用水。

（7）炉料运动装置。炉料运动装置指将被加热的金属炉料（钢坯或钢锭）从进料端移送到出料端的装置，对于推钢式加热炉即为推钢机，对于机械化炉底加热炉即为可运动的炉底。

6.6.1.3 轧钢连续加热炉的工作方式

轧钢加热炉的工艺比较简单，基本属于纯加热过程。在轧钢加热炉中，钢坯（钢锭）由炉尾装入，在炉内移动中被加热。钢坯（钢锭）在炉内的移动方式随炉型的不同而不同。推钢式加热炉靠推钢机的推力而使钢坯（钢锭）沿炉底滑道向前移动，机械化炉底加热炉靠炉底的传动机械而使钢坯（钢锭）随炉底向前运动。钢坯（钢锭）移到出料端时，被加热到所需要的温度，经出钢炉门出炉后，沿辊道送往轧机。

在轧钢连续加热炉中，燃烧产物（炉气）一般是向与钢坯（钢锭）移动方向相反的方向流动，即从炉头向炉尾流动，这种逆流式加热炉是应用最广泛的。

轧钢连续加热炉的工作是连续性的，钢坯（钢锭）不断地从炉尾进入炉内，加热后不断地从炉头排出炉外。在炉子炉况稳定的条件下，炉内基本属于稳态温度场，各点的温度可近似认为只是空间三维坐标的函数，不随时间而改变，炉膛传热可近似地当做稳态传热，而对于具体的每一根钢坯（钢锭），各点温度是随时间而变化的，其内部热量传递属于非稳态导热。

6.6.2 轧钢加热炉节能监测项目及其监测方法

轧钢加热炉的节能监测项目为排烟温度、空气过剩系数、出炉烟气CO含量、炉渣中可燃物含量、炉体表面温升和设备状况。其中，空气过剩系数可用出炉烟气中O_2含量代替。

对轧钢加热炉进行监测时必须已连续运行3天以上，这是因为在监测时轧钢加热炉应处于正常稳定工作状态，炉体应已达到热平衡，本身不再继续蓄热。一般轧钢加热炉连续运行3天后，可基本达到这一状态。监测前至少应维持2h以上正常生产时间，应保持炉子正常出钢，轧机正常作业，不能处于保温待轧或强化加热等不正常状态（目的是为了消除不正常因素对监测结果的影响）。正常生产状态应保持到监测的现场工作实施完毕。

为了保证监测现场工作的紧凑，现场工作应在2h内完成。同时为保证监测数据具有一定的代表性，前三个监测项目应取4组数据，各组数据测定时间的间隔应不小于20min，炉渣应分4次取样。

（1）排烟温度。轧钢加热炉最主要的热损失就是排烟带出的物理热，排烟温度是影响这项热损失大小的关键参数之一。排烟温度的测点应选在加热炉余热回收装置之后不超过1m（特殊情况不超过3m）处，也可选在余热回收装置的出口处。测温仪表应插入到烟道中心位置或相应的深度。监测时所用一次仪表和二次仪表的精度必须符合要求。

（2）出炉烟气中O_2含量和CO含量。出炉烟气成分测定的取样点应选在余热利用装置之前，可在烟道、炉尾或余热利用装置进口处，具体位置应根据现场情况确定。这样选择取样点的目的是要避免炉膛外吸入空气的影响，真正反映炉内燃烧状况。

监测仪器仪表可用奥氏气体分析器或燃烧效率测定仪等。测定烟气中O_2含量和测定空气过剩系数的方法同前。

（3）炉渣可燃物含量。这一监测项目只针对固体燃料加热炉。

炉渣中可燃物含量测定需要在生产现场取炉渣样，炉渣样按要求取样、制备和缩分，在实验室进行化学分析。炉渣送实验室后，应先将其烘干后再按煤的工业分析方法测定其灰分含量A，最后用（$100-A$）作为监测炉渣的可燃物含量。

（4）炉体表面温升。炉体表面温升测定一般按炉型把炉体划分为两段或三段，分别测定每一段炉体、炉顶、炉墙的温度及其环境温度，以各部分炉体平均温度与实测环境温度的差值作为监测值。

炉体每一部分可等分成3×3块，每块中心作为一个测点。遇到炉门、烧嘴孔、热电偶孔等特殊位置时，应适当错位以避开这些温度特殊的位置。环境温度可在距被测表面1m处测定。

（5）设备状况。设备状况的监测方法用现场观察，并根据需要查阅相关技术资料，对于重要事项，应予以拍照记录。

设备状况监测应注意：观察加热炉的工作状态和操作工的操作情况，观察炉门是否完好，打开炉门操作完毕后是否迅速关闭，观察炉底管的包扎及脱落情况。同时与排烟温度监测项目配合，应密切注意炉子的烟道是否严密，是否有人为兑入冷风使烟气降温的现象。

（6）轧钢加热炉的其他指标。轧钢加热炉的其他监测指标主要有：单位燃耗、可比单耗、热效率、炉膛热利用率、炉底强度或钢压炉底强度、钢坯出炉温度和钢坯氧化烧损率等。

1）单位燃耗和可比单耗。单位燃耗和可比单耗是直接反映轧钢加热炉能耗水平的重要指标，对轧钢加热炉的监测应首先考虑这个指标。但这个指标的测定较为复杂，若不采用热平衡方法测定，则所得数据的精确度会受到一定的影响，而采用热平衡测定方法，又使得监测现场工作和数据处理工作的工作量大大增加，难以在较短的时间内完成。同时，对于这样一个综合性指标，只采用几个小时或一个生产班次甚至一天的数据，代表性都不强，因此，应在轧钢厂或轧钢工序的综合监测或能源审计中重点考核这一指标。

2）热效率。热效率也是反映轧钢加热炉能源利用情况的一个综合性指标。由于其测定方法比较复杂、计算较为繁琐。加之节能监测项目中的前五项均是从这一指标及单位燃耗指标中分解出来的，采用控制热损失的方法可间接地控制热效率，因此，可根据需要选择此项监测项目。

3）炉膛热利用率。炉膛热利用率也是一个与加热炉能耗有关的指标，其定义为留在炉膛内的热量与进入炉膛的热量的百分比。事实上，排烟温度、烟气成分和炉渣可燃物含量已经反映了这一指标。

4）炉底强度和钢压炉底强度（有效炉底强度）。这两个指标都是反映炉子生产率水平的，由于轧钢加热炉的能耗水平与炉子生产率有很大的关系，所以这两个指标也可以说是与能耗有关的指标。

5）钢坯（钢锭）出炉温度。在轧钢加热炉正常生产情况下，钢坯出炉温度是决定钢坯带出物理热的最主要的因素。虽然钢坯物理热属于有效能量，但在可能的条件下，降低钢坯出炉温度从而减少这项热量比降低热损失更有意义。但钢坯出炉温度的影响因素太多，应从理论上和实践上综合考虑钢坯出炉温度。

6）钢坯（钢锭）氧化烧损率。钢坯（钢锭）氧化烧损率是影响轧钢成材率的重要因素，是生产中应降低的一个参数。考虑到钢坯生产过程中消耗了很多能量，钢坯具有很高的载能值，钢坯氧化烧损率增加，也就意味着能耗的增加。但这一指标过低，又可能影响加热炉的其他参数，反而增加加热的能源消耗。

6.6.3 轧钢连续加热炉节能的主要途径和措施

轧钢加热炉的节能总体来说应从加强管理、提高操作技术水平和进行节能技术改造几方面入手，具体有以下几点：

（1）加强管理，提高炉子正常生产时间，减少待轧保温，保持炉子均衡生产，并健全考核制度。

（2）选择合理的燃烧方式和适当的燃烧装置，合理组织燃烧，保证燃料的完全燃烧，尽量降低炉渣可燃物含量。一方面要保证燃料的化学完全燃烧，即碳元素应完全氧化成CO_2，在出炉烟气中不应含有可燃成分，最大程度地放出热量。另一方面要最大程度地保证燃料的机械完全燃烧（对于固体燃料特别重要），尽量降低炉渣可燃物含量。

(3) 在保证燃料完全燃烧的前提下，应尽可能降低出炉烟气中 O_2 含量，以提高燃烧温度和炉膛温度，加强炉内换热，减少燃烧产物量，从而减少烟气带出的物理热。

(4) 保证炉体的严密性，合理控制炉压水平。一般应将炉底压力控制在微正压，既防止冷空气吸入炉内而使燃烧温度降低并增加烟气量，又可避免大量的高温气体外逸而造成较多的逸气热损失。

(5) 控制合理的烟气出炉温度并回收烟气余热。

(6) 减少冷却水带出的热量。要确定合理的冷却强度，取消不必要的冷却管子，进行绝热材料包扎，有条件的企业应尽可能用汽化冷却代替水冷却；对于小型加热炉应采用耐热滑轨。

(7) 加强炉体绝热保温，降低炉体表面温度，减少炉体散热损失。

(8) 强化炉内换热，可用一些高辐射率的高温涂料喷涂在炉子内壁，或采用多凸内壁炉型等。

(9) 采用新兴节能技术，如重油乳化、燃煤助燃剂、富氧燃烧和蓄热式燃烧器等。

(10) 应用计算机技术控制轧钢加热炉的加热全过程。

6.7 焦炉的节能监测

6.7.1 焦炉及炼焦工艺概述

(1) 焦炉的基本结构。焦炉是炼焦厂的主要组成部分，它由许多炭化室和燃烧室相间组成。煤气在燃烧室燃烧，以加热炭化室中的煤使之结焦。在炭化室和燃烧室的下部设有蓄热室，以回收燃烧废气的余热，一般用来预热煤气和助燃空气。

1) 炭化室和燃烧室。炭化室是煤隔绝空气进行干馏的地方；燃烧室是煤气燃烧的地方。两者依次相间，其间的隔墙要严格防止干馏煤气泄漏，并要求有良好的导热性，此外，隔墙材料在高温下要有良好的整体强度。

炭化室的水平截面一般皆成等腰梯形。焦侧比机侧宽 40~70mm 以便于推焦，炭化室越长，此值越大。而燃烧室机焦侧宽度恰与炭化室相反，故机焦两侧炭化室之间的中心距是相同的。炭化室的平均宽度一般为 400~450mm，它一方面受到结焦速度和结焦质量等因素限制不能太宽，另一方面限于推焦操作、焦炭质量，炭化室也不能太窄。炭化室的长度一般为 13~16m，主要受限于推焦机的能力。炭化室的高度一般为 4~5.5m，增加高度可以提高生产能力，但受到高度方向加热均匀性的限制。炭化室顶部有 3~4 个加料孔和 1~2个煤气导出管。通常焦炉尺寸以炭化室高度表示。

每座焦炉的燃烧室都比炭化室多一个。燃烧室用隔墙分成若干立火道以便于控制燃烧室的温度，从机侧到焦侧逐渐升高以适应炭化室焦侧宽于机侧的特点。另外隔墙还有提高炉墙结构强度的作用。火道的个数随炭化室长度的增加而增多，一般大型焦炉有 12~16 个立火道。

火道间的相互连接有多种形式，有两分式、四分式、跨顶式及双联式等。

2) 蓄热室。蓄热室的作用是：利用烟气热量来预热燃烧所需的空气或煤气，通常位于炭化室和燃烧室的下部，通过斜道与燃烧室相连，内部设置格子砖作换热介质。当烟气温度由1200~1300 ℃降至300~400℃，换向后，冷空气或贫煤气进入蓄热室，被预热至1000~1100℃。由于蓄热室的作用，有效地利用了烟气的显热，减少了煤气的消耗量，提高了焦炉的效率。

每座焦炉的蓄热室总是半数处于下降气流（烟气通过），半数处于上升气流（空气、煤气通过），每隔20~30min换向一次。

蓄热室的构造包括顶部空间、格子砖、箅子砖、小烟道以及主墙、单墙和副墙。格子砖为传热介质，小烟道用来分布空气、贫煤气或收集下降烟气，使之进入烟道。箅子砖的作用是支撑格子砖的重量，并通过箅子砖口径的变化，使气流沿整个蓄热室长度方向均匀分布。

3）斜道。连通蓄热室和燃烧室的通道称为斜道。它位于蓄热室和燃烧室之间，不同类型的焦炉，斜道结构有很大差异。斜道各走各的气体，压力不同，但不许窜漏。斜道的布置、形状及尺寸取决于燃烧室的结构和所选蓄热室的类型等因素。

燃烧室的每一个立火道与相应的斜道相连，当用焦炉煤气加热时，两个斜道都送入空气或导出烟气。当用贫煤气加热时，则一个斜道送煤气，一个斜道送空气。换向后，两个斜道都导出烟气。

（2）结焦原理。煤的结焦过程是一个复杂的物理、化学过程。一般认为煤是复杂的高分子有机物的混合物，以混合芳环烃为主体，带有不同性质的含有N、O、S等元素的碳氢侧链。随着温度的升高，连在芳环主体上的侧链分解、脱落、芳环缩分稠环化，同时进行着侧链间、侧链与芳环间和芳环间的反应，最终形成焦炭、煤气、焦油等化学产品。

在炭化室中，对配合煤在900~1200℃温度下进行干馏，这称为焦化过程，得到成熟的焦饼和焦炉煤气（含50%~60%的H_2及25%左右的CH_4）。焦饼由推焦机将其推出，经导焦车进入熄焦车，送至熄焦塔或熄火罐，待焦熄后即可将焦炭筛分、分级。焦炉煤气从炭化室上部的立管导出，汇集于煤气总管。

（3）熄焦与筛焦设备：

1）熄焦设备。熄焦分为湿式熄焦和干式熄焦两种方式。前者用大量的水熄焦，使焦炭中水分含量产生波动，且浪费了大量的热量，但其设备比较简单（主要有熄焦塔、喷洒装置、熄焦水沉淀池等）。干式熄焦采用熄火罐，使冷却、熄火用的气体（以CO、CO_2、N_2为主要成分）循环进行熄焦，同时把红焦的热能转移到循环气体里回收（一般用锅炉利用热能）。它的优点是没有加入水分且飞扬的粉尘少。但其熄火时间长，设备投资增加（其设备主要有焦罐的卷扬机、预冷室、冷却室、焦尘室、送风机等）。

2）筛焦设备。从焦炉推出来的焦炭粒度范围大，不能直接使用到高炉上，故焦炭需要整粒。一次筛分多使用75mm条筛（一般为固定筛），因焦炭所引起的磨损严重，所以一般使用SUS及耐磨钢。由于二次筛分的磨损也很快，可使用冲孔筛。为了提高整粒效率，一般使用振动筛。

（4）煤气净化。在煤干馏制取焦炭的过程中，煤中的水分、挥发分也同时气化，变成荒煤气。荒煤气中含有多种有用成分（焦油、氨、苯等）及杂质（萘、硫化氢、氰化氢等）。回收车间的任务就是要回收荒煤气中的有用组分，除去其中的杂质，将荒煤气净化成可以作为气体燃料使用的净煤气。

6.7.2 焦炉节能监测项目及其监测方法

根据焦炉的工艺特点，可确定焦炉的监测项目为出炉烟气温度、出炉烟气中O_2含量、出炉烟气中CO含量、焦饼中心温度、炉体表面温升和设备状况。

(1) 出炉烟气温度。焦炉出炉烟气温度的测定，应选择连续五个燃烧室（注意避开两边的燃烧室），在燃烧室两侧（即机侧和焦侧）废气开闭器小烟道连接处，插入测温仪表（以0~500℃的玻璃液体温度计为宜），下降气流的烟气温度在交换前5min开始读数。五个燃烧室两侧各测取三次，以其平均值作为监测值。

(2) 出炉烟气中O_2含量和CO含量。出炉烟气中O_2含量是控制排烟物理热损失的另一个很重要的参数，CO含量则表示燃烧的化学不完全燃烧情况。这两个参数的监测是必要的。一般选取两个燃烧室，取样点设置在两侧小烟道连接管处，在交换前各取下降气流烟气样一次，并立即进行成分分析（燃烧效率测定仪或奥氏气体分析器）。

(3) 焦饼中心温度。焦饼中心温度是影响结焦质量的重要控制参数。在节能监测中，焦饼中心温度可抽测一个炭化室。其监测方法是：把预定监测的炭化室换上带孔的特制装煤孔盖，将热电偶穿过孔盖沿中心线垂直插入炭化室，沿高度方向测定三点（距炭化室底部600mm处，距装煤线下800mm处和二者之间）。

焦饼中心温度也可使用光学高温计测定，此时需准备直径50mm的钢管，管子一端缩口焊成尖端，插入炭化室相应深度作为测点。

焦饼中心温度的测定时间为推焦前1h、0.5h和15min。

(4) 炉体表面温升。炉体表面温升表示焦炉炉体的绝热保温情况。监测时可选择分别处于初、中、末结焦时间的三个炭化室及其燃烧室进行抽测。每个炭化室和燃烧室按炉顶、炉墙（炉门）分别测定，炉顶按机侧、中间、焦侧测定三点（应避开炭化室装煤孔），炉墙（炉门）按上、中、下测定三点。环境温度取当时厂区大气温度。

三个炭化室及燃烧室的炉顶、炉墙（炉门）的平均温度与环境温度之差即为炭化室及燃烧室的炉顶、炉墙（炉门）的表面温升监测值。

(5) 设备状况。设备状况监测方法是：现场观察，查阅有关技术资料，重要事项应予以拍照。

设备状况监测时应注意焦炉炉体状态，要求炉体完好，不得有跑烟、冒火现象。同时应查取厂方炉体膨胀量、钢柱曲度的测定数值，这些数值均不应超过焦炉相关的规定数值。

(6) 焦炉的其他能耗指标。焦炉的其他能耗指标还有热效率、耗热量及能量转换效率。

1) 热效率。热效率是表示焦炉热能利用情况的综合性指标，在数值上等于有效热量与输入热量之比的百分数。

焦炉的有效热量的构成是很复杂的，包括焦炭带出热量、焦油带出热量、粗苯带出热量、氨带出热量、净煤气带出热量和水汽带出热量。要测定有效热量并计算焦炉的热效率，就需要进行焦炉物料平衡和热平衡的测定计算，这是一项工作量很大的工作。根据相关焦炉热平衡测定与计算方法规定，焦炉热平衡一般需要7天才能完成现场项目的测定工作，这与节能监测应在较短的时间内完成有矛盾。另外，根据焦炉热平衡的特点，出炉烟气温度、烟

气中 O_2 和 CO 含量、炉体表面温升等监测项目已在某种程度上反映了热效率指标。

2）耗热量。焦炉的耗热量有两个计算指标，一个是湿煤耗热量，即每千克湿煤所消耗的计量热量（不包括漏入荒煤气燃烧放出的热量）。另一个是换算为7%水分的标准耗热量，这个指标是表示焦炉对加热煤气消耗情况的，与上述的热效率指标在实质上是一致的。要得出耗热量的准确结果，也须进行焦炉热平衡，在监测方法上应使用统计数据而不实测，统计期应较长，如一个月或一个季度。

3）能量转换效率。焦炉是一种能量转换设备，把洗精煤和加热煤气（当使用贫煤气加高炉煤气加热时有此项，若使用焦炉煤气加热，则不予以考虑，只在产出煤气中考虑净产量即可）转换成焦炭、焦油、粗苯、焦炉煤气等能源物质或含能物质。焦炉能量转换效率即产出能源物质或含能物质的化学能量之和与投入的洗精煤和加热煤气的化学能之和的百分比。显然，这一指标表示了焦炉作为一种能量转换设备的完善程度。

6.7.3 焦炉节能的途径

焦炉的特点是生产的连续性，一般焦炉点火后可以持续数十年不停。因此，焦炉的节能主要是加强管理，提高操作水平，并在可能的情况下进行节能技术改造。

（1）稳定炼焦用煤质量。炼焦用煤是特殊用煤，首先应保证来煤质量，其灰分、水分都应符合有关标准。储煤场应有必要的均匀化设备和防雨、排水设施，发挥煤场的自然控水作用，稳定配煤水分和配煤质量。

（2）均衡生产。均衡生产是焦炉节能的重要条件，生产中应严格执行技术操作规程，结焦时间应相对稳定，不应频繁或大幅度变更。焦饼中心温度应控制在有利于节能和提高产品质量的最佳温度，一般应在（1000±50）℃范围内。使用贫煤气加热时，煤气热值应尽量稳定，含尘量要尽量低一些。

（3）合理使用煤气。焦炉应尽量使用低发热量的高炉煤气加热。对于有高炉煤气气源的企业，使用焦炉煤气加热者，应有计划地改为高炉煤气加热。另外，对焦炉煤气本身应尽量减少放散，做好煤气平衡。

（4）做好余热回收。焦炉荒煤气、烟气等大量的余热资源是一笔可观的财富，回收余热应尽量选用高效换热设备。

（5）加强炉体绝热保温。采用轻质保温材料（如耐火纤维、可塑性保温料），在焦炉表面上铺设保温绝热层，也可采用喷涂方式加强焦炉的绝热保温效果，以降低炉体表面温度，减少炉体散热，同时也改善劳动条件。

（6）加强焦炉的热修维护、保持焦炉的完好。对处于中、后期的焦炉来说，加强热修维护、保持炉体处于严密完好状态，杜绝荒煤气外漏更是十分必要的。

（7）合理组织燃烧。合理调节燃烧室火道煤气的供应量，并随之调节助燃空气量，使燃料完全燃烧，得到较高的燃烧温度，确保炭化室达到相应的温度。同时，尽可能地降低空气过剩系数，减少燃烧产物量，降低烟气带出的物理热损失。

6.8 电解槽的节能监测

铝、锌、铜等有色金属的生产采用电解法，其生产设备就是电解槽，电解槽的耗电量是相当大的，因此，电解槽的监测对节能特别是节电具有十分重要的意义。

6.8.1 电解槽概述

电解槽按其生产的金属可分为铝电解槽、铜电解槽和锌电解槽等，按其内部电解质的形式可分为熔融电解槽和溶液电解槽。铝电解槽系熔融电解槽，而铜电解槽和锌电解槽则属于溶液电解槽。

电解槽的结构一般是钢制槽壳，内部衬以耐火砖和保温层，并在适当部位接入阳极和阴极。电解槽配有专用的整流变压器。

如图6-3所示，电解铝生产使用的原料是氧化铝、冰晶石、氟化铝和炭质阳极及少量添加剂。其原理是：在电解槽中放入冰晶石和氧化铝（要求纯度为$w(Al_2O_3)>98.2\%$）原料，通入直流电，使氧化铝分解，依靠电流的热效应维持950~970℃的电解温度，使铝液流向阴极，阳极上碳电极在高温下氧化析出CO_2和CO气体。铝液用真空罐抽出，经净化澄清后即为纯度达99.5%~99.75%的液态铝，可送往下一道工序进行加工或浇铸成铝锭。

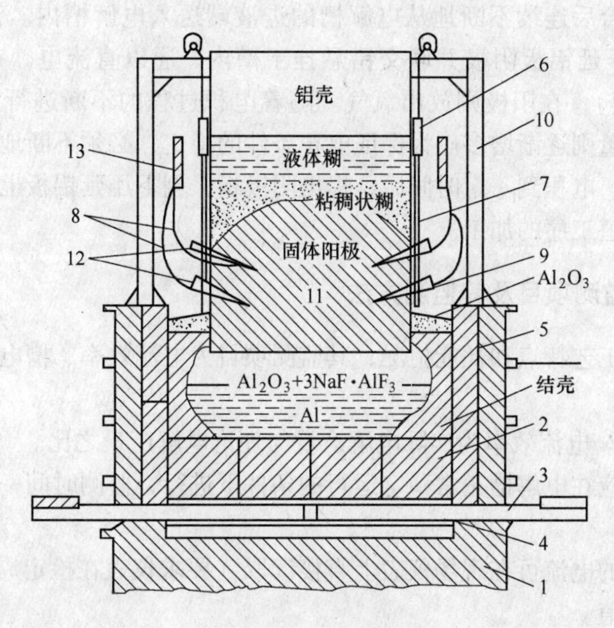

图6-3 自焙阳极电解槽断面示意图

1—基础；2—炭块槽底；3—阴极棒；4—炭素底垫；5—炭块；6—阳极框架；7—翅板；8—铜带；9—吊环；10—支承金属结构；11—阳极；12—阳极棒；13—阳极母线

电积锌用的电解槽是一种长方形的槽子，如图6-4所示。各电锌厂用的电解槽大小不一定相同，制作电解槽的材料也不尽相同，有木质电解槽、钢筋混凝土电解槽、塑料电解槽、玻璃钢电解槽等。

锌电解液除主要成分硫酸锌、硫酸和水外，还存在少量杂质金属的硫酸盐及部分阴离子（主要为氯离子和氟离子）。目前锌电解液中锌的浓度一般波动在40~60g/L范围内，而硫酸浓度则趋于逐步提高，已从110~140g/L提高到170~200g/L。对于杂质的含量各

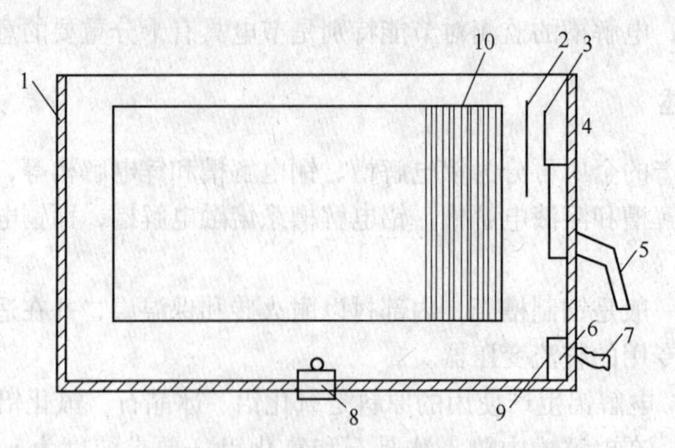

图 6-4 锌电解槽构造示意图

1—槽体；2—溢流袋；3—溢流堰；4—溢流盒；5—溢流管；
6—上清盒；7—上清溢流管；8—底塞；9—上清铅塞；10—导向架

厂也有不同要求。硫酸锌溶液的电积过程是将已经净化好的硫酸锌溶液（新液）以一定比例同废电解液混合后连续不断地从电解槽的进液端送入电解槽内。铅银合金板（含银量约 1%）阳极和压延铝板阴极并联交错悬挂于槽内，通以直流电，在阴极析出金属锌（称阴极锌或析出锌），在阳极则放出氧气。随着电积过程的不断进行，电解液含锌量逐渐减少，而硫酸含量则逐渐增多。为保证电积条件的稳定，必须不断地补充新液以维持电解液成分稳定不变。电积到一定时间后，提出阴极板，剥下压延铝板上的析出锌片，送往熔铸工序进行下一道工序的加工。

6.8.2 电解槽的监测项目及其监测方法

根据电解槽的工艺特点和耗能情况，其监测项目为电流效率、槽电压和设备及其运行状况。

（1）电流效率。电流效率为实际电解产量与理论电解产量之比。

电流效率监测应在电解槽正常稳定运行的条件下进行，监测时间一般为 8~24h，至少不能少于 4h。

监测时电解槽的电流可在现场仪表上直接读取（要求仪表在检定周期内），间隔 0.5h 读数一次，取平均值。

电解物质的产量用称量法计量，当周期较长时可采用统计方法计算。电解槽的电流效率用式（6-12）计算。

$$\eta_d = \frac{m_p}{m_t} \times 100\% \tag{6-12}$$

式中 η_d——电解槽的电流效率，%；

m_p——电解槽在监测期的实际产量，kg；

m_t——电解槽在监测期的理论产量，kg，且 $m_t = C\frac{I\tau n}{1000}$，式中 C 为电解物质元素的电化当量，g/(A·h)，铝为 1.0065，铜为 2.371，锌为 2.438；I 为电解槽监测期的平均电流，A；τ 为监测期时间，h；n 为电解槽的个数。

（2）槽电压。槽电压指单个电解槽的电压降，是电解生产中与电耗有关的重要工艺控制指标。

槽电压可用电压表测定阳极母线与阴极母线之间的电压来获得，要求所用电压表的精度应较高（0.5 级以上），测定槽数不低于总槽数的 20%，取各槽平均值作为监测值。

（3）设备及其运行状况。设备及其运行状况监测方法是：现场察看，查阅有关技术资料，重要事项应予以拍照等。

（4）电解槽的其他能耗指标。电解槽的其他能耗指标还有单位电解物质电耗、电解直流网路电压降、电解槽泄漏电流等。

1）单位电解物质电耗。单位电解物质电耗包括直流电耗和综合交流电耗两个指标，是有色金属电解的综合性指标。

在较短的时间内测得的单位电解物质电耗的代表性受到了一定限制，且电流效率和槽电压在一定程度上反映了单位电解物质直流电耗，而综合交流电耗与直流电耗主要相差一个变压整流效率。因此，可根据需要选择该监测内容。

2）电解直流网路电压降。这一指标反映主体装置以外的电能消耗情况，主要是指母线的电压降。由于这个电压降较小，故一般可以不进行监测。如要监测，其监测方法与测定电解槽槽电压一样。

3）电解槽泄漏电流。电解槽泄漏电流指电解槽进、出口母线电流的差值百分数。由于此项损失数值很小，一般在仪表精度以下，很难测准，一般可以不进行监测。

6.8.3 电解槽的节能途径

根据电解生产的工艺特点及控制参数，电解槽的主要节能途径是：提高电流效率和降低槽电压，另外，应降低变压整流和电流输送过程的损失，保持均衡生产。

（1）提高电流效率。提高电流效率，可以提高产品产量，还可节电。要提高电流效率，就必须采取相应的技术和管理措施。首先要采用合理的母线配型，其次要有较好的绝热保温结构，以使电解质温度保持在合适的水平。

（2）降低槽电压。降低槽电压的措施是加强电解槽的绝热保温，加大母线截面积，改善电解质成分，降低电流密度等。另外，还应当控制阳极效应。

（3）降低变压整流损失。主要是选用高效节能型变压整流装置，并严格按照工艺要求进行操作。

思 考 题

6-1 烧结机的主体设备有哪些？烧结机的料层厚度如何测定？

6-2 降低烧结机能耗的途径和措施有哪些？

6-3 高炉在结构上可分为哪几个部分，各部分主要有何用途？

6-4 高炉的上、中和下部三个区域主要进行的化学反应有哪些？

6-5 高炉炉顶煤气如何正确取样和进行成分分析？

6-6 降低高炉生产能耗的主要途径有哪些？

6-7 高炉热风炉是如何协同工作的？热风炉常见的结构有哪些？
6-8 简述炼钢的基本原理。
6-9 氧气顶吹转炉的节能监测项目有哪些？
6-10 氧气顶吹转炉的节能途径有哪些？
6-11 简述炼钢电弧炉的炼钢原理。
6-12 炼钢电弧炉的节能监测项目有哪些途径？
6-13 炼钢电弧炉出钢温度一般选用什么仪表测定？
6-14 轧钢连续加热炉的结构主要包括哪几个系统？其节能监测项目有哪些？
6-15 简述焦炉的生产工艺。
6-16 焦炉的节能监测项目有哪些？如何正确地测定焦炉出炉烟气温度？
6-17 焦炉焦饼中心温度如何测定？
6-18 焦炉的节能途径有哪些？
6-19 熔融电解槽与溶液电解槽有何区别？电解槽电流效率是如何定义的？
6-20 电解槽的节能监测项目有哪些？
6-21 如何测定电解槽的槽电压？
6-22 如何测定与计算电解槽的泄漏电流？

参 考 文 献

[1] 朱小良，方可人. 热工测量及仪表 [M]. 3 版. 北京：中国电力出版社，2011.
[2] 林宗虎. 工业测量技术手册 [M]. 北京：化学工业出版社，1997.
[3] 高魁明. 热工测量及仪表 [M]. 北京：冶金工业出版社，1993.
[4] 冯圣一. 热工测量新技术 [M]. 北京：水利电力出版社，1995.
[5] 何适生. 热工参数测量及仪表 [M]. 北京：水利电力出版社，1995.
[6] 彭明宇. 节能监测 [M]. 武汉：武汉工业大学出版社，1991.
[7] 蔡乔方. 加热炉 [M]. 北京：冶金工业出版社，2007.
[8] 李汉炎. 热工设备 [M]. 天津：天津大学出版社，1989.
[9] 徐康年. 工业炉设计基础 [M]. 上海：上海交通大学出版社，2004.
[10] 周霞萍. 工业热工设备及测量 [M]. 上海：华东理工大学出版社，2007.
[11] 宋金功. 水泥工业热工设备及测量仪表 [M]. 兰州：兰州大学出版社，2010.
[12] 周孑民. 有色冶金炉 [M]. 北京：冶金工业出版社，2009.
[13] 张雪斌. 冶金工业节能监测 [M]. 北京：冶金工业出版社，1996.
[14] 依成武，欧红香. 大气污染控制实验教程 [M]. 北京：化学工业出版社，2010.
[15] 杨旭武. 实验误差原理与控制 [M]. 北京：科学出版社，2009.